国家林业和草原局普通高等教育"十三五"规划教材

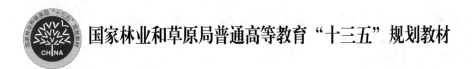

微生物源农药

韩立荣　冯俊涛　主编

中国林业出版社

图书在版编目（CIP）数据

微生物源农药 / 韩立荣，冯俊涛主编. —北京：中国林业出版社，2021. 12

国家林业和草原局普通高等教育"十三五"规划教材

ISBN 978-7-5219-1460-3

Ⅰ. ①微… Ⅱ. ①韩… ②冯… Ⅲ. ①微生物农药–高等学校–教材

Ⅳ. ①TQ458. 1

中国版本图书馆 CIP 数据核字（2021）第 265449 号

中国林业出版社教育分社

策划、责任编辑：肖基浒

电　　话：（010）83143555　　　　　　　　　**传　　真：**（010）83143516

出版发行：中国林业出版社（100009　北京市西城区刘海胡同 7 号）

　　　　　　E-mail：jiaocaipublic@163. com　电话：（010）83143500

　　　　　　网址：http://www. forestry. gov. cn/lycb. html

印　　刷：三河市祥达印刷包装有限公司

版　　次：2021 年 12 月第 1 版

印　　次：2021 年 12 月第 1 次印刷

开　　本：787mm×1092mm　1/16

印　　张：13. 25

字　　数：331 千字

定　　价：42. 00 元

《微生物源农药》编写人员

主　编：韩立荣(西北农林科技大学)

　　　　冯俊涛(西北农林科技大学)

副主编：吴　华(西北农林科技大学)

　　　　李修伟(沈阳农业大学)

　　　　李正男(内蒙古农业大学)

参　编：(按姓氏拼音排序)

　　　　陈光友(西北农林科技大学)

　　　　高聪芬(南京农业大学)

　　　　梁亚萍(沈阳农业大学)

　　　　马洪菊(华中农业大学)

　　　　王兰英(海南大学)

　　　　王以燕(农业农村部农药检定所)

　　　　魏少鹏(西北农林科技大学)

　　　　袁善奎(农业农村部农药检定所)

　　　　周　琳(河南农业大学)

　　　　张国强(石河子大学)

主　审：喻子牛(华中农业大学)

序

　　种植业为人类生存与繁衍提供了不可或缺的衣食住行物资，而病虫草害每年都给农作物造成巨大的损失，在化学防治等诸多防控措施中，微生物源农药发挥了举足轻重的作用。微生物源农药具有对目标生物选择性高、活性强，对人畜安全、无毒，对作物无害、无残留、不污染环境，能保持农产品的优良品质等优点。在微生物源农药产品开发中，具有杀虫抗病除草作用的微生物种类及其代谢产物资源极其丰富，能用生物工程、基因工程和代谢工程等现代生物技术手段进行改造，新品种创制周期短、费用低，能以农副产品为原料进行大规模发酵生产等优势。

　　在全球可持续发展战略、保护环境、保障食品安全的总趋势下，随着我国农产品安全和环境安全战略需求的稳步推进，病虫草害的综合治理和调控受到极大重视，近些年来，化学农药的产量逐年递减，而微生物源农药的产量呈现快速增长的态势，为微生物源农药的发展迎来新的契机。为此，韩立荣和冯俊涛老师主编了这本《微生物源农药》，他们组织了西北农林科技大学、华中农业大学、南京农业大学、沈阳农业大学、海南大学、河南农业大学、内蒙古农业大学、石河子大学的一线教师共同编写，这些教师长期从事微生物源农药研究与开发，在教学上也具有丰富实践经验。

　　本教材内容包括第 1 章绪论，介绍了我国微生物源农药的发展简史、定义和分类、特点以及研究现状和发展前景；第 2 章介绍了微生物源农药研究开发的原理和方法，包括抗生素和活体微生物源农药研究开发的程序和方法、菌种的遗传改良以及合成生物学和代谢过程中分子生物学技术的应用；第 3 章至第 6 章分别重点介绍了抗生素农药、病毒农药、细菌农药和真菌农药，在阐述各自的发展历史和研究现状后，详细介绍了它们的种类、特点、作用机制、制剂的品种及其在农林业中防治的病害和虫害，以及除草等方面的应用；第 7 章微生物源农药制剂，介绍了在原药加工过程中使用的分散剂、湿润剂、表面活性剂、乳化剂等助剂的种类、性质、作用机理以及常用剂型；第8章在介绍我国微生物源农药登记资料要求的基础上，详细阐述了产品质量、生物活性、毒理学、残留、环境安全评价的标准，并列举出登记程序和典型案例，以及微生物源农药的现行国家标准。本教材全面系统地总结了微生物源农药的新知识、新技术和新进展，是编写者们在查阅大量国内外文献资料的基础上结合长期的一线教学和科研中积累的经验的结晶，教材内容更为丰富、新颖、系统，对研究、开发和应用微生物源农药具有很强实用性，是农林大专院校和综合性大学植物保护、森林保护、农药学、生物工程等专业本科生和研究生的一本颇具特色的教科书，亦是从事农业、林业及相关领域科技人员的参考书，本教材的出版，必将为推动我国微生物源农药的快速发展发挥重要作用。

喻子牛

2020 年 12 月 10 日

于武昌狮子山

前　言

　　微生物源农药指源自微生物活体或微生物代谢过程中产生的具有生物活性的物质，可用于防治农林作物病虫草鼠害，或调节植物生长，并可制成上市流通的商品制剂。微生物源农药是迄今最成功的生物防治产品，被视为替代部分化学农药的最好选择，拥有巨大的发展潜力。

　　随着经济社会的高速发展，人们的生活水平也越来越高，不断发展的经济建设工作对于我国工业和农业协调、持续发展提出了更高的要求。2021 年修订的《中华人民共和国食品安全法》与《中华人民共和国农产品质量安全法》及 2019 年修订的《中华人民共和国食品安全法实施条例》共同构筑了新时代农业投入品安全、科学合理使用的立体防线。要从源头上保障农业丰产丰收和农产品质量安全，必须向生产者提供安全有效的农药。随着高毒农药的禁用、限用，需要新型低毒有效的绿色农药替代，有机农业市场的兴起，需要非化学的农业投入品保驾护航。鉴于微生物源农药在植物保护中的特殊作用，在环境保护、土壤改良中不可取代的地位，各高等院校尤其农林院校大多开设了微生物源农药课程，以满足社会对新农科人才知识储备的要求。因此，微生物源农药的教材应运而生。

　　本教材由西北农林科技大学、华中农业大学、南京农业大学、河南农业大学、沈阳农业大学、海南大学、内蒙古农业大学和石河子大学 8 所涉农高校一线教学的教师共同编写。各位编写者都具有丰富的教学和科研经验，充分了解专业及开设课程的特点。全书共 8 章，第 1 章由韩立荣编写；第 2 章由吴华、冯俊涛编写；第 3 章由周琳、魏少鹏编写；第 4 章由李修伟、高聪芬编写；第 5 章由李正男、梁亚萍编写；第 6 章由王兰英、张国强编写；第 7 章由陈光友、马洪菊编写；第 8 章由袁善奎、王以燕编写。全书最后由主编统稿。

　　本教材初稿完成后承蒙华中农业大学喻子牛教授对书稿进行评审，提出了宝贵意见，并为此教材写了序言，在此表示深深的谢意！最后感谢各位专家学者在繁忙工作中安排时间完成本教材的编写！感谢中国林业出版社的大力支持！

　　本教材的编写在许多方面是一次改革的尝试，由于作者水平和能力有限，不当和疏漏之处在所难免，恳请广大同行和读者批评指正。

编　者

2020 年 12 月 10 日

目　录

序

前　言

第1章　绪　论 ……………………………………………………………… (1)

1.1　微生物源农药的定义及分类 ……………………………………… (1)

1.1.1　微生物源农药的定义 …………………………………………… (1)

1.1.2　微生物源农药的分类 …………………………………………… (1)

1.2　微生物源农药的特点 ……………………………………………… (2)

1.3　微生物源农药的发展历史与前景展望 …………………………… (4)

1.3.1　农用抗生素的发展 ……………………………………………… (4)

1.3.2　昆虫病毒类微生物农药的发展 ………………………………… (4)

1.3.3　细菌类微生物农药的发展 ……………………………………… (5)

1.3.4　真菌类微生物农药的发展 ……………………………………… (6)

1.3.5　微生物源农药的发展前景 ……………………………………… (6)

复习思考题 …………………………………………………………………… (6)

参考文献 ……………………………………………………………………… (7)

第2章　微生物源农药研发的一般原理与方法 ……………………… (8)

2.1　活体微生物农药研究开发的程序与方法 ………………………… (9)

2.1.1　病毒农药 ………………………………………………………… (9)

2.1.2　细菌农药 ………………………………………………………… (12)

2.1.3　真菌农药 ………………………………………………………… (16)

2.2　抗生素农药研究开发的程序与方法 ……………………………… (19)

2.2.1　生产菌种的要求和来源 ………………………………………… (19)

2.2.2　菌种的分离和纯化 ……………………………………………… (19)

2.2.3　菌种性能鉴定 …………………………………………………… (20)

2.2.4 农用抗生素生物活性筛选 ……………………………… (20)
2.2.5 发酵过程优化及后处理 ………………………………… (23)
2.3 抗生素生产菌种的遗传改良 ……………………………… (27)
2.3.1 菌种改良的传统方法 …………………………………… (27)
2.3.2 现代基因工程在菌种改良中的应用 …………………… (29)
2.4 现代分子生物学技术在抗生素生产中的应用 …………… (30)
2.4.1 合成生物学在抗生素生产中的应用 ………………… (30)
2.4.2 代谢工程在抗生素生产中的应用 …………………… (31)
复习思考题 ……………………………………………………… (32)
参考文献 ………………………………………………………… (32)

第3章 抗生素农药 …………………………………………… (34)
3.1 抗生素农药概述 …………………………………………… (34)
3.1.1 抗生素农药的分类 …………………………………… (35)
3.1.2 抗生素农药的特点 …………………………………… (39)
3.1.3 抗生素农药的发展历史及研究现状 ………………… (40)
3.2 主要抗生素杀虫、杀螨剂品种及应用 …………………… (42)
3.2.1 阿维菌素 ………………………………………………… (42)
3.2.2 多杀菌素 ………………………………………………… (45)
3.2.3 浏阳霉素 ………………………………………………… (46)
3.2.4 南昌霉素 ………………………………………………… (47)
3.2.5 尼可霉素 ………………………………………………… (48)
3.2.6 米尔贝霉素 ……………………………………………… (49)
3.3 主要抗生素杀菌剂品种及应用 …………………………… (49)
3.3.1 井冈霉素 ………………………………………………… (49)
3.3.2 农抗120 ………………………………………………… (50)
3.3.3 武夷菌素 ………………………………………………… (51)
3.3.4 中生菌素 ………………………………………………… (52)
3.3.5 宁南霉素 ………………………………………………… (53)
3.3.6 多抗霉素 ………………………………………………… (53)
3.3.7 春雷霉素 ………………………………………………… (54)
3.3.8 灭瘟素-S ………………………………………………… (55)
3.3.9 公主岭霉素 ……………………………………………… (56)
3.3.10 四霉素 …………………………………………………… (57)
3.3.11 申嗪霉素 ………………………………………………… (58)
3.3.12 放线菌酮 ………………………………………………… (59)
3.3.13 农用链霉素 ……………………………………………… (59)

3.4 主要抗生素除草剂品种及应用 ……………………………………………… (59)

   3.4.1 双丙氨膦 …………………………………………………………………… (60)

   3.4.2 除草霉素 …………………………………………………………………… (60)

复习思考题 ……………………………………………………………………………… (61)

参考文献 ………………………………………………………………………………… (61)

第4章 病毒农药 ……………………………………………………………… (62)

4.1 病毒农药概述 ……………………………………………………………………… (62)

   4.1.1 病毒的特征 ………………………………………………………………… (62)

   4.1.2 昆虫病毒的分类 …………………………………………………………… (64)

   4.1.3 昆虫病毒农药的特点 ……………………………………………………… (67)

   4.1.4 病毒农药的发展历史及研究现状 ………………………………………… (67)

4.2 主要病毒杀虫剂品种及应用 ……………………………………………………… (70)

   4.2.1 核型多角体病毒 …………………………………………………………… (70)

   4.2.2 质型多角体病毒 …………………………………………………………… (75)

   4.2.3 颗粒体病毒 ………………………………………………………………… (77)

   4.2.4 昆虫痘病毒 ………………………………………………………………… (79)

   4.2.5 细小病毒 …………………………………………………………………… (81)

   4.2.6 其他 DNA 杀虫病毒 ……………………………………………………… (82)

4.3 病毒杀虫剂的遗传改造 …………………………………………………………… (84)

   4.3.1 病毒杀虫剂遗传改造的研究进展 ………………………………………… (84)

   4.3.2 病毒杀虫剂遗传改造的常见方法 ………………………………………… (87)

复习思考题 ……………………………………………………………………………… (89)

参考文献 ………………………………………………………………………………… (90)

第5章 细菌农药 ……………………………………………………………… (91)

5.1 细菌农药概述 ……………………………………………………………………… (91)

   5.1.1 细菌的特征 ………………………………………………………………… (91)

   5.1.2 细菌农药的分类 …………………………………………………………… (92)

   5.1.3 细菌农药的特点 …………………………………………………………… (93)

   5.1.4 细菌农药的发展历史及研究现状 ………………………………………… (93)

5.2 主要细菌杀虫剂品种及应用 ……………………………………………………… (94)

   5.2.1 苏云金芽孢杆菌 …………………………………………………………… (94)

   5.2.2 球形芽孢杆菌 ……………………………………………………………… (102)

   5.2.3 金龟子芽孢杆菌 …………………………………………………………… (106)

   5.2.4 梭状芽孢杆菌 ……………………………………………………………… (107)

5.3 主要细菌杀菌剂品种及应用 ……………………………………………………… (108)

5.3.1　枯草芽孢杆菌 ……………………………………………（108）

5.3.2　地衣芽孢杆菌 ……………………………………………（110）

5.3.3　假单胞菌 …………………………………………………（110）

5.3.4　蜡状芽孢杆菌 ……………………………………………（111）

5.3.5　解淀粉芽孢杆菌 …………………………………………（112）

5.4　细菌农药的遗传改造 …………………………………………（113）

5.4.1　细菌农药遗传改造的研究进展 …………………………（113）

5.4.2　细菌农药遗传改造的方法 ………………………………（114）

复习思考题 ……………………………………………………………（115）

参考文献 ………………………………………………………………（116）

第 6 章　真菌农药 ……………………………………………………（117）

6.1　真菌农药概述 …………………………………………………（117）

6.1.1　真菌的特征 ………………………………………………（117）

6.1.2　真菌农药的分类 …………………………………………（118）

6.1.3　真菌农药的特点 …………………………………………（119）

6.1.4　真菌农药的发展历史及研究现状 ………………………（119）

6.2　主要真菌杀虫剂品种及应用 …………………………………（121）

6.2.1　白僵菌 ……………………………………………………（122）

6.2.2　绿僵菌 ……………………………………………………（128）

6.2.3　其他杀虫真菌 ……………………………………………（131）

6.3　主要真菌杀菌剂品种及应用 …………………………………（132）

6.3.1　木霉属 ……………………………………………………（132）

6.3.2　盾壳霉 ……………………………………………………（135）

6.3.3　黏帚霉 ……………………………………………………（137）

6.3.4　寡雄腐霉 …………………………………………………（138）

6.3.5　酵母杀菌剂 ………………………………………………（141）

6.4　主要真菌杀线虫剂品种及应用 ………………………………（142）

6.4.1　淡紫拟青霉的生物学特性 ………………………………（142）

6.4.2　淡紫拟青霉防病机理 ……………………………………（142）

6.4.3　淡紫拟青霉杀菌剂制剂生产工艺 ………………………（143）

6.4.4　淡紫拟青霉在生物防治中的应用 ………………………（144）

6.5　主要真菌除草剂品种及应用 …………………………………（145）

6.5.1　盘长孢刺盘孢莬丝子专化型（鲁保一号）………………（145）

6.5.2　胶孢炭疽菌合萌专化型（collego）………………………（145）

6.5.3　胶孢炭疽菌锦葵专化型 …………………………………（146）

6.5.4　棕榈疫霉 …………………………………………………（146）

6.5.5 纵沟柄锈菌 ……………………………………………………… (146)

复习思考题 ………………………………………………………………… (146)

参考文献 …………………………………………………………………… (146)

第7章 微生物源农药剂型加工 …………………………………………… (148)

7.1 概述 ………………………………………………………………… (148)

7.1.1 农药原药(母药) …………………………………………… (148)

7.1.2 农药制剂和剂型 ……………………………………………… (149)

7.1.3 影响农药剂型加工的因素 …………………………………… (149)

7.1.4 农药剂型的选择原则 ………………………………………… (151)

7.2 农药加工中的物理化学原理 …………………………………… (152)

7.2.1 乳化作用原理 ………………………………………………… (152)

7.2.2 表面活性剂的增溶原理 ……………………………………… (154)

7.2.3 农药的润湿原理 ……………………………………………… (155)

7.2.4 表面活性剂的分散作用 ……………………………………… (156)

7.3 主要微生物源农药剂型 ………………………………………… (157)

7.3.1 微生物农药剂型加工的特点 ………………………………… (157)

7.3.2 微生物源农药的常用剂型 …………………………………… (158)

7.3.3 可湿性粉剂(WP) …………………………………………… (159)

7.3.4 水分散粒剂(WG) …………………………………………… (161)

7.3.5 可溶性液剂(SL) …………………………………………… (165)

7.3.6 乳油(EC) …………………………………………………… (166)

7.3.7 悬浮剂(SC) ………………………………………………… (167)

7.3.8 微胶囊悬浮剂(CS) ………………………………………… (169)

7.3.9 油悬浮剂(OF) ……………………………………………… (170)

7.3.10 漂浮剂 ………………………………………………………… (170)

复习思考题 ………………………………………………………………… (171)

参考文献 …………………………………………………………………… (171)

第8章 我国微生物源农药的管理与登记要求 ………………………… (173)

8.1 我国微生物源农药登记资料要求 ……………………………… (173)

8.1.1 原(母)药登记资料要求 …………………………………… (173)

8.1.2 制剂登记资料要求 …………………………………………… (181)

8.2 我国微生物源农药相关评价标准 ……………………………… (188)

8.2.1 微生物源农药产品质量相关标准 …………………………… (188)

8.2.2 微生物源农药生物活性评价标准 …………………………… (190)

8.2.3 微生物源农药毒理学试验标准 ……………………………… (191)

8.2.4 微生物源农药残留相关标准 ……………………………………………… (191)

8.2.5 微生物源农药环境安全评价试验类标准 ………………………………… (192)

8.3 微生物源农药登记程序及典型案例 ………………………………………… (192)

8.3.1 登记程序 ……………………………………………………………………… (192)

8.3.2 审批流程 ……………………………………………………………………… (193)

8.3.3 注意事项 ……………………………………………………………………… (194)

8.3.4 典型案例 ……………………………………………………………………… (194)

复习思考题 …………………………………………………………………………… (195)

参考文献 ……………………………………………………………………………… (195)

第1章

绪 论

1.1 微生物源农药的定义及分类

1.1.1 微生物源农药的定义

生物源农药（biopesticide）是指可用来防除病、虫、草等有害生物的生物体本身及其有效成分源于生物，并可作为"农药"的各种生理活性物质。生物源农药包括生物体农药和生物化学农药两类。

微生物源农药（microbial biopesticide）指源自微生物活体（真菌、细菌、病毒等）或微生物代谢过程中产生的具有生物活性的物质，可用于防治农林作物病虫草鼠害，或调节植物生长，并可制成上市流通的商品制剂。

微生物源农药是生物源农药的重要组成部分，微生物源农药（生物源农药）和生物防治相辅相成。微生物源农药因为对植物病原体、害虫、杂草的天敌无害或毒性极低，而天敌又制约着植物病原体、害虫杂草的发生和危害，这就形成了生物防治的长期防治效果；另外，生物源农药能直接杀死部分植物病原体、害虫和杂草，这即为生物防治的短期防治效果。如果加上其他防治措施的密切配合，人们不但可以用生物源农药防治病虫草鼠害，使农林业生产免遭较大的损失，而且可以使捕食性天敌有食料来源、寄生性天敌有宿主，在防治植物病原体、害虫、杂草过程中使它们长期发挥作用，使农业生态保持局部平衡，从而预防病虫草鼠害的爆发。

1.1.2 微生物源农药的分类

微生物源农药属于生物源农药的范畴，国内外尚无十分明确统一的界定。一般而言，根据其用途的不同，微生物源农药可分为微生物杀菌剂、微生物杀虫剂、微生物除草剂、微生物杀鼠剂以及微生物植物生长调节剂等。按来源及性能特点分类，微生物源农药一般分为微生物体农药和农用抗生素。

微生物体农药：利用有害生物的病原微生物活体作为农药，以工业方法大量繁殖其活体并加工成制剂来应用。按使用的微生物类型分为细菌类、真菌类和病毒类杀虫剂、杀菌剂和除草剂。目前管理中多将微生物体农药简称为微生物农药。

（1）细菌类

细菌类微生物农药是目前应用比较多的一种，其中杀虫剂以苏云金芽孢杆菌（*Bacillus thuringiensis*，Bt）类制剂最多，是目前世界上用途最广、开发时间最长、产量最大、应用最成功的微生物杀虫剂，已广泛用于水稻、玉米、棉花、蔬菜及林业上的多种重要鳞翅目害虫的防治。其他应用较多的细菌杀虫剂还有类产碱假单胞菌（*Pseudomonas alcaligenes*）、球形芽孢杆菌（*Bacillus sphaericus*，Bs）和金龟子芽孢杆菌（*Bacillus popiliae*）等。目前已经商品化生产的生物防治细菌制剂主要是假单胞菌（*Pseudomonas*）和芽孢杆菌（*Bacillus*）。如荧光假单胞菌（*Pseudomonas fluorescens*）、枯草芽孢杆菌（*Bacillus subtilis*）、地衣芽孢杆菌（*Bacillus licheniformis*）和蜡状芽孢杆菌（*Bacillus cereus*）等。

（2）真菌类

真菌类微生物农药主要指以真菌的活体（包括孢子和菌丝）制成的农药。研究和应用比较广泛的有绿僵菌（*Metarhizium*）、白僵菌（*Beauveria*）和耳霉菌（*Conidiobolus*）等，用于防治多种作物害虫；淡紫拟青霉（*Paecilomyces lilacinus*）和厚孢轮枝菌（*Verticillium chlamydosporium*）用于防治作物线虫病；木霉菌（*Trichoderma*）可以防治多种作物灰霉病和霜霉病。

（3）病毒类

病毒类微生物农药主要是昆虫病毒，昆虫病毒可引起1600多种昆虫和螨类发病。迄今为止，中国已开发出超过32种病毒杀虫剂，研究应用较多的是核型多角体病毒（*Nucleopolyhedrovirus*，NPV）、质型多角体病毒（*Cypovirus*，CPV）和颗粒体病毒（*Granulovirus*，GV）。

农用抗生素：由抗生微生物发酵产生的具有农药功能的次生代谢产物，它们都是有明确分子结构的化学物质。现在已经发展成为微生物源农药的重要大类，主要包括抗生素杀菌剂，抗生素杀虫、杀螨剂，植物生长调节剂。如井冈霉素（Validamycin）、春雷霉素（Kasugamycin）、灭瘟素-S（Blasticidin S）、农用链霉素（Streptomycin）、浏阳霉素（Liuyangmycin）、阿维菌素（Avermectin）、赤霉素（Gibberellin）等。

1.2　微生物源农药的特点

微生物源农药的出现和应用已有悠久的历史，但直到20世纪30年代之后才有了一定的发展，从70年代起，发展非常迅速。与化学农药相比，微生物源农药在农业上的应用有下列特点：

（1）对环境和生物安全

微生物源农药的活性成分均是自然界本身存在的活体微生物或化合物，自然界有其顺畅的降解途径，因此在环境中会自然代谢，参与能量与物质循环。施用于环境中或作物上，不易产生残留，不会产生生物富集现象。如奥绿1号(有效成分为 10^7 PIB/mL 苜蓿银纹夜蛾核型多角体病毒 +0.15% 甲氨基阿维菌素苯甲酸盐)在秋甘蓝田可明显提高节肢动物群落的均匀度，对群落多样性无明显影响，对天敌安全。

(2)专一性强，活性高

微生物源农药最显著的特点就是专一性强。微生物活体农药中，有些是宿主特异性的病原体，如昆虫病原真菌、细菌、线虫、病毒等均是从感病昆虫中分离出来，经人工繁殖再作用于该种昆虫，其杀虫范围十分狭小，甚至只限于某一种或少数几种昆虫，对于天敌昆虫完全是安全无害的。另外，源于微生物的农用抗生素类农药对有害生物的活性非常高。如阿维菌素对 Tetranychidae、Eriophyidae 和 Tarsonemidae 等科的多种害螨的 LC_{50} 仅为 0.009~0.24 mg/kg，对三叶斑潜蝇(*Liromyza trifolii*) 的幼虫 LC_{50} 为 0.377 mg/kg；30% 杀蝗绿僵菌油悬浮剂 167 mL/hm² 对东亚飞蝗药后 14 d 的平均防效可达到 90% 左右；井冈霉素组分 A，B，E，F 对水稻纹枯病菌的最低抑制浓度分别为 0.01 mg/L，0.5 mg/L，0.013 mg/L 和 0.013 mg/L，组分 A 对棉花立枯病菌的最低抑制浓度为 0.01~0.02 mg/L。

(3)由多种因素和成分协同发挥作用，产生抗药性较慢

化学农药的使用虽然只有80多年的历史，而且在不断更新换代，但病菌和害虫的抗药性却呈直线上升，致使防治费用不断提高，甚至要花费比保护得来的增产更多的资金。大多数微生物源农药作用成分和作用机理复杂，病虫草鼠害对它们的抗药性发展很慢。特别是微生物活体农药，其活体微生物在与植物病原体、害虫长期共同生活的过程中进化，能适应它们的防卫体系，依靠它们而生存下来，因此多数微生物活体农药本身能够在适应抗性的过程中发展。例如，苏云金芽孢杆菌已发现 100 余年，其杀虫活性是这种细菌在生长过程中形成的一些毒素和菌体的共同作用。虽然目前也发现害虫对它产生抗性，但抗性的影响较小并且容易克服。

(4)资源丰富，开发成本较低

微生物源农药资源丰富，凡对农业有害生物有控制作用的微生物均有可能通过多种途径被开发为微生物源农药。我们不仅可以在自然界找到更多性能优良的菌株，而且可以在原有资源中通过分离筛选或遗传改造获得生物活性更强的品系。例如，球形芽孢杆菌在定名之前一直被认为是一种腐生菌，发现了 K 菌株后，才了解它对蚊幼虫有毒，是一种病原菌。1973 年又分离到一株名为 SS-1 的菌株，其杀蚊活性是 K 菌的 1 万倍。1979 年后又分离到另一株球形芽孢杆菌 1593，其芽孢的杀蚊活性是 K 菌的 100 万倍。现在球形芽孢杆菌已被利用开发成一种非常有效而安全的用于杀灭各种蚊幼虫的杀虫剂。此外，通过生物工程技术，也可以大大提高微生物源农药的活性和使用效果，或是大大提高微生物产生活性物质的产量。例如，对于农用抗生素可以通过不同的方法提高产生菌的效价，较少的投入产生较高的经济效益。目前国内生产微生物源农药，多半利用天然可再生资源（如农副产品的玉米、豆饼、鱼粉、麦麸或某些植物体等）等农副产品的下脚料发酵而成。原材料的来源十分广泛，生产成本比较低廉。因此，生产微生物源农药一般不会利用不可再生资源（如石油、煤、天然气等），不与化工合成产品争夺原材料。

1.3　微生物源农药的发展历史与前景展望

1.3.1　农用抗生素的发展

1.3.1.1　发展历史

中国农用抗生素的研究始于 20 世纪 50 年代初。1953 年，中国农业科学院（简称中国农科院）著名植物病理学家、农用抗生素学科创始人尹莘耘率先从土壤放线菌中筛选出 5406 抗生菌。该菌对农作物具有促生、抗病、抗冻、抗旱以及提高品质等功效，20 世纪六七十年代在全国推广，面积达数千万公顷，随后又研发出内疗素（Neiliaosu）和多效霉素（Polymycin）。中国农业科学院土壤肥料研究所 1957 年开始农抗 120 的研究，中国科学院（简称中科院）微生物所先后研制了灭瘟素-S（Blasticidin S）、春雷霉素和多抗霉素（Polyoxin）。这些产品的创制，标志着新中国农用抗生素研究拉开序幕。之后中国进入农用抗生素发展高峰期，先后研制成功井冈霉素、宁南霉素（Ningnanmycin）和金核霉素（Aureonucleomycin）等抗生素杀菌剂。进入 20 世纪 90 年代，农用抗生素的研制开始引入基因工程、细胞工程等生物技术，促进了该类产品产量和质量的提升。当然，也陆续开发出抗生素类新产品，如申嗪霉素（shenqinmycin）等。

1.3.1.2　研发现状

目前，中国主要登记生产的农用抗生素品种有春雷霉素、多抗霉素、多杀霉素（Spinosad）、井冈霉素、四霉素（Tetramycin）、中生菌素、宁南霉素、阿维菌素、申嗪霉素、依维菌素（Ivermectin）、甲氨基阿维菌素苯甲酸盐（Emamectin Benzoate）。产业化或规模化生产的最大品种是阿维菌素，其次是井冈霉素。阿维菌素很长一段时期由美国默克公司在世界范围内主导生产。20 世纪 80 年代起，沈寅初院士团队围绕阿维菌素菌种诱变、发酵工艺和提取精制等方面开展深入研究，使其发酵水平达到了国际先进水平，被数家企业引进并投产。2007—2009 年，中国科学院微生物研究所通过合成生物学技术，将阿维菌素的单位产量提高了 1000 倍，内蒙古新威远及阿维菌素产业联盟成员企业引入该技术并规模化生产，使阿维菌素市场价格由过去的 2 万元/kg 降低到 500 元/kg，迫使默克公司退出阿维菌素历史舞台。中国对该产品的技术革新引领了农用抗生素产业的迅速发展，并为其他天然产物生物制品的改良提供了思路和方法。

1.3.2　昆虫病毒类微生物农药的发展

1.3.2.1　发展历史

中国昆虫病毒研究始于 20 世纪 50 年代中期，高尚荫、曹诒荪等开展家蚕核型多角体病毒病的研究。近 50 年来，我国在昆虫病毒—昆虫细胞离体培养系统、昆虫病毒资源的识别鉴定、昆虫病毒分子生物学、昆虫病毒生物防治技术等研究领域得到很大的发展，并在国际上产生重要影响。早期的昆虫病毒研究始于"三蚕"（即家蚕、柞蚕和蓖麻蚕）脓病病毒。20 世纪 60 年代，谢天恩、蔡秀玉和张立人等对黏虫核型多角体病毒研究已涉及病毒组织病理学、病毒生物学性质和病毒形态结构等。20 世纪七八十年代是中国昆虫病毒研究发展最快的时期，昆虫病毒研究队伍迅速壮大。蒲蛰龙等在广东首次发现马尾松毛虫 CPV，并以其防治松毛虫取得明显成效。武汉病毒所在国内首次分离出单核衣壳核多角体病毒，1993 年棉铃虫核多角体病毒杀虫剂获得登记，是中国第一个病毒杀虫剂。

1.3.2.2 研发现状

棉铃虫核多角体病毒杀虫剂是中国第一个被登记的昆虫病毒类产品，先后有 11 个厂家生产，年产量 300～500 t，江西新龙、武大绿洲、河南济源和江西宜春等占据主体地位。迄今为止，中国开发出超过 32 种病毒杀虫剂。目前处于登记状态的产品有棉铃虫核型多角体病毒（*Helicoverpa armigera* NPV）、苜蓿银纹夜蛾核型多角体病毒（*Autographa california* NPV）、斜纹夜蛾核型多角体病毒（*Spodoptera litura* NPV）、黏虫颗粒体病毒（*Myxoplasma* GV）、小菜蛾颗粒体病毒（*Plutella xylostella* GV）、松毛虫质型多角体病毒（*Dendrolimus* CPV）、茶尺蠖核型多角体病毒（*Ectropis obliquus* NPV）、甘蓝夜蛾核型多角体病毒（*Mamestra brassicae* NPV）、蟑螂病毒、菜青虫颗粒体病毒（*Pieris rapae* GV）、甜菜夜蛾核型多角体病毒（*Spodoptera exigua* NPV）。病毒农药年产制剂约 1600 t，占全国杀虫剂总产量的 0.2%。

1.3.3 细菌类微生物农药的发展

1.3.3.1 发展历史

1949 年以来，细菌类微生物源农药产业快速发展，目前登记的产品以苏云金杆菌（*Bacillus huringiensis*）、枯草芽孢杆菌（*Bacillus subtilis*）、蜡质芽孢杆菌（*Bacillus cereus*）、多黏类芽孢杆菌（*Paenibacillus polymyxa*）等产品为主。在各类细菌类微生物源农药中，对 Bt 的研究最为深入，其产品、产量及应用规模最具代表性。截至 2019 年 4 月有 239 个产品被 130 家企业登记生产。我国 Bt 研究大概可分为两个阶段：第一阶段是 20 世纪 90 年代前的收集资源、菌株鉴定、生产发酵等研究的常规阶段；第二阶段是 20 世纪 90 年代后以分子生物学等现代技术手段全面介入的新阶段，大量新基因的发现、转基因新成果不断涌现。

1.3.3.2 研发现状

1964 年，中国在武汉兴建的第一个中试车间正式开始生产 Bt。1965 年年底，湖北武汉染料厂青虫菌车间生产的"三五牌"和湖南长沙微生物研究所生产的"424"苏云金杆菌商品在中国上市，这是中国第一批 Bt 商品制剂。20 世纪七八十年代，全国各地小型 Bt 厂进行的半固体发酵遍地开花，形成群众运动式的生产。在"七五"和"八五"期间，Bt 杀虫剂正式列入 国家科技攻关计划，全国科研大协作，解决了菌种、发酵技术、后处理工艺等一系列难题，使得中国 Bt 产品踏上了一个新的台阶。

在 Bt 产业化进程中，湖北科诺、康欣以及福建绿安等生物源农药公司一直统领全国 Bt 原药研发。其中，亚洲最大的生物源农药基地——武汉科诺 Bt 生物源农药基地走在中国各企业前列。目前，中国正规生产 Bt 的厂家近 70 家，年产量超过 3×10^4 t，产品剂型以液剂、乳剂、可湿粉剂、悬浮剂等为主，用于粮、棉、果、蔬、林等作物上的 20 多种害虫的防治，使用面积达 300×10^4 hm² 以上。

1.3.4　真菌类微生物农药的发展

1.3.4.1　发展历史

中国利用真菌防治病虫害的研究从 20 世纪 50 年代开始。林伯欣、徐庆丰、李运帷、吕昌仁、曾省和邓庄等相继开展了白僵菌(*Beauveria* spp.)、淡紫拟青霉(*Paecilomyces lilacnus*)和玫烟色拟青霉(*Paecilomyces fumosoroseus*)的早期研究。20 世纪 70 年代杀虫真菌的研究主要集中在真菌培养、大量生产和防治害虫等方面。随后的 20 年，真菌类生物源农药的基础研究明显加强，研究内容包括分类、鉴定和侵染致病机制等内容。进入 21 世纪后，中国在该领域的基础和应用研究进入分子时代。王成树、夏玉先、冯明光、李增智以及陈捷等团队在白僵菌(*Beauveria* spp.)、绿僵菌(*Metarhizium* spp.)和木霉菌(*Trichoderma*)的资源挖掘、毒力基因鉴定、分子相互作用、遗传改造以及应用技术等方面取得了显著的成果，极大地促进了中国真菌农药产业的发展。经过几十年的发展，在多个团队的努力下，中国在真菌生物源农药领域的研究水平处于世界前列。

1.3.4.2　研发现状

2000 年，重庆大学夏玉先、王中康等研制的"杀蝗绿僵菌母粉"及"杀蝗绿僵菌油悬浮剂"是中国第一个获得杀虫真菌类新农药登记的原药和制剂。陈捷团队研发的哈茨木霉菌等产品相继被山东泰诺、上海大井等企业转化。目前，真菌类生物源农药登记的产品中以白僵菌、绿僵菌和木霉菌为优势产品。在生产和应用方面，重庆重大生物技术发展有限公司、重庆聚立信生物工程有限公司等均为中国代表性的真菌生物源农药生产企业，年产能达到万吨级。山东泰诺也在木霉菌的生产应用中取得了显著的经济和社会效益。

1.3.5　微生物源农药的发展前景

从 2014 年开始，我国政府在部分地区开展了低毒低残留农药示范补贴试点，鼓励农民使用生物源农药，极大地推动了生物源农药的应用。总的来看，我国生物源农药产品仅占我国登记农药总数的 4% 左右，无论是品种数量还是使用量都远远低于化学农药。与国外市场生物源农药使用情况相比，美国、加拿大和墨西哥等国的生物源农药使用量都远超于中国。

从全球范围来看，近年来生物源农药均呈现快速增长的态势，且增速超过传统的化学农药。国内随着"农产品安全和环境安全"战略需求的稳步推进，IPP 理论(综合农业生产与保护)日益受到重视，而作为农业生产的重要投入品生物源农药在 IPP 理论的实践中占有举足轻重的地位，生物源农药产业必将迎来新的发展契机。当前我国的生物源农药已进入一个相对快速的发展阶段，登记品种和数量都有明显增加，因此未来占生物源农药比例较大的微生物源农药的研究、发展及未来市场份额必将存在巨大的优势和发展前景。

复习思考题

1. 什么是微生物源农药?
2. 微生物源农药与生物源农药有什么内在联系?

3. 简述微生物源农药的特点。

4. 简述我国微生物源农药的生产和研究现状。

参考文献

洪华珠，喻子牛，李增智，2014. 生物源农药[M]. 2版. 武汉：华中师范大学出版社.

何培新，2017. 高级微生物学[M]. 北京：中国轻工业出版社.

束长龙，曹蓓蓓，袁善奎，等，2017. 微生物源农药管理现状与展望[J]. 中国生物防治学报，33(3)：297-303.

李秦，2019. 微生物源农药风头正劲，数十亿市场待"开垦"[J]. 农药市场信息(14)：41-43.

张民照，杨宝东，魏艳敏，2016. 生物源农药及其应用技术问答[M]. 2版. 北京：中国农业大学出版社.

张兴，马志卿，冯俊涛，等，2019. 中国生物农药 70 年发展历程与展望[J]. 中国农药，15(10)：73-83.

第2章

微生物源农药研发的一般原理与方法

    微生物源农药在生物源农药中占有重要地位，也是各国竞相发展的产业。微生物种类繁多，容易变异，因而微生物源农药菌种的选择和培育是生产之本；微生物代谢类型多，适应性强，其代谢调控是微生物源农药生产的关键；保持微生物源农药生产的高产、低耗，规模生产的设备和产物的各项处理是生产的重要组成。

    在微生物的发酵过程中，有机物既是电子最终受体，又是被氧化的基质。通常这些氧

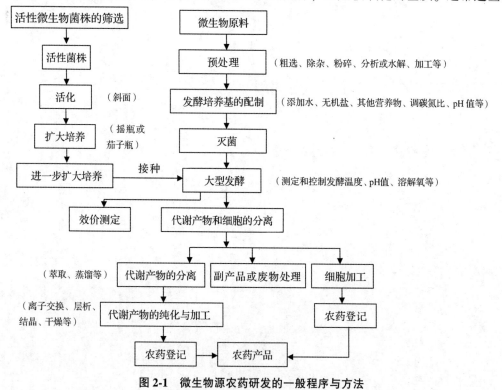

图 2-1 微生物源农药研发的一般程序与方法

化基质都氧化不彻底，因此，氧化、发酵的结果是积累某些有机物，即产生多种多样的发酵产物，某些发酵产物能够防治农业有害生物，具有潜在的经济效益和社会效应，这些产物经发酵后处理（分离、纯化等），成为市场上流通的生物农药产品。其一般流程如图 2-1 所示。

2.1　活体微生物农药研究开发的程序与方法

活体微生物农药是指利用微生物活体（真菌、细菌和昆虫病毒）对农业、林业或畜牧业等有害生物（病原菌、有害昆虫、杂草等）进行有效防治的一种或几种微生物活体加工成的制剂。活体微生物农药是生物源农药研究开发的重要方向之一，本节主要就活体微生物农药开发利用的一般程序和方法做相应的介绍。

2.1.1　病毒农药

昆虫病毒属于微生物，主要通过生物学的方法，用病毒感染活体的昆虫进行增殖。首先要在厂房内大量培养活体昆虫，待其长到适当大小，再使之感染病毒病。然后收集死亡虫体。经过分离纯化，获得昆虫病毒，再加工成病毒农药。过去棉铃虫不能群养使得生产效率低、成本高，随着新技术的采用使病毒农药的生产规模和效率得到显著提高。

昆虫种群群养技术的突破对病毒类微生物活体农药的生产意义重大，解决了限制病毒活体生物农药产业化生产的瓶颈问题。昆虫病毒是一类重要的微生物农药。与传统化学农药相比，对人畜安全、不污染环境、不伤害天敌、害虫不产生抗药性。在田间造成害虫世代之间病毒病的大面积流行，导致害虫死亡属典型的绿色环保型农药。在我国，研究最多、应用最广泛是棉铃虫核型多角体病毒活体微生物农药。棉铃虫核多角体病毒杀虫剂是我国第一个被登记的昆虫病毒类产品，先后有 11 个厂家生产，年产量 $300 \sim 500$ t。

2.1.1.1　病毒农药开发程序

病毒农药开发的一般程序如图 2-2 所示。

以棉铃虫核型多角病毒为代表的昆虫病毒农药生产加工工艺与制剂加工如下所述。棉铃虫成虫交配产卵在特制的交配产卵箱内进行，以纸帕作为产卵的载体，覆盖于产卵箱上。雌虫卵产于箱内纸帕上，产卵室温度 $25 \sim 26$ ℃，相对湿度 $50\% \sim 60\%$。幼虫发育到 4 龄，5% 用来留种，95% 用来生产病毒。从感染第 6 天开始收集病死虫，收获率 $75\% \sim 90\%$，最佳感染浓度为 1×10^5 PIB/mL，最佳感染虫龄为 4 龄初幼虫，最适温度 $28 \sim 30$ ℃。经大批量感染试验，感染率达 80% 以上，平均每克虫尸含病毒 1.2×10^{10} PIB。将收集的病死虫经研磨、离心除杂、喷雾干燥，再加辅助剂

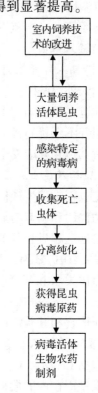

图 2-2　病毒农药开发的一般程序

(光保护剂、增效剂、湿润剂和乳化剂等)混合，制成病毒可湿性粉剂或乳悬剂，检验合格后称量分装，其产品质量检测标准至少要符合下列标准：①每克产品的病毒多角体含量≥10亿个；②LD_{50}≤$2×10^5$ PIB/mL；③pH 6~8。

病毒杀虫剂生产中要采取独特的提取工艺，收集死亡虫尸中的病毒，可获得每克500亿病毒单位左右的产品。从长期防效上讲，病毒杀虫剂防效较高，但其杀虫速度缓慢、寄主范围较窄的特点仍然使其推广受到限制。针对这些问题，我国科技工作者对病毒复合杀虫剂新剂型进行了大量研究，主要有病毒与低毒高效化学杀虫剂复配剂和病毒与其他微生物杀虫剂的复合生物制剂，这些新产品的研究既保证其广谱性和速效性，同时也保证了对抗性害虫的特异性和持续性。该类产品符合环保的要求和人们对食品安全性的要求，具有长久的生命力。

2.1.1.2　病毒杀虫剂遗传改造

基因工程重组病毒杀虫剂是通过异源重组构建宿主范围扩大了的重组病毒，或通过插入外源毒素基因、增效基因以及修饰自身基因等构建毒力更高的重组病毒。经多年研究，各国科学家从分子生物学研究基础最好、应用最广泛的杆状病毒入手，进行了重组杆状病毒杀虫剂的研制与应用并取得了很大进展。

目前，病毒农药遗传改良常用的方法有 3 种：一是在病毒基因组中插入对昆虫有特异性作用的功能基因，如昆虫毒素基因、神经毒素基因、昆虫激素基因等；二是通过对野生型病毒基因组进行修饰或缺失来改善杀虫效果，缩短杀虫时间；三是异源病毒重组，以扩大病毒农药的宿主范围。

1)插入基因

（1）插入外源基因

插入外源基因是利用基因重组技术来提高病毒杀虫速度的方法。即以病毒作为外源基因载体，在昆虫细胞中表达那些干扰昆虫生理反应的基因，从而引起昆虫进食减少或死亡，但并不干扰病毒的复制和致病能力。但作为插入片段的外源基因必须是昆虫特异性的，对其他物种应安全可靠。

（2）插入昆虫激素基因和酶基因

昆虫正常的生理代谢受其本身的激素和酶控制，过量的昆虫专性激素和酶可破坏虫体正常的代谢和调节功能，导致昆虫停食和加速死亡。这一方法要求外源基因的表达量必须很高，远远超过虫体自身调节能力范围。例如：插入调节水分平衡的利尿激素（diuretic hormone，DH）基因，利尿激素在昆虫体内表达过量的利尿激素会减少幼虫血淋巴体积，导致虫体失水和死亡；插入可激发蜕皮行为的羽化激素（EH）基因，还有保幼激素酯酶（juvenile hormone esterase，JHE）基因，JHE 会水解和钝化早期末龄幼虫中的保幼激素，使之停止取食和开始蜕皮。

（3）插入苏云金芽孢杆菌杀虫基因

包括 *Cry1A*(b)、*Cry1CD*、库斯达克亚种(*HD*-73)-内毒素全长基因和以色列亚种8-内毒素基因在内的数种 Bt 杀虫基因已实现插入苜蓿银纹夜蛾核型多角体病毒 *AcNPV* 中。

（4）插入神经毒素基因

蝎子、蜘蛛、捕食性螨、海葵等无脊椎动物的毒腺中都含有与昆虫神经细胞膜上

Na⁺、K⁺或 Ca²⁺离子通道特异性结合的多肽类神经毒素，插入针对昆虫神经系统的特异性毒素基因是提高杆状病毒杀虫速度最有效的方法。重组病毒表达的此类毒素基因产物对哺乳动物和甲壳动物无毒性，但可以特异性地麻痹、毒杀昆虫，使之停止取食和为害作物，而病毒可以继续增殖，最终杀死宿主。天然马蜂毒素可使昆虫幼虫早熟、黑化、体重增加变缓，也可以被重组到杆状病毒基因组中。

（5）插入增效基因

粉纹夜蛾颗粒体病毒（*TnGV*）的蒴状体蛋白中含有一种对 *NPV* 感染有增效作用的因子，把这种增强蛋白基因插入 *AcNPVp10* 启动子下游，增强蛋白表达量，纯化的重组增强蛋白可降解肠黏蛋白，促进野生型 *AcNPV* 的感染，但重组病毒形成的多角体数量大为减少，其形状也略变小，重组病毒比野生型 *AcNPV* 的感染率略低。将重组病毒与野生型病毒以适当比例混合，则在保证增效蛋白仍有较高表达量的同时，多角体形状基本正常，其感染能力也高于单用野生型病毒。

（6）插入植物来源的基因

植物蛋白酶抑制基因编码的植物蛋白酶抑制因子是植物抵抗害虫的天然防御体系，从慈姑球茎中分离纯化的慈姑蛋白酶抑制剂 B（arrowhead proteinase inhibitor B，*API−B*）基因表达对胰蛋白酶和激肽释放酶有很强抑制活力的蛋白酶，如果将该基因整合到家蚕核型多角体病毒（*BmNPV*）基因组中，获得的重组 *BmNPV* 对家蚕的致病能力提高，提早了 10 h 左右。

2）应用 RNA 干扰技术提高昆虫病毒杀虫效率

RNA 干扰（RNA interference，RNAi）是指在进化过程中高度保守的、由双链 RNA（double-stranded RNA，dsRNA）诱发的、同源 mRNA 高效特异性降解的现象。

DNA 双链中一条为编码链，一条为反义链，mRNA 转录编码链，反义 RNA 转录反义链，两者均在 DNA 同一区域转录，当反义链转录反义 RNA 时，mRNA 转录受到阻碍和抑制。利用杆状病毒载体在宿主体内转录一段特定的 RNA 序列，该序列与宿主某个关键的基因转录产物互补。宿主这个在生长发育过程中起重要作用的 mRNA 与载体转录的 RNA 互补后，失去翻译功能，从而使该基因沉默。昆虫宿主由于缺少了该 mRNA 编码的关键酶或激素的调控，生长发育停滞，乃至死亡。这种方法的优势是外源序列不需翻译、表达、翻译后加工、转运至细胞外等过程，直接在靶基因的转录环节发挥作用，具有安全性高、作用时间提前和害虫不易产生抗药性等特点，是一条比较新的技术路线。

C-*myc* 是广泛存在于脊椎动物和某些无脊椎动物体内的一个重要基因，其编码的磷酸化核蛋白具有调控细胞分裂、休眠、分化、死亡等多种作用。将该基因中一段保守序列的互补 DNA 序列插入 *AcMNPV* 多角体启动子下游构建重组病毒，感染草地贪夜蛾幼虫。实验显示，感染 3 d 后，75%的处理组停止摄食，而野生型 *AcMNPV* 处理组只有 25%的幼虫停止摄食，感染 3 d 通常是多角体启动子开始表达的时间。处理组停止摄食，2 d 后陆续死亡，比对照的野生型感染组死亡时间提前 1 d 左右。统计学检验结果证明，利用 RNA 干扰技术可以使宿主昆虫停止摄食的时间显著提前，并且幼虫虫龄越小，效果越显著。

3）缺失病毒本身基因

（1）缺失 *egt* 基因

蜕皮甾体尿苷二磷酸葡萄糖转移酶（ecdysteroid UDP-glucosyltransferase，EGT）基因是

杆状病毒非必需的早期基因，它所编码的蜕皮甾体尿苷二磷酸葡萄糖转移酶可调节昆虫体内蜕皮甾体激素的水平。而蜕皮甾体激素可诱导昆虫蜕皮或化蛹，调节昆虫生长发育。*egt* 基因的表达使昆虫体内的蜕皮激素失活，从而抑制幼虫的蜕皮与变态，使幼虫保持活跃的取食状态，增大幼虫体重，利于病毒自身增殖。缺失该基因的重组病毒比野生型病毒提早 27.5 h 杀死粉纹夜蛾幼虫。但用 *jhe* 基因取代 *AcNPV* 的 *egt* 基因的重组病毒感染粉纹夜蛾幼虫后，尽管虫体内 JHE 含量为对照组的 40 倍，但幼虫在发育、体重及死亡时间上与野生型病毒处理组无明显区别。失活 *egt* 基因的同时在病毒基因组中插入昆虫特异性毒素构建重组杆状病毒，可以达到双重增效目的。

（2）修饰 *gP64* 基因

gP64 编码的 64 kDa 膜蛋白对病毒的附着和进入细胞有重要作用，这种附着可能与寄主细胞表面存在的特异结合蛋白有关，将 *AcNPV* 的 *gP64* 基因与专性杀甲虫的苏云金芽孢杆菌晶体毒素基因融合，并在大肠杆菌中表达，表达产物可杀鳞翅目幼虫和甲虫。由此推测，将不同受体细胞表面的结合蛋白与病毒膜蛋白融合，或将两种病毒的膜蛋白融合，都有可能改变病毒感染效果和改变寄主范围。

（3）缺失 *p10* 基因

P10 蛋白是多角体膜的纤维结构成分，缺失 *p10* 基因的重组病毒在昆虫中肠释放病毒粒子的效率提高，毒力因而提高 2 倍，但对紫外线等的抵抗力降低。

4）异源病毒重组

通过异源病毒之间的重组可以扩大杆状病毒宿主域，例如，日本学者将 *AcMNPV* 和 *BmNPV* 共感染对 *BmNPV* 不敏感的 sf-21 细胞，得到的子代病毒经 BmN 细胞空斑纯化后，限制性内切酶分析为 *AcMNPV* 和 *BmNPV* 的重组病毒，该病毒具有更广泛的宿主域，能够在 sf-21 细胞、BmN 细胞和家蚕幼虫中复制和产生多角体病毒。这说明利用异源病毒重组技术有可能得到既提高杀虫力又扩大杀虫范围的新的基因工程病毒杀虫剂。

病毒农药在害虫生物防治方面日益受到各国的重视。但在实际应用中，一些野生型的毒株也存在一些缺点，主要是杀虫速度慢和杀虫谱比较狭窄，使昆虫病毒杀虫剂的生产和应用受到一定的限制。随着分子生物学研究的深入和基因工程技术的发展，科学家们正在利用基因工程手段针对病毒杀虫剂的不足对昆虫病毒进行改良，以创造新一代高效、安全的病毒杀虫剂。随着科技的进步，将会有越来越多的基因工程病毒杀虫剂用于害虫防治，可以预料，应用病毒农药防治害虫将有着十分广阔的应用前景。

2.1.2　细菌农药

细菌活体微生物农药主要是通过细菌营养体、芽孢在害虫体内繁殖并产生生物活性蛋白毒素等来防治或杀死目标害虫或者通过拮抗作用、竞争作用，诱导植物产生植保素或促进植物生长等方式来抑制、杀死、病原有害微生物，其具有很强的特异性和选择性，有害生物不易产生抗药性，且对人、畜及非靶标生物安全。

以苏云金芽孢杆菌为例，介绍细菌类生物活体农药研究与开发的过程。细菌农药开发一般程序与方法见图 2-3。苏云金芽孢杆菌发酵可分为液体发酵和固态发酵，目前国内外主要采用液态发酵方式生产。自从美国国际矿物和化学公司于 1957 年率先生产了商品制剂 Thuricide 以来，苏云金杆菌制剂生产已向大吨位工业化发酵迈进。我国苏云金杆菌发酵罐容量一般达 20～56 t，而国际上最高达 200 t，且发酵工艺条件研究已不断完善。除了选用生产性能良好的优良菌株外，发酵培养基的筛选对产品质量至关重要，发酵培养基的固形物浓度目前普遍采用 9% 以上的高浓度配方，特别是以农副产品为主要原料的发展中国家，如埃及、墨西哥等国采用豆类、屠宰场废液、轻工业发酵废液、糖、蜜等都取得了成功，我国广泛采用当地易得的农副产品（如棉籽饼粉、菜籽粉、豆饼粉等）取得了良好的效果。

2.1.2.1　细菌农药发酵

（1）固态发酵

固态发酵是指在含少量自由水的湿性固态培养基中进行生物反应，以生产微生物菌体和生物制品。高浓度、高黏度的液体深层发酵技术是现代发酵工程研究的前沿，而固态发酵就是高浓度、高黏度发酵技术的极限。固态发酵可克服传统液体发酵工艺对发酵技术要求高、设备投资大、商品制剂成本高、后处理过程中晶体外毒素和芽孢损失等缺点。

美国 MechaLas 首先取得了固体发酵专利权，该专利所要求的设备和发酵条件较高，在发展中国家推广困难，而且料温难以控制，杂菌污染严重，由于堆料过厚，常导致部分固体培养基通气不良。我国 20 世纪 70 年代广泛推行固体发酵工艺，应用固态发酵生产苏云金杆菌也一度呈现很好的势头，如武汉大学汪涛教授研究的地膜覆盖法和水泥平台法，工艺简单、投资很少、易学易用，很适合农户生产自用。但该种技术不能避免杂菌污染、培养基的湿度难以控制、降温措施不易掌握等问题，难以保证产品质量，不适合工业化生产，因此被挡在现代发酵工业的大门之外。

近几年，用固态发酵法进行工业化生产又出现新的曙光。中国科学院过程工程研究所生化工程国家重点实验室李佐虎研究员 1991 年提出了"压力脉动固态发酵反应器"构想，用固态发酵法生产苏云金芽孢杆菌可湿性粉剂，并于 1998 年建成了生产能力为 2000 t/a 的苏云金芽孢杆菌可湿性粉剂生产示范厂，发酵水平稳定在 10 000 U/mg 以上，干燥技术和粉碎技术也取得了重大突破，形成了一整套现代固态发酵生产新技术体系。

（2）液体深层发酵

世界上第一批苏云金芽孢杆菌制剂的工业产品于 1958 年诞生于美国，至今已有 60 多年历史。苏云金芽孢杆菌在遗传工程技术、应用技术等领域发展较快，但在液体深层发酵技术方面则相对缓慢。

（3）发酵工艺的优化发酵工程

为苏云金芽孢杆菌提供一个优化的物理及化学环境，使该菌能更好地生长繁殖，得到更多需要的生物量，从而合成更多的目的产物。好的苏云金芽孢杆菌菌株和良好的培养环境是发酵成败的关键。苏云金芽孢杆菌生长繁殖需要的条件是：①良好的物理环境，主要有合适的发酵温度、pH 值、溶氧量等；②合适的化学环境，即生长代谢所需各种适宜浓度的营养物质，并降低各种阻碍生长代谢的有害物质的浓度。

2.1.2.2　细菌农药遗传改造

细菌农药遗传改造研究最多的就是苏云金芽孢杆菌杀虫晶体蛋白基因。1981 年，Schnepf 和 Whiteley 首先克隆了苏云金芽孢杆菌杀虫晶体蛋白基因 *cry1Aa1*。紧接着 Klier 等从芽孢杆菌亚种 Berliner 1715 中克隆了 2 个杀虫晶体蛋白基因,并将其中之一在大肠杆菌中表达。随后发现了大量苏云金芽孢杆菌杀虫晶体蛋白新基因。苏云金芽孢杆菌野生菌株一般含有多个编码杀虫晶体蛋白的基因,除少数亚种或菌株的杀虫晶体蛋白基因可能定位于染色体上外,绝大部分的杀虫晶体蛋白基因定位于质粒上。苏云金芽孢杆菌的质粒大小范围在 1.5~130 MDa,编码杀虫晶体蛋白药的基因多位于 30 MDa 以上的大质粒上,其中有些质粒上携带有多个杀虫晶体蛋白基因。在 1995 年国际无脊椎动物病理学会年会上成立的 Cry 基因命名委员会根据晶体蛋白氨基酸序列的同源性差异,提出了新的基因分类系统。

(1)鳞翅目昆虫特异性的 cry1Aa、cry1Ab 和 cry1Ac 杀虫晶体蛋白基因

这三个基因主要来自库斯塔克亚种(Bacillus thuringiensis subsp. kurskaki),在苏云金亚种(B. thuringiensis subsp. thuringiensis)、鲇泽亚种(B. thuringiensis subsp. aizawai)等类群中也存在。这三个基因尽管杀虫谱有差异,但杀虫毒力最高,其中基因 cry1Ac 是总体上毒力最高的。目前大多数用作杀虫剂的 Bt 菌中均含有这三个基因。

(2)杀虫晶体蛋白基因 cry1C

基因 cry1C 是 Bt 杀虫基因中对灰翅夜蛾等害虫毒力最高的,广泛存在于鲇泽亚种中。正因如此,鲇泽亚种也被开发出 Bt 杀虫剂用于防治甜菜夜蛾。

(3)基因 cry9C

该基因的特点是其产物与其他常规杀虫晶体蛋白在中肠上皮细胞膜上具有不同的结合位点,而且具有较高的杀虫活性。为了克服昆虫可能产生的抗性,基因 cry9C 在构建杀虫工程菌和转基因作物上受到人们的广泛重视。

(4)基因 cry3A

主要来自属于 H8ab 的拟步行甲亚种(Bacillus thuringiensis subsp. tenebrionis),对鞘翅目昆虫如马铃薯甲虫有特异性毒力,目前开发的防治鞘翅目昆虫的 Bt 杀虫剂主要由该亚种制备。

(5)杀蚊毒素蛋白基因

高毒力的杀蚊 Bt 蛋白基因主要存在于以色列亚种,该亚种至少含有 cry4A、cry4B、cry11A 和 cyt1A 四个杀虫基因,其中 Cyt1A 晶体蛋白对其他基因的产物具有协同杀蚊作用。Cry11A 晶体蛋白的活性最高,其次是 Cry4B、Cry4A 和 Cyt1A 晶体蛋白。

(6)对动植物寄生线虫有毒的基因

目前所报道的这类基因均来自美国 Mycogen 公司的专利文献,它们分别为 cry5、cry6、cry7、cry8、cry12、cry13、cry14 和 cry21,作用的对象为植物寄生短体线虫、自由生活的线虫等。另外,还对原生动物、螨类、吸虫、虱等有毒。部分基因有些已开发出杀线虫剂。部分基因还可防治植物根部寄生线虫,更适合用于转基因植物。

(7)人工基因

在研究 Bt 杀虫晶体蛋白杀虫机制的同时,发现重组基因和诱变基因可提高杀虫活性或扩大杀虫谱。如 cry1Ab/1C、cry1Ac、cry4B、cry3A 和 cry1Ab 等基因的突变产物可提高毒力 2.5~32 倍。

2.1.2.3　细菌农药遗传改造的方法

苏云金芽孢杆菌作为研究最深入的杀虫细菌,在构建重组菌方面的研究内容也非常丰

富，如杀虫基因的选择、宿主的种类、构建的方式等。

（1）基因转移的策略

在构建工程菌时，外源基因的导入方法以及外源基因的存在状态是工程菌是否有应用价值的重要环节，如稳定性和安全性问题。

①质粒转移　在苏云金杆菌中，绝大多数杀虫基因均定位在质粒上，而且大部分定位在可结合转移的大质粒上。通过质粒的结合转移可以实现杀虫基因的重新组合，从而获得所需的重组杀虫菌，如 Cutlass 和 Foil 就分别是将基因 *cry1C* 和 *cry1A* 重组在同一个受体菌上，以及将基因 *cry3A* 和 *cry1A* 重组在同一个受体菌而开发出的产品。通过这种方法构建的工程菌称为第二代工程菌，即细胞水平重组菌，它不能解决所有基因对所有受体菌的重组，其优点在于由于无 DNA 水平上的操作，其安全性是可以保障的。

②整合在染色体　这是在 DNA 水平上进行操作的一种方法，导入 DNA 可通过转导和转化，最后通过同源重组或转座子介导而整合在染色体上。如以 Bt 的噬菌体为媒介，将基因 *cry1C* 整合在库斯塔克亚种中。以插入序列 *IS232* 和蛋白酶基因为媒介，通过同源重组将基因 *cry3A* 和 *cry1C* 插入库斯塔克亚种的基因组中。还可以通过转换子，用目标杀虫基因替换转座酶基因，并将转座酶基因放置在转座单位之外，将杀虫基因如 *cry1Ac10* 整合到染色体上。按以上方法构建的重组菌具有较强的稳定性。

③遗传稳定的质粒载体　质粒载体往往具有遗传不稳定性，在无选择压力条件下容易丢失。苏云金杆菌是富含质粒的种群，所含质粒的数量为 2~12 个，大小为 2~200 kb。利用 Bt 自身质粒的复制子构建的质粒载体在 Bt 中于无选择压力的条件下具有 90%~100% 的稳定性。不同来源的质粒复制子在构建多重工程菌时可克服质粒不相容性。

在解决稳定性的同时，还必须考虑工程菌的安全性问题。为了去掉工程菌中来自大肠杆菌的 DNA 片段和抗生素抗性基因，位点特异性重组载体应运而生。利用转座子 *Tn4430* 和 *Tn5401* 中的解离位点和解离酶，使重组质粒导入宿主菌后，在解离酶的作用下，在两个解离位点之间发生同源重组，从而将来自大肠杆菌的 DNA 片段和抗生素抗性基因除掉，仅保留来自 Bt 的 DNA 片段，如杀虫基因和质粒复制子。通过上述重建过程，相当于用一个目标杀虫基因替换了 Bt 内源质粒中与质粒复制无关的 DNA 片段。已利用 Tn4430 构建了一类载体系统，用来转移 *cry1A10* 和 *cry1C* 等杀虫基因。

（2）苏云金杆菌杀虫工程菌

①广谱杀虫工程菌　目前商品化的 Bt 杀虫剂主要源自库斯塔克亚种，如 HD-1 及类似菌株。这类菌株的主要杀虫基因为 *cry1Aa*、*cry1Ab* 和 *cry1Ac*。将基因 *cry1C* 导入这类菌株后，可扩充其对甜菜夜蛾等灰翅夜蛾属昆虫的活性。基因 *cry3A* 也被导入库斯塔克亚种，扩充其对鞘翅目昆虫的毒力。

②提高杀虫活性的工程菌　可通过提高杀虫基因的拷贝数、促进转录和翻译以提高晶体蛋白的表达量，从而提高杀虫活性。

a. 转录水平：苏云金芽孢杆菌杀虫晶体蛋白基因绝大多数在芽孢形成期表达，其启动子由 δ35 和 δ38 因子识别。利用其他类型的启动子，如组成型启动子，则可避免转录水平上对 δ 因子的竞争，达到提高表达量的目的。

b. 转录后水平：除了改变启动子外，采用适当的终止子和 STAB-SD 序列也可以提高

mRNA 的稳定性，从而延长 mRNA 的半衰期。

c. 翻译后水平：利用伴侣蛋白提高晶体蛋白的稳定性和表达量，或在构建工程菌时将宿主菌的蛋白酶基因敲除，从而避免或减少在芽孢形成至成熟过程中蛋白酶对晶体蛋白的降解，以提高菌体内晶体蛋白的表达量和活性。

d. 协同杀虫活性：利用几丁质酶基因增强对小菜蛾和蚊虫的杀虫活性。

③延缓抗性的工程菌　将害虫不易产生抗性的基因转入工程菌，以延缓宿主对工程菌的抗性。

④延长持效期的工程菌　法国巴斯德研究所构建了颇具新意的工程菌，以含有基因 *cry1Ac* 且 sigk-缺陷的 Bt 菌作受体，一方面具有较高的杀虫活性，另一方面在芽孢形成的晚期受阻，不能完成芽孢形成过程，但并不影响晶体蛋白基因的表达，使得形成的伴孢晶体包裹在细胞内而不能释放出来，可制成生物囊制剂。同时，由于这一时期的菌体不能进行生长，芽孢不能再萌发，相当于在制剂中无活菌存在，从而提高对环境的安全性，并有利于保护菌种专利。

2.1.3　真菌农药

真菌农药是指用于防治农业、林业及卫生等领域有害生物的真菌活体制备的微生物制剂，其防治对象包括各种害虫、病原菌、线虫和杂草等有害生物。目前，白僵菌、绿僵菌、木霉菌和淡紫拟青霉是优势产品。白僵菌、绿僵菌对害虫的作用方式独特，不仅对咀嚼式口器害虫有效，也对刺吸式口器的害虫有效。木霉菌可以诱导寄主植物产生防御反应，不仅能直接抑制灰葡萄孢的生长和繁殖，而且能诱导作物产生自我防御系统获得抗病性。淡紫拟青霉可以寄生多种植物线虫，包括根结线虫、孢囊线虫等重要经济线虫的卵和幼虫，在其代谢过程中，可以产生具有杀线虫活性的物质，抑制线虫的孵化或直接使卵失去活性。真菌农药以真菌活体为主要活性成分，其制剂具有无残留、易生产、持效期长、致病力强、应用效果好、对非靶标生物安全等优点，具有广阔的应用前景。

2.1.3.1　真菌农药开发程序

真菌农药开发一般程序与方法如图 2-3 所示。

下面以白僵菌的生产为例，简要介绍真菌农药的研制和生产过程：

（1）菌种分离

利用僵虫法分离获得高毒力菌株或者利用选择性培养基可直接从土壤中快速分离白僵菌等微生物。

（2）菌种选育

通过诱变育种或利用原生质体融合进行昆虫病原真菌的杂交育种保障菌株优良，相应的控制策略有：保持良好的培养条件，定期进行虫体复壮；人工强制形成异核体；筛选稳定的高毒力单孢株；最有效的调控措施是采取生物工程技术培育出稳定的高毒力菌株。

（3）液体发酵、固体发酵、固液双相发酵

固体发酵是白僵菌工业生产采用的主要方式，主要以室内浅盘式、室外大床式、塑料袋培养等土法生产白僵菌制剂，这种方法以廉价易得的农副产品麸皮和谷壳为主要原料，就地生产、就地使用，但生产周期长，污染率高，产品质量低下且不稳定，特别是产品粉碎、包装过程中生产车间粉尘浓度高，会引起操作工人的过敏反应。白僵菌液态发酵通常产生芽生孢子，但芽生孢子生活力低下、不耐贮藏，难以应用于生产实际。目前，应用于白僵菌规模化工业生产效果较好的方法是液固双相发酵法，即首先经几级液体发酵制得大量白僵菌芽生孢子或菌丝体，再将其接种于固体料上继续培养，以获得分生孢子，然后经旋风分离收集纯孢粉，含孢量可达 $(1 \sim 1.2) \times 10^{11}$ 个/g。

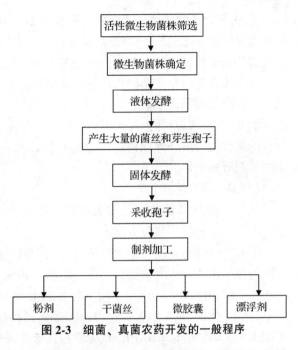

图 2-3　细菌、真菌农药开发的一般程序

2.1.3.2　真菌农药菌株遗传改造

迄今为止，用于真菌农药的生产菌种几乎都是野生型菌株，这些菌株主要经过生物测定、生产性状测定以及稳定性测定后筛选出的优良生产菌株。除了常用自然选择外，国内外科学家采取多种手段对真菌农药菌株进行遗传改造，其方法主要包括诱变、准性杂交、细胞工程和基因工程。下面主要就基因工程手段对真菌农药菌株遗传改造进行介绍。

将外源的或者内源的与真菌致病力或者对不良环境有抵抗力的有关基因在体外重组导入真菌孢子等受体细胞，使其在其中复制、转录、翻译表达，从而获得具有我们预期特征的基因工程菌株，这种技术称为基因工程、转基因技术或者 DNA 体外重组技术。

（1）目的基因

了解真菌对防治对象（昆虫、线虫、植物病害和杂草）的作用机理是菌种进行改造的前提，只有这样才有助于明确所要克隆的目的基因。一般目的基因可分为外源的和内源的两种：①外源的目的基因，如来自同一种类的其他菌株或者来自其他种类昆虫病原真菌的重要毒力基因丝氨酸弹性凝乳蛋白酶基因和几丁质酶基因，来自其他菌株或者其他种类植物病原真菌的抗杀菌剂多菌灵基因，来自伏革菌（*Phlebiopsis radiata*）的木霉过氧化酶基因，来自哈茨木霉的内切几丁质酶基因等。此外，一些来自非真菌的毒力基因也被用于生防真菌的转化。例如，来自非洲蝎的昆虫特异性神经毒素多肽 AaIT 被反编码成真菌基因，转入金龟子绿僵菌后对烟草天蛾的毒力提高了 22 倍，对埃及伊蚊的毒力提高了 9 倍；同时还显著减少了昆虫的活动性，降低了昆虫的取食率；转入球孢白僵菌后，对马尾松毛虫毒力提高了 15 倍。②内源（同源）的目的基因，通过增加其拷贝数来提高该基因的表达，如插入丝氨酸弹性凝乳蛋白酶编码基因 PII 的少孢节丛孢多拷贝突变菌株不仅能够产生更多的捕食器官，而且捕食线虫的速率也显著增强；插入几丁质酶基因的球孢白僵菌多拷贝突变菌株，其几丁质酶过量表达，菌株的毒力提高。

（2）转化体系

建立高效转化体系是基因工程成功的保证，其主要包括以下两个方面：

① 选择合适的载体　用于转化的载体多采用大肠杆菌的质粒(如基因工程中最常用和最具代表性的 pBR322 等)以及枯草芽孢杆菌质粒和酿酒酵母的 2 μm 质粒。因为这些质粒不仅遗传背景比较清楚、基因操作简便，而且也容易培养。

②选择合适的标记基因　选择合适的标记基因是遗传转化成功的前提，有效的选择标记基因可降低假阳性、减少工作量。如抗潮霉素基因 *Hyg*、抗苯菌灵基因 *Ben*、抗草丁膦除草剂基因 *Bar* 以及绿色荧光蛋白基因 *Gfp* 等都是丝状真菌经常用的标记基因。这些基因和目的基因融合后，才能构建转化的载体。此外，还有营养缺陷型互补标记和 DNA 插入突变标记等标记法。

(3) 转化方法

丝状真菌 DNA 转化通常是通过制备原生质体，在化学物质(如 $CaCl_2$/PEG)的介导下实现的。主要有以下几种方法：

①原生质体转化法　原生质体转化法一般采用经典的整合转化法，这种方法是以生防真菌的原生质体作为受体细胞。首先制备与载体 DNA 互补的原生质体($10^8 \sim 10^9$/mL)，然后在 $CaCl_2$(pH7.5～8.0)和 10%～40% PEG 4000 的作用下，载体 DNA 向原生质体转移，并整合到受体的 DNA 中去。St. Leger 等通过构建带有构巢曲霉的 *gpd* 增强子和金龟子绿僵菌 *Pr*1 基因的质粒 pMAPR-1 及带有抗苯菌灵的大肠杆菌质粒 pBENA3，在金龟子绿僵菌菌株 1080 原生质体内实现了共转化，得到 *Pr*1 多拷贝的工程菌，使得 *Pr*1 蛋白得到超量表达，与野生菌株相比，杀死目标昆虫时间缩短 25%，食物消耗减少 40%，但是昆虫感染后迅速黑化，因此产孢量减少，达不到预期目标。Wang 等(2007)选择 MCL1 作为启动子，利用绿色荧光蛋白报告基因，将一种北非蝎的昆虫转化性神经毒素多肽 AaIT(中性蝎毒)反编码成真菌基因，构建成带有抗性标记的替换质粒，经原生质体转化后，工程菌株对烟草天蛾的毒力提高 22 倍，对埃及伊蚊的毒力提高 9 倍；同时显著减少了昆虫的活动性，降低了昆虫的取食率。接着，又将此蝎毒基因转入球孢白僵菌，工程菌株对马尾松毛虫的毒力提高了 15 倍，致死时间缩短了 27%～40%。

②限制性内切酶介导整合转化法(REMI)　同前述方法一样，先制备原生质体，再在 $CaCl_2$ 和 PEG 的作用下，限制性内切酶进入受体原生质体，在其基因组识别位点进行切割，从而使得被相同的内切酶线性化的质粒 DNA 得以插入，实现转化，且转化率较高。徐进等(2005)采用该技术成功地用潮霉素磷酸转移酶基因(*hygB*)转化了食线虫真菌白色单顶孢(*Monacrosporium candidum*)、球状单顶孢(*M. sphaeroides*)和蠕虫节丛孢(*Arthrobotrys uermicola*)。这三种菌的转化率分别为(10～18)、(25～35)和(0.2～3)个转化子/μgDNA，它们的转化子的潮霉素抗性稳定性分别为 12.5%、82.5% 和 87.5%。伏建国等(2005)也利用此法筛选到了杂草生防菌链格孢菌对恶性杂草紫茎泽兰的弱毒菌株，为致病相关基因的标记和克隆打下了基础。

③ 根癌农杆菌介导转化法(ATMT)　在 Ti 质粒上有一段转移 DNA 区，又称为 T 区。将目的基因(可以很大)插入到经过改造的 T-DNA 区，通过该区的介导整合到生防真菌的基因中去。目前已成功转化了球毛壳菌、盘长孢刺孢菌、金龟子绿僵菌和球孢白僵菌。球毛壳菌的转化率为 60～180 个转化子/10^7 个孢子，对转化子的 PCR 检测和 Southern 杂交分析表明，T-DNA 已整合进球毛壳菌基因组中，而且在所检测的转化子中都是以单拷贝的

形式整合，转化子都能够稳定遗传。该法操作简单，可直接转化真菌孢子、菌丝甚至菌组织，而且不必制备原生质体。因此，这种转化法更适合于丝状真菌的 DNA 插入突变和基因标记等方面的研究。

2.2　抗生素农药研究开发的程序与方法

抗生素农药，又称农用抗生素（简称农抗），是指由细菌、真菌、放线菌等微生物在生命活动中产生的次级代谢产物，可用于农林生产中的病虫草等有害生物防治的微生物源农药。对于其研究开发，一般为：①确定生产菌种；②发酵条件的优化及后处理；③发酵条件的逐级放大。

2.2.1　生产菌种的要求和来源

2.2.1.1　生产菌种的要求

微生物源农药发酵所用的微生物称为菌种。不是所有的微生物都可以作为菌种，即使同属于一个种、不同株的微生物，也不是所有的菌株都能用于微生物源农药的发酵生产。作为菌种一般有以下要求：①菌种能够在较短时间的发酵过程中高产有市场价值的微生物源农药；②菌种的发酵培养基应该价格低廉，来源充足，转化为产品的效率高；③菌种对人、动物、植物和环境安全；④菌种发酵后，所产不需要的代谢产物少，且产品相对容易分离，下游技术能够用于规模化生产；⑤菌种的遗传特性稳定，易于基因操作。

2.2.1.2　生产菌种的来源

微生物源农药生产菌种的主要来源包括：①从自然环境分离筛选，包括土壤、水、动物、植物、矿物等样品中分离发酵产品的菌株，经培育改良后可能成为菌种；②从世界各地微生物或培养物保藏单位收集菌株筛选；③购置专利菌种。

2.2.2　菌种的分离和纯化

2.2.2.1　分离

在采集的样品中，一般待分离的菌种在数量上并不占优势，为提高分离效率，常常以"投其所好"和"取其所抗"的原则在培养基中添加特殊的养分和抗菌物质，使所需菌种的数量相对增加，这样方法称为增殖培养和富集培养。其实质是使天然样品中的劣势菌转变为人工环境中的优势菌，便于将它们从样品中分离。

2.2.2.2　纯化

增殖培养的结果并不能使微生物纯化，即使在培养过程中设置了许多限制因素，但其他微生物并没有死去，只是数量相对减少，一旦遇到适宜条件就会快速生长繁殖，故增殖后得到的微生物培养物仍是一个各类微生物的混合体。

为了获得某一特定的微生物菌种，必须进行微生物的纯化培养。常用的菌种纯化方法很多，大体可将它们分为两个层次：一个层次较粗放，一般只能达到"菌落纯"的水平，从"种"的水平来说是纯的，其方法有划线分离法、涂布分离法和稀释分离法。划线分离法简便快速，即用接种针挑取微生物样品的固体在培养基表面划线，适当条件下培养后，获得单菌落；涂布分离法与划线法类似，用涂布棒蘸取培养液，或先将少量培养液滴在固体培养基表面，再用涂棒在固体培养基表面均匀涂布。稀释分离法所获得的单菌落更加分散均匀，获得纯种的概率较大。该法是将降至 60 ℃ 左右的固体培养基与少量的培养液混合(事先在培养液中加入无菌的玻璃珠搅拌打散细胞团，再经过滤处理，效果更佳)均匀后，再浇注成平板以获取单菌落。另一层次是较为精细的单细胞或单孢子分离法，它可达到"细胞纯"即"菌株纯"的水平。这种方法的具体操作较多，最简单的操作是利用培养皿或凹玻片等分离小室进行细胞分离，也可以利用复杂的显微操作装置进行单细胞挑取。如果遇到不长孢子的丝状菌，则可用无菌小刀切取菌落边缘稀疏的菌丝尖端进行分离移植，也可用无菌毛细管插入菌丝尖端，以获取单细胞。

2.2.3 菌种性能鉴定

菌种性能测定包括菌株的毒性试验和生产性能测定。若毒性大而且无法排除者应予以淘汰。尽管在菌种分离纯化中能获得大量的目标菌株，它们都具备一些共性，但只有经过进一步的生产性能测定，才能确定哪些菌株更符合生产要求。

直接从自然界中分离得到的菌株为野生型菌株。事实上，从自然界直接获得的野生型菌种往往低产甚至不产所需的产物，需经过进一步的人工改造才能真正用于工业发酵生产。所以，我们常常将这些自然界中直接获得菌株称为原始菌株或出发菌株。

2.2.4 农用抗生素生物活性筛选

农用抗生素活性物质发现的关键步骤之一就是建立合适的生物活性测定方法。通常，好的生物活性测定方法必须具备以下几个特点：①高敏感性；②高选择性；③高效率。

一般来说，微生物发酵培养物中的活性成分含量较低，因此筛选模型或方法的敏感性越高，越有可能检测出粗发酵液中的活性成分，从而发现其中新的代谢产物。但是，如果一个筛选方法对测定的发酵液或部分提纯样品中的各种代谢物极为敏感，这个筛选模型或方法也可能存在问题，会导致一些假阳性。

对任何一个筛选方法，要尽可能地避免假阳性和排除假阴性。抗生素生物活性的筛选，主要有活体筛选和离体筛选。活体筛选作用靶点广泛，能够真实地反映药剂与有机体之间的作用关系，有利于各种活性成分的检出，受到研究人员的广泛重视。农用抗生素生物活性筛选方法与化学农药筛选方法类似，本节重点介绍高通量筛选的程序与策略。

2.2.4.1 杀虫活性抗生素的筛选

抗生素杀虫生物活性筛选主要有离体和活体两种方法。

(1)抗生素杀虫生物活性的离体筛选

一般用发酵产物与目标受体、靶标酶或昆虫细胞进行结合，初步判断抗生素的杀虫活性。用于筛选对昆虫靶标酶是否有活性的抗生素，首先需要分离提取昆虫体内的重要靶标酶，如乙酰胆碱酯酶、$Na^+ - K^+ - ATP$ 酶等，然后在微量滴定板上分别加入一定量酶液、待测抗生素，与酶反应的底物及其他成分混合均匀，在适宜条件下反应一定时间后，通过分光光度计测定吸光度值，求出酶活性大小。在抗生素作用下，如果酶活性降低，说明抗生素有活性，反之亦然。用于筛选对昆虫细胞是否有活性的抗生素，首先须培养昆虫细胞系，如棉铃虫细胞系、烟草夜蛾细胞系等。取生长期细胞置于 96 孔微量滴定板中培养一定时间，使细胞贴壁，然后加入待测抗生素并继续培养(24 h)，结束培养前一定时间(4 h)向孔内加入溴化四氮唑(MTT)母液。MTT 可透过细胞膜进入细胞内，活细胞线粒体中的琥珀酸脱氢酶能使外源性 MTT 还原为难溶于水的蓝紫色的针状结晶并沉积在细胞中，结晶物能被二甲基亚砜(DMSO)溶解，在 490 nm 波长处测定其光吸收值，可间接反映细胞数量，据此判断抗生素活性的高低。

(2)抗生素杀虫生物活性的活体筛选

可以用农药生物活性测定的一般方法进行抗生素杀虫生物活性筛选，常用的生物活性测定方法有饲料混毒饲虫法、叶片浸药饲虫法、点滴法、药膜法和药液浸虫法等。常用试虫须具有一定的代表性和经济意义，可大批供应，不受季节限制，一般由实验室饲养的标准昆虫，例如，黏虫、苜蓿蚜、二斑叶螨、家蝇或库蚊、小菜蛾、赤拟谷盗等。也可以用高通量筛选方法进行筛选，例如，采用个体较小，对药剂敏感而且容易培养和操作的昆虫或指示性生物，首先将一定量的待测药液和昆虫人工饲料(或者营养液)分别加入微量滴定板的孔中混匀，然后将单头试虫(如鳞翅目低龄幼虫、孑孓、水蚤、线虫等)或者昆虫的卵(如家蝇卵)置于每一孔内，用透明盖封好，放置在温度、湿度、光照等适宜的控制条件下培养，间隔一定的时间，根据试虫的死亡情况判断抗生素活性的高低。

2.2.4.2 杀菌活性抗生素筛选

(1)杀细菌活性筛选

对于杀细菌剂的筛选，可以采用两种方法：一种是以获得新化合物为目标，可以应用与传统概念不同的方法进行试验。传统筛选方法往往根据是否能杀死或抑制金黄色葡萄球菌(*Staphylococcus aureus*)和枯草芽孢杆菌(*Bacillus subtilis*)的生长来试验抗生素的抗性。由于对这两种细菌有抗性的物质已被广泛研究，取而代之的是对其他细菌筛选，如以梭状芽孢杆菌(*Clostridium*)为测试对象，筛选得到黄色霉素(Rirromycin)。也可以筛选那些具有特殊基团或结构的化合物，如含硝基、含氯的化合物，然后再测定其抗菌活性。另一种策略是以寻找已知抗生素的类似物为目标。一种比较简单的方法是将两种同基因菌株的发酵液活性进行比较，其中一个菌株是对所筛选的抗生素具有抗性的突变株，另一菌株则是对该类抗生素十分敏感而对其他抗生素不敏感的菌株。这种策略在筛选新的 β-内酰胺类抗生素时取得了成功。

抗细菌剂的筛选中另一个比较常见的方法是根据事先确定的目标去筛选新的抗生素。例如，要筛选对细菌细胞膜的合成起抑制作用的新抗生素，可以采用比较发酵液对正常金黄色葡萄球菌(*S. aureus*)和缺少细胞壁突变株的作用差别来确定其是否具有所需的活性；也可以利用细菌代谢途径中任意一个必需酶的抑制剂作为筛选目标，或者利用生物活性物质是否能与细菌中的特定受体形成复合物的方法进行筛选等。

(2)杀真菌活性筛选

杀真菌生物活性物质的筛选比较困难，主要原因是真菌是真核生物，与哺乳动物细胞的性质比较接近，许多具有杀真菌功能的抗生素对人体也具有毒性，因此必须根据真菌的特点进行筛选。例如，真菌的细胞壁含有大量的几丁质，而哺乳动物细胞则不含几丁质。

虽然直接筛选真菌细胞壁合成抑制剂的工作没有取得成功，但是后来采用在无细胞体系中对几丁质合成酶的抑制剂进行筛选，成功地筛选到了多氧菌素（Polyoxin）和日光霉素（Nikkomycin）这两种抗生素；另外，通过对葡聚糖（真菌细胞壁的另一种主要成分）合成酶抑制剂的筛选，发现了一种辣白霉素的衍生物，其具有抑制真菌生长的良好效果。麦角固醇也是真菌细胞膜的特有成分，因此，有人提出通过活性物质和麦角固醇的亲和性来筛选新抗生素。其他筛选抗真菌的新抗生素的方法也引起了人们的重视，如天冬氨酸蛋白酶抑制剂等。

2.2.4.3 抗病毒抗生素的筛选

抗病毒抗生素的筛选主要基于是否能够抑制受病毒粒子感染的细胞单层上形成裂解噬菌斑。具体方法如下：将受新城病（new castle）病毒感染的鸡胚胎制成纤维细胞悬浮液涂在琼脂平板上，上面覆盖一张浸渍了试验样品的滤纸，将平板进行培养并用中性红染色，如果细胞被染色，说明具有抗病毒活性。抗微生物病毒的抗生素也用类似的方法筛选，只是用细菌和 DNA 或 RNA 噬菌体作为试验体系。随着病毒酶的发现，现在已开始应用目标更明确的筛选方法。一个典型的例子是日本国立健康研究所筛选逆转录病毒的逆转录酶抑制剂时所采用的方法，他们利用 poly（dT）poly（A）共聚物作为模板，测定被鼠白血病病毒蛋白催化的 DNA 合成，用这种方法他们筛选得到了逆转录酶的抑制剂——制逆转录酶素（Revistin）。在进行这类筛选工作时，需要注意的是必须避免体系中存在蛋白酶，否则会得到错误的信息，因此在试验前要加热到 100 ℃使蛋白酶失活。重组 DNA 技术的发展为将病毒蛋白克隆到细菌细胞并大量表达提供了方便，这对于抗病毒抗生素的筛选创造了有利条件。抗逆转录酶抑制剂、HIV 病毒蛋白酶抑制剂及病毒蛋白与细胞受体的竞争键合剂等都是筛选的目标。

2.2.4.4 除草活性抗生素的筛选

抗生素除草生物活性筛选主要有离体和活体两种方法。

抗生素除草生物活性的离体筛选主要以杂草生理生化途径中的关键酶为测试对象，比如，HPPD、ALS、ACCase、PDS 等。这里以 ALS 酶测定法为例进行介绍。测试靶标为 ALS 酶粗酶液，从培养 7 d 的豌豆黄花苗中制备。豌豆苗于 25 ℃黑暗中培养至两叶一心或三叶一心备用，0~4 ℃下提取其 ALS 酶。药剂配制为准确称量一定量的供试样品，溶剂溶解后加 1‰ 吐温-80 的蒸馏水稀释成所需浓度。蛋白质含量测定采用改进的考马斯亮蓝法，60 mg 考马斯亮蓝 G-250 溶于 100 mL 3%的过氯酸溶液中，滤去未溶的染料，于棕色瓶中保存，以牛血清蛋白为标准品作标准曲线，酶样品 200 μL，加蒸馏水至 2 mL，加染液 2 mL，620 nm 比色测吸光度，每个处理 3 个重复，取平均值，以蛋白质浓度为横坐标，OD 值为纵坐标绘制标准曲线，依据标准曲线的回归方程计算蛋白质含量。将 3-羟基丁酮依次稀释成不同浓度梯度的标准溶液，测量其 OD 值，以 3-羟基丁酮的浓度为横坐标，OD 值为纵坐标，绘制标准曲线，用最小二乘法计算得出线性回归方程。抗生素对 ALS 酶抑制活性为 250 μL 反应混合液，100 μL 各种浓度的抑制剂，加入 100 μL 的酶溶液，加酶后开始温浴，35 ℃反应 30 min，50 μL 3 mol/L 的硫酸终止反应，60 ℃水浴 15 min 脱羧后，加 500 μL 0.2%肌酸，500 μL 5%α-萘酚，60 ℃加热 15 min，525 nm 测 OD 值，每个处理重复 3 次，取平均值，以 n mol 乙酰甲基甲醇/（mg 蛋白质·h）表示 ALS 酶的比活力，抗生素对 ALS 酶的离体抑制活性可以采用抑制率或 I_{50}（根据抑制率与酶的作用方式采用统计方法进行计算）表示。

抗生素除草生物活性的活体筛选主要以苗后喷雾处理法为例。供试杂草选用单子叶杂草如稗草、马唐等，双子叶杂草如百日草、决明等。标准药剂应选用 2~4 种作用机制和作用方式不同的常规药剂，根据具体药剂选择使用剂量，并设置溶剂对照与空白对照。供试药剂准确称取一定量后，用溶剂溶解，0.1%吐温-80 的自来水稀释成所需浓度待测液，标准药剂的配制与供试药剂相同。处理前将杂草培养盆标记并摆放整齐，施药时先处理空白对照，再按照编号处理供试药剂，最后处理对照药剂，每次更换药剂后，应用 0.1%吐温-80 的自来水润洗喷雾机及管路，试验完成后，使用溶剂充分清洗喷雾机。处理好后将杂草盆置于通风处晾 2~3 h，然后移入温室进行常规培养（处理后 3 d 内不要喷淋叶片，最好用渗灌或浇灌的方式给水），处理后 3 d、7 d、14 d、28 d 定期观察杂草生长发育情况，对有活性的抗生素应观察记载杂草反应的时间、症状以及与对照相比的差异，处理 15 d 后，目测调查并记载供试杂草的死亡率，对供试杂草的防除率在 80% 以上进行复筛。

2.2.5　发酵过程优化及后处理

大规模发酵过程的优化，其目的是保障微生物发酵按预定的最佳动力学过程进行，获得的产品达到预期的目的，因而是微生物农药发酵不可缺少的重要组成部分。许多优良的成果未能产业化，其主要原因是不能稳定地控制发酵过程以及发酵产物的后处理。微生物农药在发酵过程中主要控制的条件有温度、pH 值、溶氧浓度、CO_2、泡沫、补料等。

2.2.5.1　温度

（1）温度对生长的影响

根据微生物对温度的要求大致可分为四类：嗜冷菌适宜于 0~26 ℃生长，嗜温菌适宜于 15~43 ℃生长，嗜热菌适宜于 37~65 ℃生长，嗜高温菌适宜于 65 ℃以上生长。任何微生物对温度的要求可用最适温度、最高温度、最低温度来表征。在最适温度下，微生物生长迅速；超过最高温度微生物即受到抑制或死亡；在最低温度范围内微生物尚能生长，但生长速率非常缓慢，世代时间无限延长。在最低和最高温度之间，微生物的生长速率随温度升高而增加，超过最适温度后，随温度升高，生长速率下降，最后停止生长，引起死亡。微生物受高温的伤害比低温的伤害大，即超过最高温度，微生物很快死亡；低于最低温度，微生物代谢受到很大抑制，但并不马上死亡。

（2）温度影响发酵方向

在发酵过程中，温度会影响产物类型。例如，四环素的产生菌——金色链霉菌，在温度低于 30 ℃时，这种菌合成金霉素能力较强；温度提高，合成四环素的比例也提高，温度达到 35 ℃时，金霉素的合成几乎停止，只产生四环素。

（3）温度影响发酵液的物理性质

温度可以通过改变发酵液的物理性质，间接影响微生物的生物合成。温度也影响基质溶解度。例如，温度影响氧的溶解度，从而影响某些基质的分解吸收。因此对发酵过程中的温度要严格控制。

温度对发酵的影响是多方面的，因此在发酵过程中要严格控制温度。

2.2.5.2　pH 值

（1）pH 值对发酵的影响

微生物中酶对 pH 值变化敏感。当 pH 值抑制菌体某些酶的活性时使菌的新陈代谢受阻。pH 值大小会改变微生物细胞膜所带电荷，从而改变细胞膜的透性，影响微生物对营养物质的吸收及代谢物的排泄，因此影响新陈代谢的进行。pH 值影响培养基某些成分和中间代谢物的解离，从而影响微生物对这些物质的利用。pH 值不同，引起菌体代谢过程不同。例如，黑曲霉在 pH 值为 2~3 时发酵产生柠檬酸；在 pH 值为近中性时，则产生草酸。谷氨酸发酵，在中性和微碱性条件下积累谷氨酸；在酸性条件下则容易形成谷氨酰胺和 N-乙酰谷氨酰胺。如在青霉菌培养时，当培养液 pH 值超过 6 时，菌丝长度缩短，而在pH 值超过 7 时，膨胀菌丝的数目增加。

pH 值的变化不仅会引起各种酶活性的改变，影响菌对基质的代谢速率，甚至能改变菌的代谢途径和细胞结构。

（2）pH 值在微生物培养的不同阶段有不同的影响

一般情况下，pH 值对菌体生长影响比产物合成影响小，例如青霉素发酵中，青霉素生产菌体生长最适 pH 值为 3.5~6.0，青霉素产物合成最适 pH 值为 7.2~7.4；四环素发酵中，菌体生长最适 pH 值为 6.0~6.8，产物合成最适 pH 值为 5.8~6.0。

（3）最佳 pH 值的确定

发酵培养在最适 pH 值条件下，既有利于菌体的生长繁殖，又可以最大限度地获得高的产量，一般最适 pH 值是根据实验结果来确定的，通常配制不同初始 pH 值的培养基，通过摇瓶培养考察菌种的发酵情况，在发酵过程中定时测定、并不断调节 pH 值，以维持其起始 pH 值，或者利用缓冲剂来维持发酵液的 pH 值。同时观察菌体的生长情况，菌体生长到达到最大值的 pH 值即为菌体生长的最适 pH 值。产物形成的最适 pH 值以同样方法测定。在知道菌种生长和产物合成的最适 pH 值后，便可以采用各种方法来控制。

2.2.5.3　溶氧浓度

氧的供给因发酵规模和发酵设备而异。①实验室中，通过摇床往复运动或偏心旋转运动供氧；②中试规模和生产规模的培养装置采用通入无菌压缩空气并同时进行搅拌的方式；③近年来开发出无搅拌装置的节能培养设备，如气升式发酵罐。

在实验室进行好氧菌培养的具体方法：①试管液体培养。此法装液量可多可少，通气效果一般，均不够理想，仅适合培养兼性厌氧菌。②三角瓶浅层培养。在静止状态下，三角瓶内的通气状况与其中装液量和棉塞通气程度对微生物的生长速率和生长量有很大的影响。此法一般也仅适宜培养兼性厌氧菌。③摇瓶培养。即将三角瓶内培养液用 8 层纱布包住瓶口，以取代一般的棉花塞，同时降低瓶内的装液量，把它放到往复式或旋转式摇床上震荡，以达到提高溶氧量的目的。

台式发酵罐体积一般为几升至几十升，并有多种自动控制和记录装置。供氧的设备是通过空气压缩机和过滤器将无菌的空气通入发酵罐中，在发酵罐中通过机械搅拌改善通气的效果。

氧气的供给应根据微生物生长和产物合成的需要量而调节。不同微生物氧供需的规律各有不同，但符合以下一般规律。

发酵过程中比耗氧速率的变化规律为：对数生长初期，比耗氧速率达到最大值，但此时细胞浓度低，摄氧率并不高。随着细胞浓度的迅速增高，培养液的摄氧率增高，在对数生长后期达到峰值。对数生长阶段结束，比耗氧速率下降，摄氧率下降。基质耗尽，细胞自溶，摄氧率迅速下降。

用溶氧浓度的变化反映氧的供需规律。生产菌处在对数生长期，需氧量超过供氧量，使溶氧浓度明显下降，出现一个低峰，生产菌的摄氧率同时出现高峰，发酵液中的菌浓度也不断上升。过了生长阶段，需氧量有所减少，溶氧浓度进入一段时间的平衡阶段，就开始形成产物，溶氧浓度上升。溶氧浓度峰值出现的时间随菌种、工艺和设备供氧能力不同而异。发酵中后期，对于分批发酵，溶氧浓度变化比较小。在生产后期，菌体衰老，呼吸强度减弱，菌体自溶，溶氧浓度会明显上升。

外界补料，溶氧的变化随补料时的菌龄、补入物质的种类和剂量不同而不同。如补糖，则摄氧率增加，溶氧浓度下降。

2.2.5.4　CO_2

（1）CO_2 对微生物生长的影响

通常 CO_2 对微生物生长具有直接的影响，当排出的 CO_2 高于 4% 时，碳水化合物的代谢及微生物的呼吸速率下降。例如，酵母菌发酵液中 CO_2 的浓度达到 0.6 mol/L，会严重抑制酵母菌的生长；当进气口 CO_2 的含量占混合气体 80% 时，酵母活力与对照相比降低 20%。

但有些微生物的生长需要一定浓度的 CO_2。如环状芽孢杆菌在开始生长的时候，对 CO_2 有特殊的需要。CO_2 是大肠杆菌和链霉菌突变株的生长因子，菌体有时需要含 30% CO_2 的气体才能生长。这种现象被称为 CO_2 效应。

（2）CO_2 对菌体形态的影响

以产黄青霉菌为例：①当 CO_2 分压为 0%～8%，菌丝主要呈丝状；②当 CO_2 分压为 15%～22%，菌丝主要呈膨胀、粗短状；③当 CO_2 分压为 800 Pa 时，则出现球状或酵母状，致使青霉素合成受阻。

（3）CO_2 对产物形成的影响

CO_2 对发酵的影响较为复杂，对某些发酵起促进作用，如精氨酸发酵和牛链球菌发酵产生多糖需要一定量的 CO_2，才能获得最大产量，通常 CO_2 的最适分压约为 $1.2×10^4$ Pa，或高或低产量都会下降。CO_2 对肌苷、异亮氨酸、组氨酸、抗生素等的发酵起抑制作用，CO_2 是影响产物形成的重要因素，需要控制一个最适的 CO_2 分压，才能获得最高产量。

（4）CO_2 对细胞的作用机制

CO_2 及 HCO_3^- 都会影响细胞膜的结构，它们主要作用于细胞膜的不同位点。溶解于培养液中的 CO_2 主要作用在细胞膜的脂肪酸核心部位，而 HCO_3^- 则影响磷脂、细胞膜表面的蛋白质。当细胞膜的脂质中 CO_2 浓度达到临界值时，使膜的流动性及细胞膜表面电荷密度发生变化，这将导致许多基质的膜运输受阻，影响了细胞膜的运输效率，使细胞处于"麻醉"状态，细胞生长受到抑制，形态发生了改变。CO_2 的浓度影响发酵液的酸碱平衡，使发酵液的 pH 值下降，CO_2 也可能与其他化学物质发生化学反应，或与生长必须金属离子形成碳酸盐沉淀等现象造成对菌种生长和产物形成的影响是 CO_2 的间接作用。

2.2.5.5 泡沫

在大多数微生物发酵过程中，由于培养基中有蛋白类表面活性剂存在，在通气条件下，培养液中就形成了泡沫。泡沫是气体被分散在少量液体中的胶体体系，气液之间被一层液膜隔开，彼此不相连通。形成的泡沫有两种类型：一种是发酵液液面上的泡沫，气相所占的比例特别大，与液体有较明显的界限，如发酵前期的泡沫；另一种是发酵液中的泡沫，又称流态泡沫，分散在发酵液中，比较稳定，与液体之间无明显界限。

发酵过程产生少量的泡沫是正常的。泡沫多少一方面与搅拌、通风有关；另一方面，与培养基性质有关。蛋白质原料如蛋白胨、玉米浆、黄豆粉、酵母粉等为主要的发泡剂，发酵过程中感染杂菌和噬菌体也会导致泡沫增多。泡沫对发酵过程会产生不利影响，如发酵罐的装料系数减少、氧传递效率降低。泡沫过多时，影响更为严重，造成大量溢液，发酵液从排气管路溢出从而增加染菌机会等，严重时通气搅拌也无法进行，菌体呼吸受到阻碍，导致代谢异常或菌体自溶。所以，控制泡沫仍是保证正常发酵的基本条件。

泡沫的控制，可以采用两种途径：①调整培养基中的成分（如少加或缓加易产生气泡的原材料）或改变某些物理化学参数（如 pH 值、温度、通气和搅拌）或者改变发酵工艺（如采用分次投料）来控制，以减少泡沫形成的机会，但这些方法的效果有一定的限度；②采用机械消泡或消泡剂来消除已形成的泡沫，还可以采用菌种选育的方法，筛选不产生流态泡沫的菌种。对于已形成的泡沫，工业上可以采用机械消泡和化学消泡剂消泡或两者同时使用。

2.2.5.6 补料

发酵培养基中基质浓度过高，会抑制菌种的生产和产物的合成。一般采用补料的方法克服因基质浓度过高在发酵过程中产生的抑制作用，如采用中间补料的培养方法，可以解决因一次性投糖过多引起细胞大量生长，导致供氧不足的现象。补料时根据基质的消耗速率及设定的残留基质浓度，确定投入到发酵液中添加物的量。这种补料方法简单，但对控制发酵不太有效。目前，随着计算机自动化技术在发酵工业的应用，补料有望实现自动化。补料方式有连续流加和变速流加。补料程序依赖于生长曲线形态、产物生成速率及发酵的初始等条件。因此，欲建立分批补料培养的数学模型及选择最佳控制程序都必须了解微生物在发酵过程中代谢规律及对环境条件的要求。由于缺乏直接测量重要参数的传感器，因此该方法的使用受到限制。目前补料控制仍采取半自动化控制。

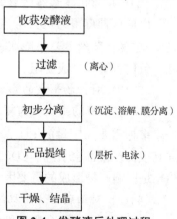

图 2-4 发酵液后处理过程

后处理是指从大规模发酵后到产品形成的整个工艺过程。它决定着产品的质量和安全性，也决定着产品的收率和成本。后处理的主要步骤如图 2-4 所示。

微生物发酵后处理由多种化工单元操作组成。由于所需的微生物代谢产物不同，如有的发酵是为了获得菌体，有的是胞内产物，而有的是胞外产物，因此分离纯化的单元操作组合不一样。但大多数微生物产品的后处理一般操作流程可分为五部分，即收获发酵液、过滤、初步分离、产品提纯和干燥、结晶。

过滤的目的是使发酵液的固—液分离，对于黏度较大的发酵液，如直接采用过滤技术，过滤过程耗时长，且过滤收率低。因此，常常通过凝聚和絮凝等预处理方法改善发酵液的物理性质，提高过滤效果。为了减少过滤介质的阻力，常使用错流过滤技术。如果所需产物是胞内产物，则需先进行细胞破碎，再通过过滤技术分离细胞碎片，使细胞固相和液相分离。

初步分离是将和目标产物性质差异大的杂质除去，去除的方法有沉淀、蒸馏、萃取和超滤等技术。根据产品的类型，可以单独使用这些方法，也可以多种技术联合使用。通过初步分离可以使产物浓缩，提高产物的纯度。

产品提纯是对初步分离的产物进行精制，此步操作是除去和发酵产物性质相近的杂质，采用的方法有层析法、电泳法、离子交换方法等。这些方法对目标产物有高度选择性，通过这些技术处理，得到的产物纯度较高。对于一些产品，如工业用酶产品，则不需经过高度纯化步骤。

干燥、结晶是获得质量合格产品的加工方法，也是最终步骤。

由实验室小型设备到试验工厂小规模设备的试验发酵，再转为大规模设备的发酵生产，此过程为微生物发酵的逐级放大。各个阶段不是简单的设备放大，而是摸索各个阶段的条件达到预期目标，三个阶段密切相关，循环往复，不断逐级放大，提高微生物农药产品的效率。值得一提的是，一个新的微生物农药产品的开发成功，是非常艰难的，例如，美国陶氏益农公司研制多杀菌素，成为产品上市历时 15 年，耗资约 1 亿美元，而多杀菌素原药目前在国内尚未大规模生产。

2.3　抗生素生产菌种的遗传改良

2.3.1　菌种改良的传统方法

尽管生产菌种最初均是来自于自然界，但天然菌种的生产性能一般比较低下。20 世纪 40 年代抗生素工业的兴起，推动了微生物遗传学的快速发展，也为微生物发酵工业优良菌种的人工选育奠定了理论基础。优良菌种的选育为生产提供了各种类型的突变株，大幅度提高了菌种产生有利用价值代谢产物的水平，去除不需要的代谢产物或产生新的代谢产物，改进产品质量。特别是基因工程、细胞工程和蛋白质工程等较为定向技术的发展，使菌种选育技术不断更新，并研制出众多有价值的微生物工程产品。

自然选育、诱变选育、抗噬菌体菌种选育、杂交育种、原生质体融合技术、基因工程技术等都被用于优良生产菌种的选育和改良。一个菌种能否满足工业生产的实际需要，是否具有工业生产价值是极为重要的。工业生产实际对生产菌种自身的特性提出了许多要求，这些要求成为评价生产菌种优劣的标准和菌种选育工作的研究目标。

2.3.1.1　自然选育

不经人工处理，利用微生物的自然突变进行菌种选育的过程称为自然选育(spontaneous mutation)。自然突变可能会产生两种截然不同的结果：一种是菌种退化而导致目标产物产量或质量下降；另一种是对生产有益的突变。为了保证生产水平的稳定和提高，应经常进行生产菌种自然选育，以淘汰退化的菌种，选出优良的菌种。在工业生产上，由于各种条件因素的影响，自然突变是经常发生的，也造成了生产水平的波动，所以技术人员很注重从高生产水平的批次中，分离高生产能力的菌种用于再生产。

2.3.1.2 诱变选育

微生物在长期的进化过程中，形成了一套严密的代谢调控机制，其自身代谢过程是被严格调控的，并且还存在着代谢产物的分解途径，所有的代谢产物都不会过量积累。因此，从自然环境中分离的菌种的生产能力有限，一般不能满足生产的实际需要。诱变育种是提高菌种生产能力，使所需要的某一特定的代谢产物过量积累的有效方法之一。

诱变育种一般包括诱变和筛选两个部分，诱变部分成功的关键包括出发菌株的选择、诱变剂种类和剂量的选择，以及合理的使用方法。筛选部分包括初筛和复筛来测定菌种的生产能力。诱变育种是诱变和筛选过程的不断重复，直到获得高产菌株。在微生物诱变育种中，诱变的方法有单一诱变剂处理和复合诱变剂处理。对野生菌株单一诱变剂处理有时也能取得好的效果，但对经过多次诱变处理的老菌种，单一诱变因素重复处理效果甚微，可以采用复合诱变剂处理来提高诱变效果。

对不同的微生物使用的诱变剂剂量不同，诱变剂的剂量与致死率有关，而致死率又与诱变率有一定的关系。因此可用致死率作为诱变剂剂量选择的依据。一般来说，诱变率随诱变剂剂量的增加而提高，但达到一定程度以后，再提高剂量反而使诱变率下降。因此，近年来已将处理剂量从过去的致死率 99%～99.9% 降至 70%～80%，甚至更低。诱变剂剂量不宜过低或过高，高剂量诱变可导致一些细胞的细胞核发生变异，也可使另一些细胞核破坏，引起细胞死亡，形成较纯的变异菌落；并且高剂量会引起细胞遗传物质发生难以恢复的巨大损伤，促使变异菌株稳定，不易产生回复突变。

2.3.1.3 杂交育种

生产上，长期使用诱变剂处理，会使菌种的生活能力逐渐下降，如生长周期延长、孢子量减少、代谢减慢、产量增加缓慢等，因此有必要利用杂交育种的方法，提高菌种的生产能力。杂交育种的目的是将不同菌株的遗传物质进行交换、重组，使不同菌株的优良性状集中在重组体中，克服诱变育种引起的生活力下降等缺陷。由于多数微生物尚未发现有性世代，因此直接亲本菌株应具有适当的遗传标记，如颜色、营养要求（即营养缺陷标记）或抗药性等。下面以放线菌杂交育种为代表进行简要介绍。

放线菌的杂交主要包括混合培养法、平板杂交法和玻璃纸转移法 3 种。

（1）混合培养法

将带有互补的营养缺陷型的两个亲株混合后，接种到丰富培养基上，待孢子形成后制备单孢子悬液，然后在选择性平板上分离，长出的单菌落即为各种不同类型的重组体。

异核系菌落的分离是将混合培养后所制备的单孢子悬液，涂布在基本培养基上，小而丰富的菌落即为异核系。然后异核系在完全培养基上生长，获得的菌落为分离子（图2-5）。

（2）平板杂交法

平板杂交法具有进行大量快速杂交的优点，尤其适合于一个菌株与多个配对菌株的杂交。其方法是先将菌株培养在非选择性培养基上，在菌落形成孢子后，用影印法把菌落印至已铺有试验菌孢子的完全培养基平板上，再培养至孢子形成，然后将此孢子影印到一系列选择性培养基上，筛选各种重组体子代。

（3）玻璃纸转移法

使用本方法的亲本必须具有两个遗传标记，如一个亲本带有一种营养缺陷型标记和抗药性标记，另一亲本则带有另一营养缺陷型和对同一药物的敏感性。首先将两亲本的孢子混合接种在铺有玻璃纸的完全培养基平板上，培养 24 h 左右，在显微镜下观察到小菌落刚刚接触，而未生长气生菌丝，玻璃纸上长出一层基内菌丝时，将玻璃纸转移到含有抗生素的基本培养基平板上。这时培养基内菌丝停止生长（抗性亲本有时继续缓慢生长），培养 2 d 后，在玻璃纸表面长出的微小的气生菌丝的小菌丛即为异核系。异核系的

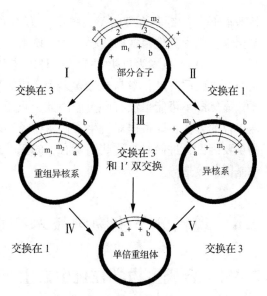

图 2-5　异核体和单倍重组体
1~4. 交换区域　Ⅰ~Ⅴ. 交换方式

分离是在解剖显微镜下用无菌细针收集异核系小菌丛，再将异核系小菌丛置于完全培养基平板表面上一滴无菌水中，涂布均匀后培养获得分离子。

有研究报道用金霉素链霉菌进行杂交，首先经诱变获得营养缺陷型亲本，进行杂交，得到了产量高于野生型菌株的重组体。再对重组体进行诱变处理，发现产量变异幅度比野生型菌株要大，而且整个分布偏向于高产方面，由此筛选出高产菌株。

2.3.2　现代基因工程在菌种改良中的应用

事实证明，应用基因工程的方法可以大大改进微生物的抗生素生产能力。基因重组既可以采用传统的接合、转导、转化及原生质体融合等方法，也可以通过现代基因工程技术对基因进行直接操纵来实现。

通过微生物的自然生殖系统改良菌种的方法一般适用于真菌，而经过准性生殖循环获得单倍体分离子或双倍体杂交子，往往比亲本具有更高的抗生素生产能力。有人针对青霉素生产菌 *Penicllium chrysogenum* 进行了研究，发现在两个有不同标记的亲本间杂交后筛选异核体，所得到的二倍体产青霉素的能力明显高于亲本。这种方法也可以用于放线菌，应用例子是卡那霉素高产菌株的选育，通过营养缺陷型 *Streptomyces rimosus*（巴龙霉素生产菌，也生产少量的新霉素）和卡那霉素生产菌 *S. kanamyceticus* 的种间杂交，所得到的营养型重组菌卡那霉素的生产能力高于亲本。

原生质体融合技术广泛应用于抗生素生产菌的育种。这种技术不需要掌握抗生素的生物化学和基因方面的详细知识，但针对每一种微生物必须要有一套获得原生质体并使其再生的有效方法。原生质体融合技术在真菌和放线菌中均能应用。一个成功例子是通过 *Cephalosporium acremonium* 的原生质体融合获得头孢菌素 C 生产菌，而且分离出了能有效利用无机硫酸盐的菌种。利用原生质体融合技术得到的 *P. chrysogenum* 能够快速生长，而

且基本不产 p-羟基青霉素 V。由于 p-羟基青霉素 V 是青霉素 V 的污染物，会干扰青霉素 V 化学转化为头孢菌素的过程，因此该菌种生产的青霉素 V 适合用于半合成抗生素生产。

重组 DNA 技术为抗生素生产菌种的选育提供了新的工具。由于抗生素是分子结构复杂的非蛋白质产品，参与抗生素生物合成的酶很多，要将编码这些酶的基因都克隆到一个质粒显然既不可能也没有必要。因此，重组 DNA 技术在抗生素生产中的应用往往采用代谢工程的方法，即根据对抗生素代谢途径和调节机理的了解和分析，找出影响抗生素产量的主要因素，进而对与这些因素有关的基因进行改造，如对结构基因的强化及对条件和抗性基因的改造等。

2.4　现代分子生物学技术在抗生素生产中的应用

2.4.1　合成生物学在抗生素生产中的应用

合成生物学技术是按照人们的预想而设计组装各种生命元件来建立的人工生物体系，并能完成各种生物学功能的技术。应用该技术生产抗生素的过程，就是对表达宿主菌的基因组及抗生素生物合成基因簇进行改造，进而完成生命体重塑的过程。

在抗生素的生物合成途径中，往往需要鉴别、确定影响抗生素合成的限速步骤，这样催化该反应的酶就成了提高抗生素产量的关键，如果能通过重组 DNA 技术增加微生物中编码这种酶的基因剂量，就可以提高酶的表达量，从而提高抗生素产量。有研究发现在 *C. acremonium* 生产头孢菌素 C 的生物合成途径中，限速步骤是中间产物青霉素 N 的扩环和脱乙酰头孢菌素 C 的羟基化，催化这两个反应的酶都由基因 *cefEF* 编码，将该基因克隆到有潮霉素抗性标记的质粒中并转导到生产菌株，实验证实该工程菌中存在额外的 *cefEF* 基因拷贝数，而且头孢菌素 C 生产水平显著提高。

抗生素生物合成的基因群中包含调节基因，调节基因的作用是阻遏或诱导结构基因的表达。在次甲霉素生产菌 *S. coelicolor* 中，次甲霉素的合成受到处于基因群末端 DNA 片段的负调节，将该片段改变或敲除后就能够增加抗生素的产量；同样在这种微生物中，基因 *act*Ⅱ 起正调节作用，因此增加该基因的拷贝数也能大幅度提高抗生素产量。道诺红霉素生产菌 *S. peucetius* 中的 *dnrR1* 和 *dnrR2* DNA 片段能够刺激次级代谢产物的生产并增加微生物对产物的抗性。已有研究表明，在野生型菌株中插入这两个基因片段能增加道诺红霉素和它的一个关键中间产物的产量，将 *dnrR2* DNA 片段插入产物敏感型的生产菌则有利于提高其抗性。

此外，有研究表明，阿维菌素的生物合成过程包含 3 个阶段：①聚酮链的延伸。阿维菌素聚酮链的延伸是以 2-甲基丁酰辅酶 A 和异丁酰辅酶 A 为起始单元，不同的起始单元分别形成阿维菌素的"a"组分和"b"组分，之后由 4 个多功能模块聚酮合酶（AveS1，2，3 和 4）添加了 5 个甲基丙二酰辅酶 A 和 7 个丙二酰辅酶 A 形成聚酮链。②糖苷配基的形成。聚酮链形成后由 AveS4 中的 TE 结构域催化形成环状，然后由 AveC 催化 22-23 之间的脱水和 C_{17}-C_{25} 螺缩醛酮的形成。脱水这个过程是在另一个功能行使之前进行，该作用使

C_{22}-C_{23} 之间的单键变成双键。阿维菌素根据 C_{22}-C_{23} 之间单键或双键的不同分为"2"和"1"组分，因此 AveC 是决定"1"和"2"组分含量高低的一个关键酶。这 2 种酶的活性独立行使功能，竞争催化同一底物。脱水酶的活性可以通过突变 aveC 进行提高或降低，但并不影响另外一个酶的活性。AveC 催化之后分别由 AveE 催化 C-6 和 C-8a 间呋喃环的形成和由 AveF 催化 C5 酮基的还原，最后由 AveD 催化 C5 的 O-甲基化，从而形成具有"A"和"B"组分的糖苷配基；③糖苷配基的糖基化修饰。2 个葡萄糖-1-磷酸由 AveB II -VIII 催化形成脱氧胸苷二磷酸—齐墩果糖，然后再由 aveB I 编码的糖基转移酶将脱氧胸苷二磷酸—齐墩果糖连接到阿维菌素糖苷配基的 C-13 和 C-4 位上形成最后的阿维菌素。

2.4.2　代谢工程在抗生素生产中的应用

代谢工程（metabolic engineering），亦称途径工程（pathway engineering）和代谢设计（metabolic design），是利用分子生物学原理系统分析细胞代谢网络，通过 DNA 重组技术合理设计细胞代谢途径及遗传修饰，进而完成抗生素产生特性的改造。合成生物学的重点是设计并且应用标准化可置换的元件建立新的有特定功能的生物系统，而抗生素代谢工程的重点是生物体自身的调控和代谢网络的理性改造。

抗生素代谢工程就是在组学技术发展的基础上，以菌种改良为目的利用抗生素基因簇资源，通过人工设计抗生素生物合成途径来主动实现高产或创新，它是基因工程的延伸。对于抗生素代谢工程来说，透彻理解生化途径、遗传特性和生物合成调节机制是至关重要的。如果获得这些信息，就可能推测出前体物和相关中间产物的流量，依据代谢网络进行代谢流量分析（MFA）和代谢控制分析（MCA），并检出速率控制步骤，从而为代谢工程提供推理依据，并用以指导次级代谢产物的设计育种（图 2-6）。

例如，随着阿维菌素生物合成基因簇的发现和阿维链霉菌的全基因组测序完成，理性改造的代谢工程被引入并且广泛应用在阿维菌素产量提高的研究中。应用于阿维菌素产量提高的代谢工程研究主要包括改变与阿维菌素生物合成前体相关的代谢流和阿维菌素的外排等。淀粉是阿维菌素发酵过程中最重要的碳源，淀粉的利用需要添加外源的淀粉酶从而形成麦芽糖和麦芽糖糊精。malEFG 编码麦芽糖 ATP 结合转运蛋白，过表达 malEFG 能提高淀粉的利用率从而使阿维菌素的产量得到提高。metK 编码 S-腺苷甲硫氨酸（SAM）合酶，过表达 metK 可以提高 SAM 的浓度，从而提高阿维菌素的产量。但其中机制还不是很清楚，有可能是因为 SAM 可以刺激抗生素生物合成正调控因子或是作为初级和次级代谢的甲基供体。

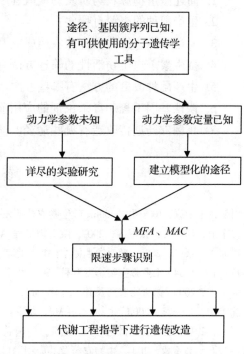

图 2-6　代谢工程推理图（引自潘军华等，2002）

　　一些调控因子可能通过调节与阿维菌素前体合成代谢相关的基因从而影响阿维菌素的产量。其中一个 *TetR* 转录调控因子 *SAV7471* 对阿维菌素的产量起着负的影响作用，它直接抑制周边基因 *sav7472-sav7473* 的转录，而后者对阿维菌素的产量具有正影响。*sav7473* 编码黄素蛋白，可能参与泛酸酯和 CoA 代谢过程。另一个 *TetR* 转录调控因子 *SAV151* 也负向调控阿维菌素的产量，对其进行敲除可使阿维菌素的产量提高 2 倍。*SAV151* 可直接调控它自身和周边基因 *sav152-sav153-sav154*。研究推测 *sav152* 和 *sav154* 分别编码一种脱氢酶和一种水解酶，这 2 个基因可能给阿维菌素的生物合成过程提供能量或前体。药物外排泵对保护菌株本身不受天然产物毒性影响和减少反馈抑制从而提高产量具有重要作用。阿维菌素生物合成基因簇上游的 *avtAB* 操纵子编码 ABC 转运蛋白 AvtAB，它同时是阿维菌素的一个外排泵。敲除 *avtAB* 虽然对阿维菌素产量没有影响，但在野生型和工程菌上提高 *avtAB* 的 mRNA 水平可使阿维菌素的产量得到提高。这样处理后，菌体内和菌体外的阿维菌素比例从 6∶1 降低到 4.5∶1.0，阿维菌素 B1a 的产量也从 3.3 g/L 提高到 4.8 g/L，提高了 50% 左右。

　　尽管目前对抗生素生物合成途径和调节控制机理的认识还非常有限，对放线菌及真菌等主要抗生素生产菌种的基因还缺乏了解，掌握的质粒也不多，但可以预料，随着人们对抗生素合成基因研究的不断深入，代谢工程在提高抗生素产量方面是大有可为的。

复习思考题

1. 简述微生物源农药研发的一般程序与方法。
2. 生产菌种的来源有哪些？
3. 简述病毒、细菌和真菌农药研究开发的一般程序。
4. 抗生素杀虫生物活性的筛选方法有哪些？
5. 生产菌种改良的方法有哪些？
6. 谈谈基因工程病毒杀虫剂的应用前景。
7. 真菌农药遗传改造有哪些途径？谈谈基因工程在改良真菌菌株中的作用。

参考文献

周燚，王中康，喻子牛，2006. 微生物农药研发与应用[M]. 北京：化学工业出版社.

曹军卫，马辉文，张甲耀，2007. 微生物工程[M]. 2 版. 北京：科学出版社.

岑沛霖，蔡谨，2008. 工业微生物学[M]. 北京：化学工业出版.

章名春，1984. 工业微生物诱变育种[M]. 北京：科学出版社.

喻子牛，2000. 微生物农药及其产业化[M]. 北京：科学出版社.

沈寅初，张一宾，2000. 生物农药[M]. 北京：化学工业出版社.

张兴，2011. 生物农药概览[M]. 北京：中国农业出版社.

吴文君，高希武，2004. 生物农药及其应用[M]. 北京：化学工业出版社.

沈萍，2003. 微生物学[M]. 北京：高等教育出版社.

高菊芳，亦冰校，2001. 生物农药的作用、应用与功效——活体微生物农药[J]. 世界农药，23(3)：11-21.

王忠和，王洪强，于树增，2009. 果树上常用的活体微生物农药[J]. 西北园艺(12)：41-44.

王贻莲，李国田，高雯，等，2006. 活体类微生物杀虫剂的研究与应用[J]. 山东科学(12)：31-37.

张礼生，张泽华，高松，等，2006. 绿僵菌生物农药的研制与应用[J]. 中国生物防治(10)：141-146.

庾晋，周艳琼，2001. 我国生物农药开发透视[J]. 江西植保，24(6)：60-63.

胡庆堂，李佐虎，1995. 微生物农药生产技术进展[J]. 生物工程进展(4)：29-31.

潘军华，曾嵋涓，李乃强，等. 2002. 次级代谢产物的代谢工程[J]. 中国抗生素杂志，27(4)：251-255.

徐进，莫明和，张克勤，2005. 捕线真菌的潮霉素抗性基因标记及其在土壤抑菌研究中的应用[J]. 西南农业学报，18(3)：277-280.

伏建国，强胜，朱云枝，2005. 链格孢菌原质体的制备与限制性内切酶介导整合(REMI)转化的致病性诱变[J]. 菌物学报，24(3)：407-413.

Wang C S, St Leger R J, 2007. A scorpion neurotoxin increases the potency of a fungal insecticide[J]. Nature Biotechnology, 25(12): 1455-1456.

第3章

抗生素农药

抗生素的发现是人们研究微生物拮抗关系的结果。目前，虽然已有人工合成的抗生素和从高等动植物组织中提取的抗生素，但抗生素的主要来源仍然是微生物。细菌、放线菌和真菌都能产生抗生素，尤以放线菌产生的抗生素种类最多，实用价值也最大。随着抗生素事业的不断扩大，除了医疗用途外，抗生素在农业上的应用也获得极大发展，特别是20世纪50年代以后，由于农业生产和环境保护的需求，使得高效、低毒、无残留的抗生素农药受到世界各国的普遍重视，成为当代微生物源农药研究工作中的一个重要方面。

3.1　抗生素农药概述

抗生素(antibiotics)一词，在日常生活中早已被人们所熟知，它是由微生物在其生命活动过程中产生的一类特殊的次级代谢产物，如青霉素、链霉素、卡那霉素、阿维菌素等化合物。

微生物产生的次级代谢产物实际上包含了一些结构类型繁多、生理生化作用多样的小分子，如抗生素、色素、生物碱、毒素、生长因子、酶抑制剂等，而抗生素则是其中具有特异性抗生作用的一类次级代谢产物，即在有效浓度很低的情况下，通过生物化学的作用，能够选择性地抑制某些生物的生长和代谢活动，甚至杀死它们，而对产生菌本身则没有或很少有影响的一类化合物。

1942年，Waksman将抗生素定义为：微生物在新陈代谢过程中产生的具有抑制其他微生物生长或代谢作用的化学物质。但随着抗生素研究工作的进展和领域的日益扩大，上述抗生素的定义明显不能准确地概括抗生素的含义。因此，人们对于抗生素的术语曾做过多次修订及补充，而且在不同领域其含义有些许差异。

农用抗生素最初的含义主要是指用于抑制植物病原菌的化合物，但后来人们发现了大量抗生素对农业害虫、畜禽寄生虫和杂草等生物也有极强的抑制或杀灭作用，因此使得农用抗生素的概念进一步扩大。目前，较为普遍认同的农用抗生素的定义为：由细菌、真菌和放线菌等微生物在其生命活动过程中产生的，在较低浓度下能选择性地抑制或杀灭它种农业有害生物的低相对分子质量次生代谢产物，又称抗生素农药。

3.1.1　抗生素农药的分类

目前从自然界中发现真正具有独特结构的天然抗生素约有 6500 种，其中约有 5000 种以上的抗生素由微生物产生。抗生素在不同领域的分类方法和标准不同，这里仅简要介绍常用的抗生素分类情况。

3.1.1.1　按农用抗生素的来源分类

现有的抗生素中约 80% 左右是由微生物产生的，细菌、真菌和放线菌均能产生抗生素。

（1）细菌产生的抗生素

如多黏菌素（Polymyxin）、枯草菌素（Iturin）以及杆菌肽（Bacitracin）和短杆菌肽（Gramicidin）等多肽类抗生素。

（2）真菌产生的抗生素

如青霉素（Penicillin）、头孢霉素（Cephalosporin）、灰黄霉素（Griseofulvin）等。

（3）放线菌产生的抗生素

目前所发现的多数抗生素是由放线菌产生的，主要是链霉菌属（*Streptpomyces*）。如链霉素（Streptomycin）、春雷霉素（Kasugamycin）、灭瘟素-S（Blasticidin S）、卡那霉素（Kanamycin）、土霉素（Oxytetracycline）、庆大霉素（Gentamicin）、井冈霉素（Validamycin）、有效霉素（Validmycin）、多效霉素（Povamycin M）、阿维菌素（Avermectins）、双丙氨膦（Bialaphossodium）等。

按照生物来源进行分类比较简单，而且有利于寻找新的抗生素。但值得注意的是，某一种抗生素往往可由多种生物产生，如青霉素不仅可由真菌中的青霉属（*Penicillium*）、曲霉属（*Aspergillus*）和头孢菌属（*Cephalosporium*）的一些种产生，而且还可以从链霉菌（*Streptomyces*）中获得。此外，同一种菌株也可以产生不同的抗生素，如灰色链霉菌（*S. grisesus*）既能产生链霉素（Streptomycin），又能产生放线菌酮（Actidione）。

3.1.1.2　按农用抗生素的防治对象分类

按农用抗生素的主要防治对象分类是最基本的农药分类方法。常用的有以下几类。

（1）杀菌剂类农用抗生素

①抗细菌病害的农用抗生素，如链霉素、中生菌素（Zhongshengmycin）、农霉素-100（Agrimycin-100）、灭孢素（Cellocidin）等。

②抗真菌病害的农用抗生素，如井冈霉素、春雷霉素、灭瘟素-S、武夷菌素（Wuyiencin）、申嗪霉素（Phenazine-1-carboxylic acid）、多抗霉素（Polyoxin）、农抗 120、公主岭霉素（Gongzhulingmycin）、四霉素（梧宁霉素，Tetramycin）、宁南霉素（Ningnanmycin）、庆丰霉素（Qinfengmycin）、长川霉素（Ascomycin）、嘧肽霉素（Cytosinpeptidemycin）等。

③抗病毒病的农用抗生素，如灭瘟素、阿博霉素（Aabomycin）、月桂菌霉素（Laurusin）、比奥罗霉素（Bihoromycin）、宁南霉素、嘧肽霉素、三原霉素 A、诺卡霉素、抗菌素 NA-699 等，但多数未达到登记注册水平。

（2）杀虫、杀螨剂类农用抗生素

这类农用抗生素包括抗霉素 A（Antimycin A）、阿维菌素、多杀菌素（Spinosad，多杀霉素）、浏阳霉素（Linyangmycin）、杀粉蝶素（Piericidin，韶关霉素）、金链菌素（Aureothin）、梅岭霉素（Meilingmycin）、华光霉素（Nikkomycin）、南昌霉素（Nanchangmycin）、杀蚜素和灭蚊链霉素等。

（3）除草剂类农用抗生素

自日本田村、竹松等于1970年首次发现放线菌酮具有除草活性以来，虽然研究开发的此类抗生素很多，但目前只有双丙氨膦（Bialaphos）实现了产业化。茴香霉素（Anisomycin）、杀草素也属于此类。

（4）杀线虫剂类农用抗生素

此类农用抗生素使用较多的主要有阿维菌素、南昌霉素、尼可霉素（Nikkomycin）等。

（5）植物生长调节剂类农用抗生素

如来源于腾仓赤霉菌（*Gibberellia fujikuroi*）的赤霉素（Gibberellin，GA）和泾阳链霉菌（*S. jingyangensis*）的细胞分裂素（Cytokinin）具有调节植物生长的作用。

（6）防腐保鲜类农用抗生素

最常用的是金霉素（Chlortetracycline）和土霉素（Oxytetracycline）。

3.1.1.3　按农用抗生素的作用机制分类

目前已明确其作用机制的抗生素种类不多，且一种抗生素可能有多种作用机制，不同的抗生素也可能有相同的作用机制。按作用机制分类对农用抗生素的理论研究具有重要意义，也可为开发类似机制的高效、安全的化学农药提供基础。杀菌抗生素根据作用机制可分为以下4类：

（1）干扰细胞壁合成的抗生素

如青霉素可抑制细菌细胞壁的合成；多氧霉素、井冈霉素可干扰真菌细胞壁合成。

（2）阻碍原生质膜功能的抗生素

如多黏菌素、杆菌肽等碱性多肽类抗生素和制霉菌素（Nystatin）、两性霉素 B（Amphotericin B）等多烯类抗生素均可损伤原生质膜。

（3）抑制细胞蛋白质合成的抗生素

如链霉素、春雷霉素、灭瘟素-S、氯霉素（Chloramphenicol）等。

（4）抑制核酸合成的抗生素

如灰黄霉素、利福霉素（Rifamycin）、博来霉素（Bleomycin）等。

另外，杀虫抗生素阿维菌素则作用于昆虫的神经系统。

3.1.1.4　按农用抗生素的化学结构分类

根据化学结构可将农用抗生素分为32类，但多数在农业生产上较少使用，常见的有以下7类：

（1）β-内酰胺类抗生素

分子结构中含有 β-内酰胺环和四氢噻唑环所组成的基本骨架，即6-氨基青霉烷酸（简称6-APA，图3-1）的抗生素，称为 β-内酰胺类抗生素。这类抗生素主要包括青霉素、头孢类抗生素及其衍生物。

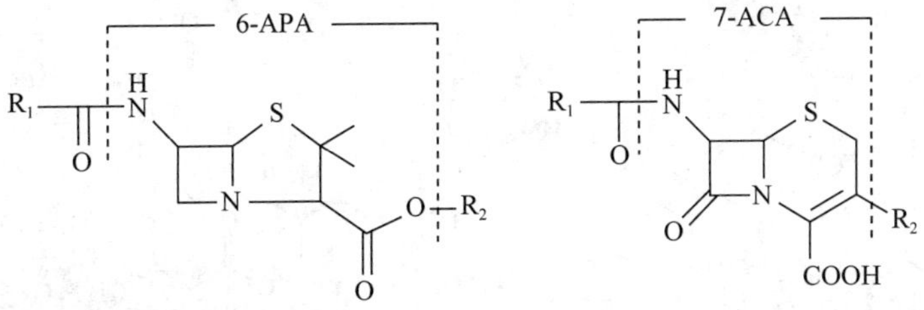

图 3-1 青霉素类(6-APA)和头孢菌素类(7-ACA)抗生素结构骨架

(2)氨基糖苷类抗生素

分子中含有氨基糖苷结构的一大类抗生素。因其均是以氨基环醇与氨基糖缩合而成的糖苷,如图 3-2 链霉素和卡那霉素的结构,故这类抗生素应命名为氨基糖苷类—氨基环醇类抗生素。但由于氨基糖苷类抗生素的名称沿用已久,故现仍用此名。这类抗生素包括春雷霉素、井冈霉素、链霉素、新霉素(Neomycin)、卡那霉素等。

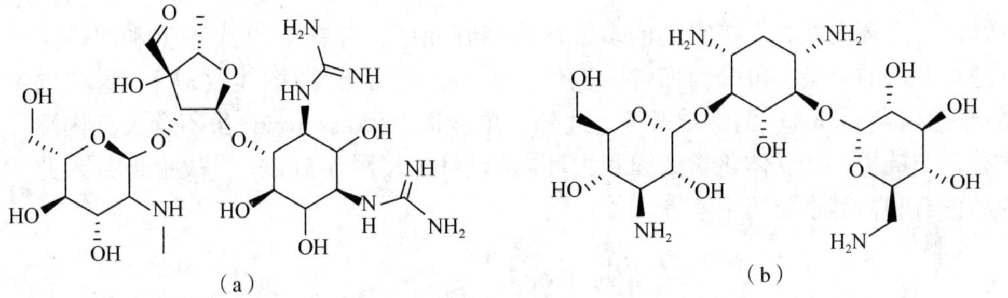

（a） （b）

图 3-2 链霉素(a)和卡那霉素(b)的结构

(3)四环素类抗生素

四环素类抗生素因分子结构中具有共同的氢化骈四苯环而得名(图 3-3),主要有四环素(Tetracycline)、土霉素和金霉素等。此外,蒽环类抗生素的结构与此类似,也可归为此类,代表品种有柔毛霉素(Daunorubicin)、紫红霉素(Rhodomycin)等。

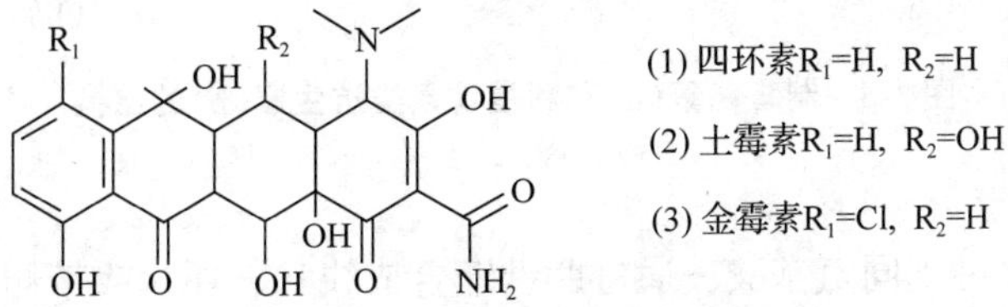

(1)四环素R_1=H, R_2=H

(2)土霉素R_1=H, R_2=OH

(3)金霉素R_1=Cl, R_2=H

图 3-3 四环素类抗生素的结构骨架

(4)大环内酯类抗生素

在分子结构中有一个环状内酯结构,通过羟基以苷键和 1~3 分子的糖链接而成的一类抗生素。根据大环内酯结构的不同,又可分为两类,即多氧大环内酯和多烯大环内酯。

①多氧大环内酯类 按大环内酯环的组元数又分为 12、14、16 元三类(图 3-4),都是多功能团的分子。大部分都连接有二甲基糖,因而显碱性;有的不含二甲基糖,只含有中

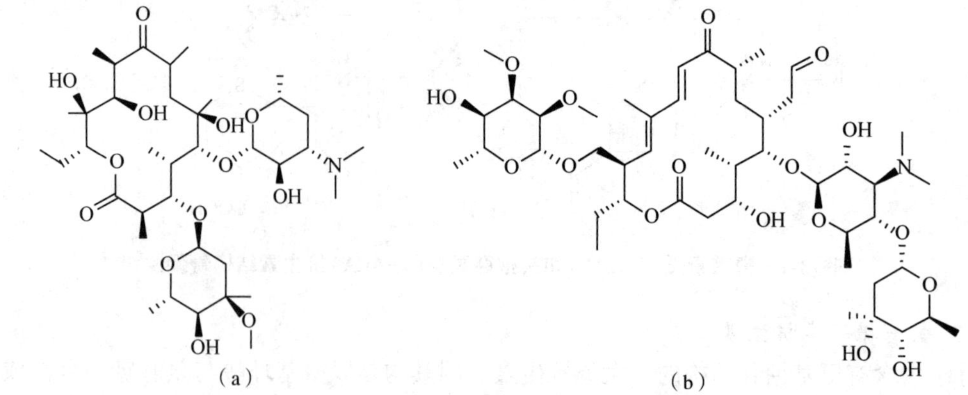

图 3-4　红霉素(a)和泰乐霉素(b)的结构

性糖,因而显示中性。这类抗生素包括杀螨素(Tetranactin)、红霉素(Erythromycin)和泰乐霉素(Tylosin)等。

②多烯大环内酯类　在它们的多元环内酯苷元中,含有 4~7 个不饱和双键。按照所含不饱和双键的数量,可分为四烯、五烯、六烯、七烯四类[图 3-5(a)]。这些抗生素包括制霉菌素(Nystatin)、两性霉素等。此外,蒽沙霉素(Ansamycin)虽不含大环内酯,但由于含有脂肪链桥,其立体化学结构和大环内酯很相似[图 3-5(b)],故也可并入此类,典型的品种有利福霉素类抗生素等。

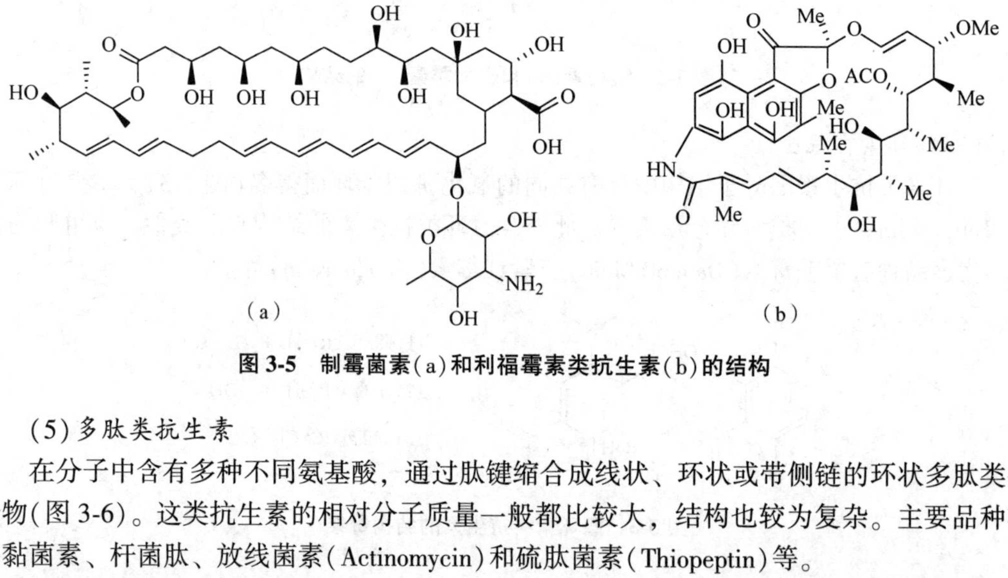

图 3-5　制霉菌素(a)和利福霉素类抗生素(b)的结构

(5)多肽类抗生素

在分子中含有多种不同氨基酸,通过肽键缩合成线状、环状或带侧链的环状多肽类化合物(图 3-6)。这类抗生素的相对分子质量一般都比较大,结构也较为复杂。主要品种有多黏菌素、杆菌肽、放线菌素(Actinomycin)和硫肽菌素(Thiopeptin)等。

(6)多醚类抗生素

这类抗生素的共同特点是在分子结构的一端带有一个游离的羧基、C-甲基、C-乙基、一系列含氧的官能团(包括醚基、羧基、羟基和羰基)以及存在半缩酮或螺缩酮。所以,一个典型的多醚,通常含有 2~6 个六元环状醚环和相应的烯键或芳香环的构成部分(图 3-7)。盐霉素(Salinomycin)和莫能菌素(Monensin)属于这类抗生素。

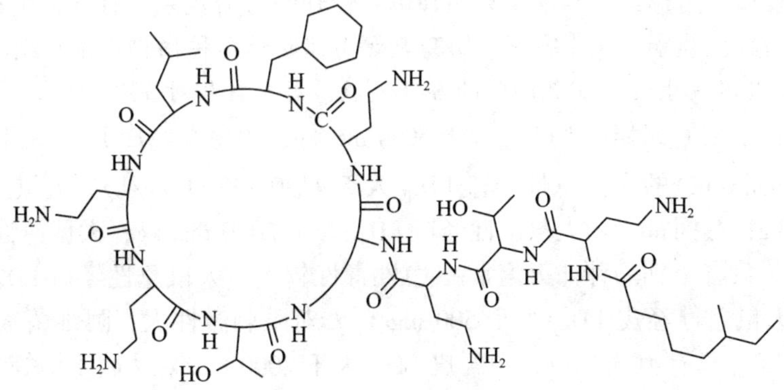

图 3-6 多黏菌素的结构

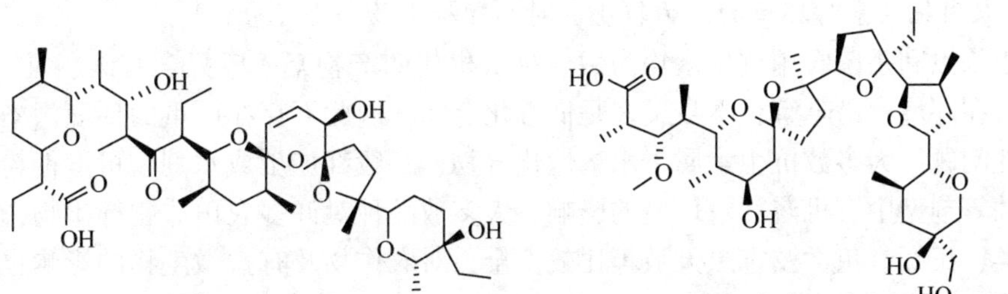

图 3-7 盐霉素(a)和莫能霉素(b)的结构

(7)核苷类抗生素

与其他天然的或合成的核苷化合物类似,该类抗生素也是以一个杂环的核碱基(如嘌呤碱基、嘧啶碱基)为配基,以糖苷键与糖部分相结合而构成的(图 3-8)。例如,灭瘟素-S、多氧霉素、庆丰霉素(Qingfengmycin)、丰加霉素(Toyocamycin)等都属于此类抗生素。

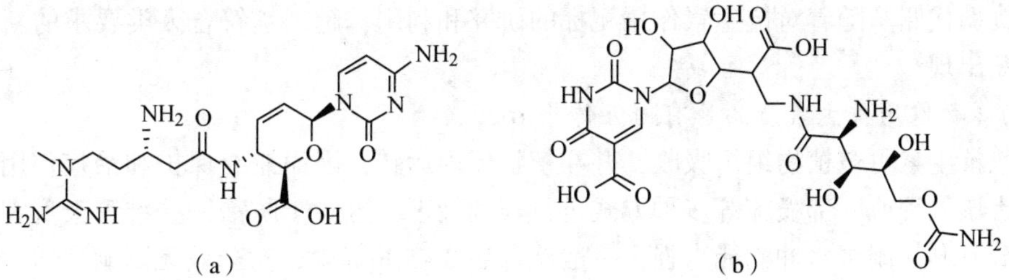

图 3-8 灭瘟素-S(a)和多氧霉素(b)的结构

3.1.2 抗生素农药的特点

由于农用抗生素来源于自然环境,相对于化学农药而言,大多数抗生素农药具有以下特点:

(1)大部分农用抗生素具有选择性强和活性高的特点

例如,灭瘟素和春雷霉素只能防治稻瘟病,井冈霉素只能防治丝核菌病害。但最新研究发现春雷霉素和井冈霉素对其他少数病害也有较好的防治效果。有的抗生素具有较广谱的抗菌活性，如放线菌酮、庆丰霉素、链霉素等可以防治多种植物真菌和细菌病害。

（2）大多数农用抗生素对哺乳动物的毒性较低，对人畜相对安全

如春雷霉素的大鼠急性经口 LD_{50} 大于 5000 mg/kg，兔急性经皮 LD_{50} 大于 2000 mg/kg；米多霉素（Mildiomycin）的大鼠急性经口 LD_{50} 大于 4120~4300 mg/kg，大鼠急性经皮 LD_{50} 大于 5000 mg/kg；井冈霉素的大鼠急性经口 LD_{50} 大于 2000 mg/kg，大鼠急性经皮 LD_{50} 大于 5000 mg/kg。只有个别品种如灭瘟素-S 急性毒性较大，大鼠急性经口 LD_{50} 大于 55.9~56.8 mg/kg，大鼠急性经皮 LD_{50} 大于 500 mg/kg，对眼刺激性大；阿维菌素毒性也很高，大鼠急性经口 LD_{50} 只有 10 mg/kg，兔经皮 LD_{50} 大于 2000 mg/kg。属于中等毒性的杀菌剂品种有公主岭霉素、农抗 120 及中生菌素，这些抗生素的大鼠急性经口 LD_{50} 大于 237~316 mg/kg，大鼠急性经皮 LD_{50} 大于 2000 mg/kg。

（3）农用抗生素对环境的压力较小，对非靶标生物安全

由于杀虫和杀菌农用抗生素均为微生物次生代谢产物，一般只含有碳、氢、氧、氮 4 种元素，在环境中易降解，本身又多是低毒化合物，因此不存在严重的环境污染或农产品残留毒性问题。大多数抗生素属于水溶性化合物，一般都加工成水剂、可溶性粉剂等，避免了乳油等剂型中有机溶剂对环境的影响。大多数品种对许多农田非靶标生物，特别是鸟类、兽类、蚯蚓、鱼类及害虫天敌等比较安全，对农作物及有益微生物的影响也较小。因此，农用抗生素得到广泛的研究和应用。尤其在人们非常关注环境保护和食品安全的今天，抗生素更是受到人们的重视。

（4）抗生素的作用机制具有多样性

已知放线菌酮、灭瘟素、春雷霉素、链霉素等抗生素的作用机制都是抑制蛋白质生物合成；多抗霉素抑制真菌细胞壁主要成分几丁质的合成；井冈霉素具有独特的作用方式，对丝核菌的作用机制主要表现在抑制菌丝顶端细胞的伸长，只有在缺乏可降解碳源的条件下才表现为对菌丝生长的抑制作用。生物化学分析证明，井冈霉素能够抑制海藻糖酶的活性，干扰糖代谢。随着对抗生素作用靶标的研究和利用，越来越符合人类要求的新型杀菌剂将不断出现。

（5）多数农用抗生素产品具有内吸传导活性

多数抗生素可被植物组织吸收，并在植物体内运转，因而兼有保护和治疗作用。可采用根部土壤处理或叶部喷施等多种方式进行药剂处理，这对于防治一些维管束病害、根部病害十分有利。耐雨水冲刷能力强，一般施药后 3~5 h 降雨，对药效无影响。

但是也必须看到，有许多抗生素存在着慢性毒性和容易导致病原菌产生抗药性的问题，例如，单独使用多抗霉素防治梨黑斑病和链霉素防治细菌病害，一般在 2~3 年后便会出现抗药性问题。又如，春雷霉素 1965 年在日本产业化后，仅使用了 3 年就检测到水稻稻瘟病菌对它的抗药性，至 1972 年这种抗药性在日本稻田已成为一个严重问题。但也有的抗生素长期使用后并没有出现抗药性，如井冈霉素。

3.1.3　抗生素农药的发展历史及研究现状

抗生素的发展是人类长期以来与疾病进行斗争的结果，也是随着人类对自然界中微生

物的相互作用，尤其是对微生物之间拮抗现象的研究而发展起来的。早在 2500 年前，我国劳动人民就用长在豆腐上的霉菌来治疗疮疖等疾病；欧洲、南美洲、墨西哥等地的人民在几世纪前也用发霉的面包、玉蜀黍、旧鞋等来治疗溃疡、肠感染和化脓创伤等疾病。随着细菌学的发展，从 19 世纪 70 年代开始，各国学者相继发现了微生物之间的拮抗现象，并逐渐把它们用于防治植物病害的研究。大约在 20 世纪 30 年代，各国都开展了木素木霉（*Trichoderma lignorum*）防治植物苗期病害和根部病害的应用研究，如美国用它防治柑橘根腐病；日本用它防治烟草和魔芋的白绢病；我国和美国目前仍将其用于病害防治。这些拮抗微生物在植物病害防控方面的研究为抗生素在农业领域的研究与应用奠定了基础。

抗生素的研究始于 1877 年巴斯德（Pasteur）关于微生物拮抗作用的发现。1929 年英国细菌学家弗莱明（Fleming）发现了青霉素。由于它对人体的某些细菌具有卓越的效果，诱使人们大力寻求新的抗生素。于是很快又发现了链霉素、氯霉素、金霉素等抗生素。抗生素最初主要用于人类疾病的治疗，从 19 世纪 40 年代开始了医用范围以外的研究。1944 年，Brown 和 Boyle 应用青霉素的粗品有效地防治了由几种细菌引起的冠瘿病。1946 年，美国厄普约翰（Upjohn）公司发现抗生素放线菌酮（环己酰亚胺）对植物真菌有高度的抗菌活性，而后人们又发现链霉素、氯霉素等对某些植物细菌和真菌也有良好效果，从而使人们认识到抗生素也可以防治植物病害。到目前为止，虽然已确定化学结构的抗生素有近千种，但由于使用中的不稳定性、成本高、对植物有药害和对温血动物毒性大等诸多问题，在农业上难以实现商品化，直到 1959 年日本开发出第一个商品化的抗生素农药——灭瘟素-S，抗生素农药的研发才进入了快速发展时期，以后又陆续成功开发出了春雷霉素、井冈霉素、多抗霉素、米多霉素、有效霉素、灰黄霉素、阿维菌素、多杀菌素、杀螨素和双丙氨膦等高效、低毒、无公害的抗生素农药品种。其中杀虫抗生素阿维菌素与多杀菌素、杀菌抗生素井冈霉素与米多霉素以及除草抗生素双丙氨膦是世界上最有影响力的抗生素农药。

我国抗生素农药的研究始于 20 世纪 60 年代初，七八十年代相继开发出放线菌酮、内疗素、灭瘟素、井冈霉素、春雷霉素、庆丰霉素等抗生素农药品种。20 世纪 90 年代以后，我国抗生素农药的研究进入了一个新的时期，中生菌素、武夷菌素、浏阳霉素、尼可霉素等一批新的抗生素产品相继问世。目前，我国登记的抗生素杀菌剂有井冈霉素、农抗 120、多抗霉素、春雷霉素、中生菌素、四霉素、申嗪霉素、宁南霉素 8 种，抗生素杀虫杀螨剂有阿维菌素、多杀菌素、埃玛菌素（Emamectin）3 种，抗生素除草剂有双丙氨膦，抗生素杀线虫剂有阿维菌素。其中年产值和应用面积最大的品种是井冈霉素，其次是阿维菌素和农抗 120。值得一提的是，近年来我国开发出一批具有自主知识产权的品种，如戒台霉素（Jietacin）、宁南霉素、波拉霉素（Polarmycin）、金核霉素（Aureonucleomycin）、抑霉菌素（Yimeimycin）等，其中宁南霉素登记用于防治植物病毒病，已成为我国防治病毒病的有效制剂之一，填补了抗生素防治病毒病的空白。

目前，有些抗生素已经能够人工合成，解决了发酵生产中质量控制的许多难题，例如叶枯炔（Cellocidin）。分子生物学的进步也为抗生素生产提供了新的技术支撑，例如，最近我国已经成功克隆了井冈霉素合成基因，并能够在大肠杆菌（*Escherichia coli*）中表达，为定向生产高活性的井冈霉素 A 提供了可能。另外，研究抗生素的作用靶标为开发类似作用机制的高效、安全的化学农药提供了基础。目前，已有越来越多的抗生素作用机制不断被揭示，且随着对抗生素作用靶标的研究和利用，符合人类要求的新型杀菌剂将不断出现。

3.2 主要抗生素杀虫、杀螨剂品种及应用

杀虫、杀螨抗生素是指由微生物代谢产生的具有杀虫或杀螨活性的化学物质，并不包括活体微生物本身。有关杀虫、杀螨抗生素的研究，早在 1950 年，Kido 等就报道了抗霉素 A 的杀虫、杀螨作用；后又相继开发出卟啉霉素(Porfiromycin，又称紫菜霉素)、密旋霉素(Pactamycin)、稀疏霉素(Sparsomycin，又称司帕霉素)、杀螨素(Tetranactin，又称四活霉素、四抗霉素)、莫能霉素(Monensin)、多杀菌素、米尔贝霉素(Milbemycin)和苏云金素(Thuringiensin)等有实用价值的杀虫、杀螨抗生素品种。20 世纪 80 年代初，兼具杀虫、杀螨和杀线虫作用的阿维菌素的成功开发，被认为是微生物源天然产物农药研究的划时代突破。我国自报道杀蚜素以来，又相继报道了浏阳霉素、韶关霉素(Shaoguanmycin)、南昌霉素和梅岭霉素(Meilingmycin)等杀虫剂类抗生素。但是与农用抗生素杀菌剂相比，目前产业化的抗生素杀虫剂并不多，其中阿维菌素是开发最成功的一种抗生素杀虫剂。

3.2.1 阿维菌素

阿维菌素(Avermectins)是 1975 年日本北里(Kitasato)研究所 Merck 研究室从静冈县伊东市川奈(Kawana)地区采集的土样中分离的灰色链霉菌(*Streptomyces avermitilis*) MA-4680 (NRRL-8165)发酵液中分离得到的。从其发酵液中共分离出 8 个结构十分相似的十六元大环内酯类化合物，分别被命名为 A1a、A1b、A2a、A2b、B1a、B1b、B2a、B2b(图 3-9)，总称为阿维菌素。目前市售的产品主要是阿维菌素 B1a 和阿维菌素 B1b 的混合物，其中阿维菌素 B1a 的比例不低于 80%，阿维菌素 B1b 的比例不高于 20%，称为 Abamectin。

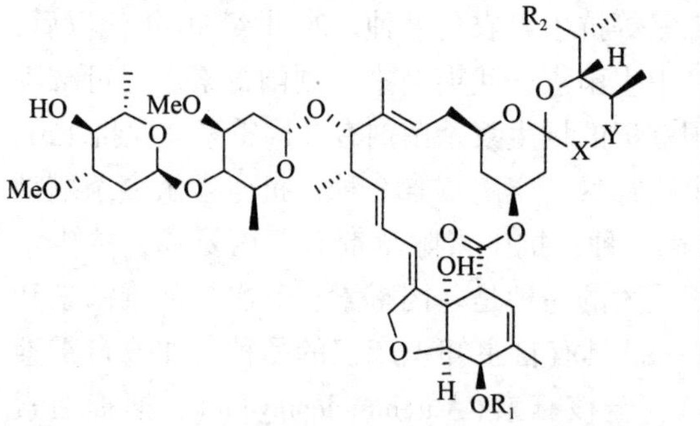

阿维菌素	R_1	R_2	X—Y
A1a	CH_3	C_2H_5	$CH\!=\!CH$
A1b	CH_3	CH_3	$CH\!=\!CH$
A2a	CH_3	C_2H_5	$CH_2\!-\!CH(OH)$
A2b	CH_3	CH_3	$CH_2\!-\!CH(OH)$
B1a	H	C_2H_5	$CH\!-\!CH$
B1b	H	CH_3	$CH\!-\!CH$
B2a	H	C_2H_5	$CH_2\!-\!CH(OH)$
B2b	H	CH_3	$CH_2\!-\!CH(OH)$

图 3-9 阿维菌素各组分的化学结构

阿维菌素原药为白色或黄色结晶(含阿维菌素 B1a≥90%)，蒸气压小于 $2×10^{-7}$ Pa，熔点为 150~155 ℃，21 ℃时在水中的溶解度为 7.8 mg/L，易溶于丙酮、甲苯、异丙醇等，常温下不易分解，25 ℃时在 pH 5~9 的溶液中无分解现象。阿维菌素很容易光解。在模拟阳光照射下，其半衰期小于 10 h。

阿维菌素原药的口服毒性很高，大鼠急性经口 LD_{50} 只有 10 mg/kg，兔经皮 LD_{50} 大于 2000 mg/kg。

阿维菌素对昆虫的作用靶标是外周神经系统内的 γ-氨基丁酸（GABA）受体，促进 GABA 从神经末梢释放，增强 GABA 与线虫抑制性运动神经元突触后膜上受体以及昆虫和其他节肢动物突触后接点肌细胞膜上受体的结合力。GABA 与受体结合力增加的结果是使进入细胞的氯离子增加，细胞膜超极化，消除信号传导，导致神经信号传递的抑制，引起昆虫和螨类神经麻痹，不活动不取食，2~4 d 后死亡。因不引起昆虫迅速脱水，所以它的致死作用较慢。阿维菌素对捕食性和寄生性天敌虽有直接杀伤作用，但因其在植物表面的残留少，因此对昆虫天敌相对较为安全。

由于阿维菌素对叶片具有较好的穿透性（内渗性），因而对危害植物叶片的螨类具有优良的防治效果，但对同样危害叶片的蚜虫无效。其原因是阿维菌素在植物叶片的薄壁组织积蓄很多，此浓度完全可对取食该组织的叶螨发挥作用；而蚜虫以口针穿透韧皮部取食，而阿维菌素到达韧皮部的量很少，不足以将蚜虫杀死。阿维菌素在植物薄壁组织的蓄积同样对双翅目和鳞翅目害虫表现出优良的防治效果。因此，阿维菌素主要作用方式为胃毒作用，也有一定的触杀作用。主要用于防治观赏植物、园艺作物和棉花的叶螨和一些害虫。田间使用量非常低，有效成分用量为 5.4~27.0 g/hm^2。阿维菌素起初主要被用来防治叶螨，所以我国曾将其称为齐墩螨素或齐螨素。许多国家用于防治潜叶蝇、小菜蛾、番茄蠹蛾、潜叶蛾、菜青虫和梨木虱等。有些地方还将其制成诱饵防治红火蚁、蜚蠊和卡里宾果蝇。此外，将阿维菌素注入树体内，可防治某些食叶害虫，如榆叶甲，持效期长达 83 d。我国还将阿维菌素登记为杀线虫剂，用于防治黄瓜、番茄、烟草、胡椒等作物上的根结线虫以及大豆孢囊线虫。

由于阿维菌素毒性高、光稳定性差，通过对阿维菌素进行结构修饰后，相继开发出了一系列新产品，如埃玛菌素（Emamectin）、伊（依）维菌素（Ivermectin）、多拉菌素（Doramectin）、塞拉菌素（Selamectin）、莫西菌素（Moxidectin）等，不仅广泛用于农用抗生素类杀虫剂，还是兽用驱虫剂和家庭卫生用药。

为提高阿维菌素的稳定性，降低其毒性，Merck 公司将阿维菌素分子中 C22、C23 位双键选择性地还原，开发了依维菌素［图 3-10（a）］。与阿维菌素相比，伊维菌素的杀虫活性基本不变，但对哺乳动物的机体组织有更强的渗透性和安全性，持效期更长，特别适用于一般口服驱虫剂难以到达的肌肉、器官和特殊组织中的寄生虫防治，对家畜的胃肠道线虫外寄生虫有着特殊的驱杀效果。同时，由于双键加氢还原成饱和状态后，具有较强的稳定性和抗氧化能力，因而药效更加可靠。1981 年，依维菌素作为动物抗寄生虫药首先在法国上市，之后迅速成为使用最广泛的抗寄生虫药，也是目前使用最为广泛的阿维菌素类药物。目前我国登记有依维菌素卫生杀虫剂，通过土壤处理和木材浸泡防治白蚁；饱和投放饵剂防治蜚蠊；喷雾防治草莓红蜘蛛、甘蓝小菜蛾、杨梅树果蝇等。

多拉菌素，又称道拉菌素，是利用突变生物合成方法在阿维菌素 C25 位上连接环己烷基得到的，即 25-环己烷基阿维菌素 B1a［图 3-10（b）］。英国的科学家们发现，通过在阿维菌素产生菌的发酵生产工艺中添加某些特定的羧酸或其衍生物的方法，就有可能获得与

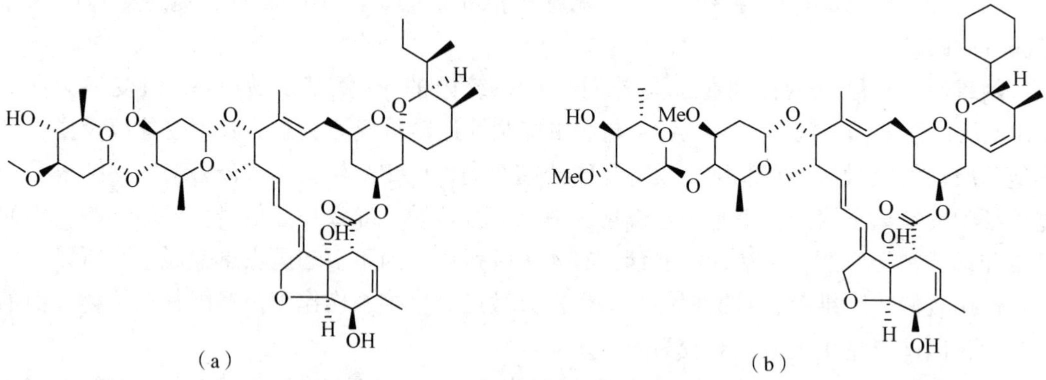

图 3-10 依维菌素(a)和多拉菌素(b)的化学结构

阿维菌素相关的新化合物，取代在 C25 位置上原有正常出现的异丙基或仲丁基的会是一个非自然生成的基团。在发酵过程中加入环己烷羧酸钠盐后，即可通过生物合成方法得到多拉菌素。多拉菌素的作用机制与其他阿维菌素类药物相同，目前已广泛用于防治各类动物寄生虫。

阿维菌素结构改造的另一成就是埃玛菌素(图 3-11)，即甲氨基阿维菌素。阿维菌素对线虫、螨类非常高效，但对昆虫活性较差，尤其是对粉纹夜蛾、棉铃虫、亚热带黏虫等鳞翅目害虫的防效较差，因而限制了其在农作物上的使用范围。1984 年，通过将阿维菌素 4 位羟基改变成甲氨基后，开发出了甲氨基阿维菌素(4′-外-甲氨基-4′-脱氧阿维菌素 B_1，即埃玛菌素)，其不但对哺乳动物的毒性明显降低(大鼠急性经口 LD_{50} 为 126 mg/kg)，而且对鳞翅目幼虫的毒力较阿维菌素提高 1~2 个数量级，因而被开发成防治鳞翅目害虫的高效杀虫剂，其防治谱与阿维菌素相比明显扩大。目前以甲氨基阿维菌素苯甲酸盐(简称甲维盐)进行农药登记，主要用于防治菜心野螟、谷实夜蛾、草地夜蛾、卷心菜薄翅野螟、菜青虫、烟芽夜蛾、大豆尺夜蛾、白菜金翅夜蛾和斑潜蝇类等。另外，甲氨基阿维菌素苯甲酸盐可防治跳蚤、虱子、绿头实蝇、家蝇和蜱螨等卫生害虫，对猪、山羊、绵羊、马、犬、猫和牛等家畜的体内外寄生虫也有很好的防治效果。

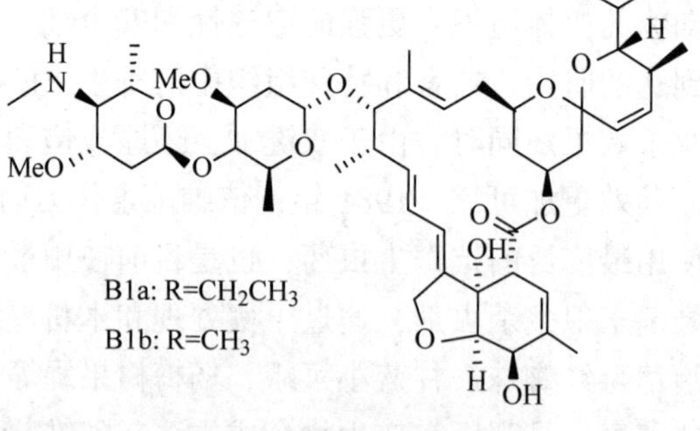

B1a: R=CH₂CH₃
B1b: R=CH₃

图 3-11 埃玛菌素(甲氨基阿维菌素)的化学结构

3.2.2 多杀菌素

多杀菌素（Spinosad），又名多杀霉素、刺糖菌素或赤糖菌素，是放线菌刺糖多孢菌（*Saccharopolyspora spinosa*）经有氧发酵后的次级代谢产物。多杀菌素是一类大环内酯化合物（图 3-12），主要活性成分是 Spinosyn A 和 Spinosyn D，二者混合比例约为 85∶15。

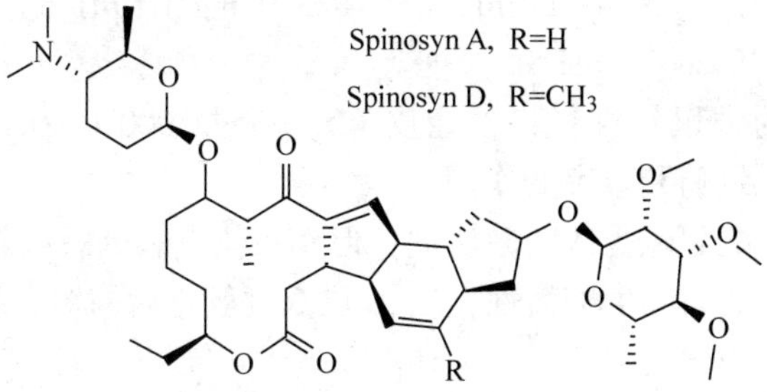

Spinosyn A, R=H
Spinosyn D, R=CH$_3$

图 3-12 多杀菌素的化学结构

多杀菌素为浅灰白色结晶，带有一种类似于轻微陈腐泥土的气味，A 型熔点为 84～99.5 ℃，D 型熔点为 161.5～170 ℃，密度为 0.512 g/cm^3（20 ℃）。在水中的溶解度，A 型在 pH 值为 5、7 和 9 时分别为 270 ng/L、235 ng/L、16 ng/L，D 型在 pH 值为 5、7 和 9 时，分别为 28.7 ng/L、0.332 ng/L、0.053 ng/L。蒸汽压为 1.3×10^{-10} Pa，在空气中不容易挥发。多杀菌素在环境中通过多种途径组合的方式进行降解，主要为光解和微生物降解。

多杀菌素原药对雌性大鼠急性口服 LD$_{50}$ 大于 5000 mg/kg，雄性大鼠急性口服 LD$_{50}$ 为 3738 mg/kg；小鼠急性口服 LD$_{50}$ 大于 5000 mg/kg；兔急性经皮 LD$_{50}$ 超过 5000 mg/kg；对皮肤无刺激性，对眼睛有轻微刺激性，2 d 内可消失。多杀菌素在环境中可降解，无富集作用，不污染环境。对人和其他哺乳动物相对安全，但对水生节肢动物和蜜蜂具有毒性。

多杀菌素对昆虫有胃毒和触杀作用，能使多种害虫如鳞翅目幼虫、蓟马和食叶甲虫等迅速麻痹、瘫痪，最后导致死亡，其杀虫速度可与化学农药相媲美。多杀菌素的作用机制新颖，Spinosyn A 作用于昆虫的中枢神经系统，可以持续激活靶标昆虫烟碱型乙酰胆碱受体，但是其结合位点不同于烟碱和吡虫啉。另外，它还可以影响 GABA 受体，但作用机制尚不清楚。多杀菌素与目前常用杀虫剂无交互抗药性，为低毒、高效、低残留的广谱杀虫剂。

多杀菌素是一种广谱的生物农药，能够有效控制鳞翅目、双翅目和缨翅目害虫，同时对鞘翅目、直翅目、膜翅目、等翅目、蚤目、革翅目和啮虫目的某些种类害虫也有一定的毒杀作用，但对刺吸式口器昆虫和螨类防效不理想。适合于蔬菜、果树等园艺作物上使用。多杀菌素的杀虫效果受下雨影响较小。目前，中国登记有 1% 和 0.015% 饵剂，以 25～50 g/蚁巢的用药量环状撒施于蚁巢附近，用于防治红火蚁；0.5% 粉剂和 10% 悬浮剂采用人工拌粮或机械拌粮来防治仓储害虫；不同含量的悬浮剂、微乳剂和水乳剂，喷雾防治棉花棉铃虫、甘蓝小菜蛾、水稻上稻纵卷叶螟和二化螟，茄子和豇豆的蓟马等，亦有与阿维菌素、甲维盐、茚虫威、吡虫啉、虫螨腈等复配产品。

2007 年，美国陶氏益农公司通过对多杀菌素 A（主要成分）和多杀菌素 D 混合物的鼠李糖部分的 3-O 位进行乙基化修饰，对所得主要成分的环己烯结构部分进一步氢化反应，推出了第二代产品——乙基多杀菌素（Spinetoram，图 3-13）。

乙基多杀菌素为带有霉味的灰白色固体，pH 值为 6.46（1% 水溶液，23.1 ℃）；乙基多杀菌素 J 熔点为 143.4 ℃，乙基多杀菌素 L 熔点为 70.8 ℃；20~25 ℃时在水中的溶解度，乙基多杀菌素 J 为 11.3 mg/L（pH 7）、423.0 mg/L（pH 5），乙基多杀菌素 L 为 46.7 mg/L（pH 7）、1630 mg/L（pH 5）。

乙基多杀菌素原药大鼠急性经口、经皮 LD_{50} 超过 5000 mg/kg，急性经皮 LC_{50} 超过 5.5 mg/L，没有致癌、致畸和致突变作用。

乙基多杀菌素是乙酰胆碱受体的激活剂，但作用位点和烟碱或新烟碱等不同，3-O 位进行乙基化修饰后能够提高其生物活性，5、6 位双键氢化后缩短乙基多杀菌素 J 在田间的滞留时间。

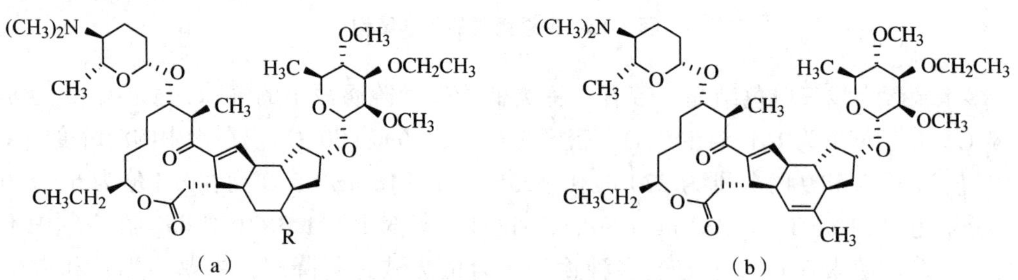

图 3-13　乙基多杀菌素 J（a）和 L（b）的化学结构

乙基多杀菌素比多杀菌素具有更强的杀虫活性和更广的作用谱，广泛用于防治蔬菜、棉花、葡萄、坚果等植物上的鳞翅目、双翅目、缨翅目、鞘翅目、等翅目、直翅目及部分同翅目害虫。目前我国仅登记有 60 g/L 乙基多杀菌素悬浮剂和 25% 乙基多杀菌素水分散粒剂，用于防治甘蓝上甜菜夜蛾和小菜蛾，茄子、杧果、水稻和西瓜的蓟马，水稻上稻纵卷叶螟，杨梅树的果蝇以及豇豆的美洲斑潜蝇、豆荚螟等。另外，登记有与氟啶虫胺腈和甲氧虫酰肼的复配制剂。

3.2.3　浏阳霉素

浏阳霉素（Polynactins，Tetranactins），又名杀螨霉素、多活菌素，是 20 世纪 70 年代初日本中外制药株式会社（Chugai Pharmaceutical Co. Ltd）发现的一类对螨类十分敏感的大环内酯类抗生素，其产生菌为一株金色链霉菌（*Streptomyces aureus*），我国上海农药研究所 1979 年也从湖南浏阳地区土壤中分离到的灰色链霉菌浏阳变种（*Streptomyces griseius* var. *liuyangensis*）的代谢产物中分离到该类化合物。

浏阳霉素是一种大环四内酯类抗生素，是由 5 个组分组成的混合体，四活菌素为主要的活性成分（图 3-14）。纯品为无色棱柱状结晶，熔点为 112~113 ℃。易溶于苯、乙酸乙酯、氯仿、乙醚、丙酮，可溶于乙醇、正己烷等溶剂，不溶于水。对热稳定，对紫外线敏感，在阳光下照射 2 d 可分解 50%。

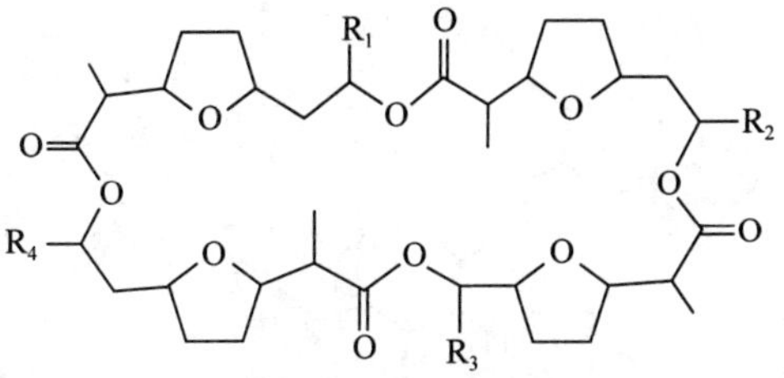

R_{1~4}分别为甲基或乙基

图 3-14 浏阳霉素的化学结构

浏阳霉素原药大白鼠急性经口 LD_{50} 大于 10 000 mg/kg，经皮 LD_{50} 大于 2000 mg/kg。无致畸、致癌、致突变性。对鱼毒性较高，对鲤鱼 $LC_{50} < 0.5$ mg/L，属高毒，但对天敌昆虫和蜜蜂比较安全。

浏阳霉素是一种低毒、低残留、可防治多种螨类的广谱杀螨剂，防治效果好，对天敌安全。商品化的浏阳霉素是由 5 个组分组成的混合体，各组分的杀螨活性基本相同。有机磷、有机氯及氨基甲酸酯类杀虫剂对浏阳霉素有明显的增效作用。浏阳霉素的安全间隔期短，仅为 24 h，不会影响收获期的蔬菜及时上市；与其他生物杀虫剂相比，浏阳霉素杀虫速度更快，施药后当天可见效果；对顽固害虫（小菜蛾、蓟马等）高效；具有两种不同的杀虫机理，与使用的各类杀虫剂没有交互抗性，是治理蔬菜抗性害虫的首选药剂。另外，浏阳霉素无内吸性，喷雾时应均匀周到，叶面、叶背及叶心均需着药。

浏阳霉素可用于防治蔬菜害虫小菜蛾，在低龄幼虫盛发期 2.5%悬浮剂 1000~1500 倍液均匀喷雾，或每亩用 2.5%悬浮剂 33~50 mL 兑水 20~50 kg 喷雾。也可防治甜菜夜蛾，于低龄幼虫期，每亩用 2.5%悬浮剂 50~100 mL 兑水喷雾，傍晚施药效果最好。防治蓟马，于发生期，每亩用 2.5%悬浮剂 33~50 mL 兑水喷雾，或用 2.5%悬浮剂 1000~1500 倍液均匀喷雾，重点在幼嫩组织如花、幼果、顶尖及嫩梢等部位。

3.2.4 南昌霉素

南昌霉素（Nanchangmycin），其产生菌为江西农业大学从该校校园土壤中分离的一株链霉菌属放线菌（*Streptomyces nanchangensis*）。

南昌霉素是从南昌链霉菌发酵液中分离出的一种酸性脂溶性聚醚类抗生素［图 3-15（a）］，国外称猎神霉素（Dianemycin）。易溶于甲醇、氯仿、丙酮，对光照和空气中的氧较为敏感，低温保存较为稳定，在发酵液中稳定。

该抗生素对革兰氏阳性菌抑制作用较强，对革兰氏阴性菌和真菌作用较弱，有很强的抗球虫活性。试验证明，用 20 mg/kg 南昌霉素作为饲料添加剂可有效地防治鸡球虫病，且有提高日增重的效果。毒性和三致试验表明它安全、无副作用，是理想的抗球虫病药剂。

南昌链霉菌对枯草芽孢杆菌（*Bacillus subtilis*）、黄色短杆菌（*Brevibacterium flavum*）、金黄色葡萄球菌（*Staphylococcus aureus*）、红酵母（*Rhodotorula glutinis*）等有明显的抑菌活性。

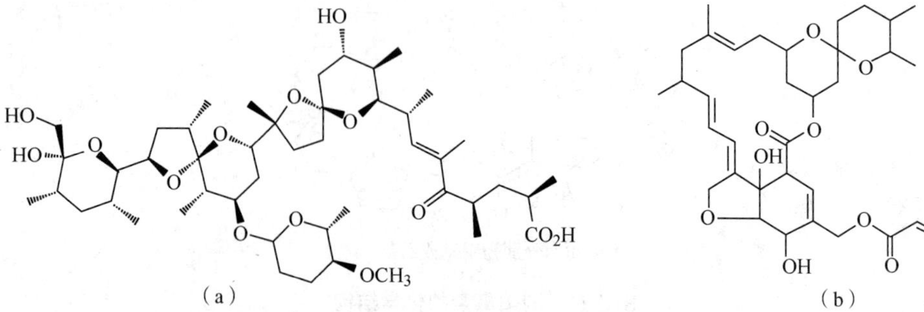

图 3-15 南昌霉素(a)和梅岭霉素(b)的化学结构

另外，南昌链霉菌对蚜虫、红蜘蛛、菜青虫、松毛虫、扁刺蛾等多种农林害虫有杀灭作用，其杀虫活性主要来自该菌株产生的梅岭霉素[图 3-15(b)]，该化合物为一种十六元大环内酯类抗生素，与阿维菌素骨架类似，但侧链存在很大差异。该化合物易溶于甲醇、氯仿、乙酸乙酯，微溶于石油醚、正己烷，不溶于水。

3.2.5 尼可霉素

尼可霉素(Nikkomycin)，又名华光霉素、日光霉素，是德国科学家从日本名胜地日光的土壤中分离的链霉菌 *Streptomyces tendae* TVE901 中分离得到的两性水溶性核苷类抗生素，故又称为日光霉素。尼可霉素是多组分农用抗生素，有 Z、X、C、CX、D 等 12 种组分，其中 Z、X 为主要组分，又是同分异构体(图 3-16)。C、CX、D 为无活性组分，其他是少量的次要组分。我国从苏州采集的土样中分离到康德轮枝链霉菌(*Streptomyces ticilliumtendae* S-9)也能产生此类物质，被称为华光霉素。

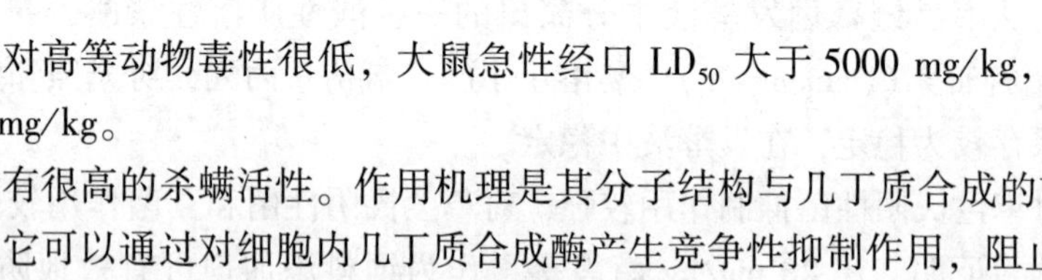

图 3-16 尼可霉素 X 和 Z 的化学结构式

尼可霉素对高等动物毒性很低，大鼠急性经口 LD_{50} 大于 5000 mg/kg，急性经皮 LD_{50} 大于 100 000 mg/kg。

尼可霉素有很高的杀螨活性。作用机理是其分子结构与几丁质合成的前体 N-乙酰葡萄糖胺相似，它可以通过对细胞内几丁质合成酶产生竞争性抑制作用，阻止葡萄糖胺的转化，干扰细胞几丁质的合成，抑制螨类和真菌的生长。

尼可霉素主要用于防治苹果、山楂叶螨和柑橘全爪螨。2.5%可湿性粉剂稀释 800~1000 倍喷雾，间隔一周再喷一次，对全爪螨防效可达 99%。对作物无药害，正常剂量下对螨类天敌安全。

3.2.6　米尔贝霉素

1967 年，米尔贝霉素(Milbemycin)首次被发现，该抗生素可从 *Streptomyce hygroscopicus* subsp. *aureolacrimosus* 的发酵产物中提取分离得到，属于十六元大环内酯类抗生素，除侧链存在区别以外，其结构与阿维菌素相似，根据该类化合物结构中是否具有氢化苯并呋喃环，分为 α 型和 β 型(图 3-17)，前者生物活性远高于后者。1975 年，Mishima 曾报道了该类化合物的杀虫和杀螨活性，但当时并未发现其驱蠕虫活性。在 Merck 实验室报道了阿维菌素的驱蠕虫活性后，才发现米尔贝霉素也可以作为牲畜驱蠕虫剂使用。

米尔贝霉素的杀虫作用原理是引起谷氨酸门控的 Cl⁻ 通道的开放，从而使 Cl⁻ 内流增加，带负电荷 Cl⁻ 引起神经元休止电位超极化，使正常的动作电位不能释放，导致昆虫麻痹死亡。

由于米尔贝霉素具有杀虫、杀螨和驱虫等广泛的生物活性，其作为杀虫抗生素已在日本、欧美等多个国家登记，并且作为安全、高效、对环境友好的杀虫杀螨剂，已被美国环保局推荐使用。目前有乳剂、悬浮剂和可湿性粉剂等剂型，对蚜虫、紫花苜蓿螨、食叶螨、黄褐天幕毛虫均有较好的防治效果。

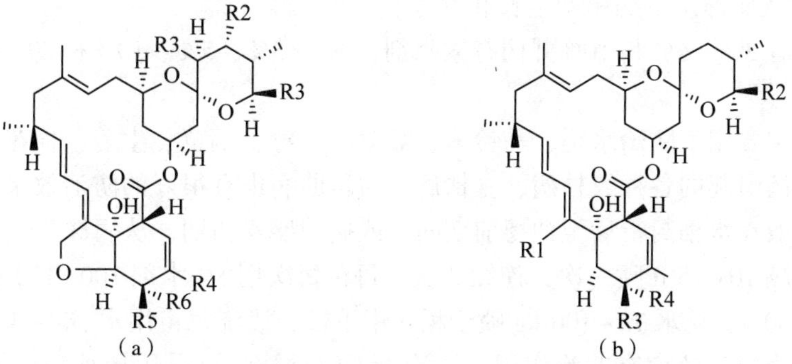

图 3-17　米尔贝霉素 α 型(a)和 β 型(b)的化学结构

3.3　主要抗生素杀菌剂品种及应用

杀菌抗生素是指由细菌、真菌或放线菌等微生物在发酵过程中产生的具有杀菌活性的代谢产物。迄今为止，已有数十种商品化的农用杀菌抗生素推向市场，成为防治农作物病害的主要药剂。此外，还有许多来源于微生物的天然抗菌物质正处在研究与开发阶段。

3.3.1　井冈霉素

井冈霉素(Jingangmycin)，是我国上海农药研究所独立发现的吸水链霉菌井冈变种 *Streptomyces hygroscopicus* var. *jinggangensis* 所产生的一种葡萄糖苷类化合物，共有 A、B、C、D、G、F 6 个结构类似的组分，其中以 A 组分为主要活性成分(图 3-18)。井冈霉素纯品为白色粉末，约在 135 ℃分解；易溶于水，可溶于甲醇、二甲基甲酰胺和二甲基亚砜，微溶于乙醇和丙酮，难溶于乙醚和乙酸乙酯；吸湿性极强，在酸性条件下较稳定，易被多种微生物降解失活。其理化性能与生物活性与日本开发的有效霉素相似。

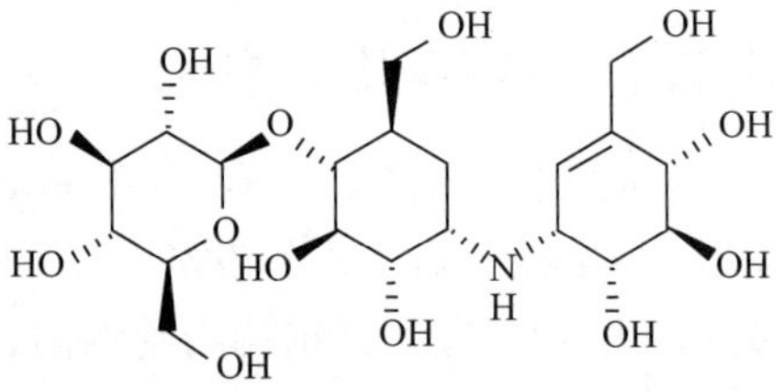

图 3-18　井冈霉素 A 的化学结构

与其他氨基糖苷类抗生素一样，井冈霉素对哺乳动物毒性较低，大鼠和小鼠急性经口 LD_{50} 大于 20 000 mg/kg；大鼠急性经皮 LD_{50} 大于 5000 mg/kg；大鼠吸入 4 h LC_{50} 大于 5 mg/L；兔无皮肤刺激作用。鲤鱼 72 h LC_{50} 大于 40 mg/L。水蚤 24 h LC_{50} 大于 40 mg/L。对蜜蜂无毒性。在土壤中被微生物迅速降解，对环境无不利影响。

井冈霉素是一类内吸性很强的具有干扰病原菌生长发育的化合物，对丝核菌引起的病害有特效。井冈霉素本身对立枯丝核菌无杀菌活性，但可以使病原菌菌丝体的尖端产生异常分枝，菌丝体无法继续延伸。井冈霉素 A 与海藻糖结构有些相似，而海藻糖是立枯丝核菌储存碳水化合物的主要方式，海藻糖酶在消化海藻糖为有效二糖胺 A 和葡萄糖，以及将葡萄糖运输到菌丝体顶端的过程中发挥着必不可少的作用。研究证明井冈霉素是立枯丝核菌 AG-1 海藻糖酶的强有力的抑制剂，能有效阻止纹枯病菌从菌丝的基部向顶端输送营养（如葡萄糖），从而抑制了病菌的生长和发育。

主要剂型有 3%、5% 和 10% 井冈霉素水剂，2%、3%、5%、10% 和 20% 井冈霉素水溶性粉剂。

井冈霉素主要用于防治水稻、马铃薯、蔬菜、草莓、烟草、生姜、棉花、甜菜和其他作物上由丝核菌引起的各种纹枯病、立枯病，对稻曲病也有很好的防治效果。在防治水稻纹枯病时，一般在水稻封行后至抽穗前期间，或病情盛发初期，从病株率在 20% 左右开始施药，一般间隔 10～15 d 喷一次，连续 2 次，每亩每次用 5% 水剂 100～150 mL 或 5% 可溶性粉剂 100～150 g，兑水 75～100 kg 喷于稻株中下部，泼浇每亩用水 300～400 kg。同时对水稻紫秆病、小粒菌核病有兼治作用。防治小麦纹枯病，可采用拌种法。每 100 g 麦种，用 5% 水剂 600～800 mL，兑少量水均匀喷在麦种上，边喷边拌，堆闷几小时后即可播种；采用药剂包裹种子法，每亩 150 mL，与一定量的黏质泥浆均匀混合，将麦种倒入泥浆内混合，然后撒入干细土，边撒边搓，待麦粒搓成赤豆粒大小晾干后播种；亦可在春季田间病株率达 30% 时喷雾，每亩用 5% 水剂 100～150 mL，兑水 60～75 kg 喷雾，尽量将药液喷洒在麦株中下部，重病田隔 15～20 d 再喷 1 次。防治棉花或瓜类立枯病时，可在播种后用 5% 水剂稀释 1000 倍浇淋苗床，4～5 L 药液/m²。

3.3.2　农抗 120

农抗 120，又名抗霉菌毒 120、120 农用抗菌素、TF120，其产生菌为中国农业科学院于北京郊区土壤中分离到的吸水刺孢链霉菌北京变种 Streptomyces hygrospinosis var. beijingensis。

农抗 120 属嘧啶核苷类抗菌素，主要组分为 120-B，类似于下里霉素（Harimycin）；次要组分为 120-A，类似于潮霉素 B（Hygromycin B）；另一组分为 120-C，类似于星霉素（Asteomycin）。另外，有研究称农抗 120 中有含量较高的茴香霉素（Anisomycin）（图 3-19）。

产品为白色粉末，熔点 165～167 ℃（分解），易溶于水，不溶于有机溶剂，在酸性或中性介质中稳定，遇碱易分解。

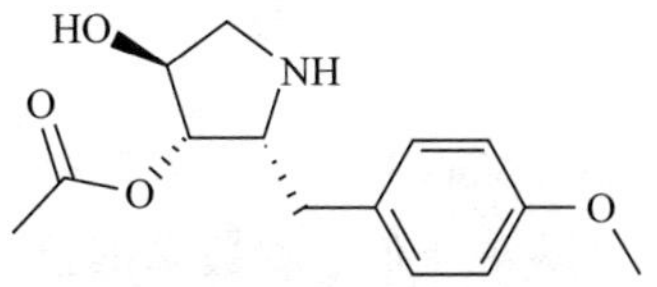

图 3-19　茴香霉素的化学结构

农抗 120 为中等毒性农药，小鼠静脉注射 LD_{50} 为 124.4 mg/kg。

农抗 120 作用机制主要是直接阻碍病原菌的蛋白质合成，导致病原死亡，并且对作物有显著的刺激生长和增产作用。

主要剂型包括 2%、3%、4%水剂和 10%可湿性粉剂，还有与井冈霉素的复配水剂、与苯醚甲环唑、咪鲜胺锰盐的复配可湿性粉剂以及与噻呋酰胺、氟环唑的复配悬浮剂。

农抗 120 是一种广谱性杀菌剂，兼有保护和治疗作用，对多种植物病原菌有强烈的抑制作用，可用于喷雾防治瓜类白粉病、花卉白粉病、苹果树白粉病、葡萄白粉病、烟草白粉病、苹果树斑点落叶病、大白菜黑斑病、番茄疫病、水稻炭疽病和纹枯病，以及小麦锈病等。

3.3.3　武夷菌素

武夷菌素（Wuyiencin），产生菌是中国农业科学院植物保护研究所 1979 年从中国福建省武夷山土壤中分离的不吸水链霉菌武夷变种 *Streptomyces ahygroscopicus* var. *wuyiensis*。

武夷菌素为水溶性抗生素，其主要活性组分——武 BO-10A（武夷菌素 A）为一种结构全新的、具有胞苷结构骨架的核苷类化合物（图 3-20）。BO-10A 的冷干品为微黄色粉末，熔点为 265 ℃，极易溶于水，微溶于甲醇，不溶于丙酮、氯仿、吡啶等有机溶剂。

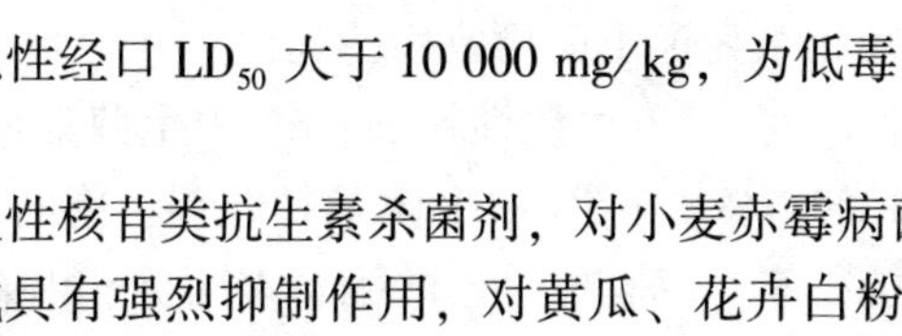

图 3-20　武夷菌素 A 的化学结构

武夷菌素对小鼠的急性经口 LD_{50} 大于 10 000 mg/kg，为低毒，无明显蓄积毒性，无致畸和致突变效应。

武夷菌素为广谱内吸性核苷类抗生素杀菌剂，对小麦赤霉病菌、番茄灰霉病菌等多种植物病原真菌的孢子形成具有强烈抑制作用，对黄瓜、花卉白粉病亦有明显的防治效果。通过同位素标记进行的作用机理研究结果表明，武夷菌素能干扰病原菌蛋白质合成，造成菌丝体原生质渗漏，致使菌丝畸形生长，从而达到防治真菌病害的效果。

主要剂型包括 1%、2%武夷菌素水剂。

武夷菌素可防治多种蔬菜、苹果、粮食及经济作物病害，除已登记的黄瓜白粉病外，还可用来防治番茄叶霉病、灰霉病、黄瓜黑星病、韭菜灰霉病及芦笋茎枯病等。用 2%武夷菌素水剂 150~200 倍液或 1% 武夷菌素水剂 100 倍液于病害初发时喷药，间隔 5~7 d 喷施 1 次，连续防治 2~3 次，有较好的防治效果。

3.3.4 中生菌素

中生菌素（Zhongshengmycin，Streptothricins），又名农抗 751、链丝菌素，是最早发现的抗生素品种之一。中生菌素是自然界分布丰度最高的抗生素，自 1943 年 Waksman 等从 *Streptomyces lavendulae* 中分离到第一个中生菌素类化合物——Streptothricin F 以来，已从多种放线菌（主要是链霉菌）中分离到该类化合物。我国则由中国农业科学院生物防治研究所从海南土壤中分离到中生菌素的产生菌——浅灰色链霉菌海南变种 *Streptomyces lavendulae* var. *heinanensis*。

中生菌素为 N-糖苷类抗生素，包括 7 个组分，各化合物结构组成非常类似，都包含一分子氨基糖（D-古洛糖胺），一分子内酰胺和数量不等的 β-赖氨酸，各分子之间的唯一差异就在于侧链上 β-赖氨酸的数目不同。根据侧链上 β-赖氨酸的数目，将各化合物分别命名为 Steptothricin F，E，D，C，B，A 和 X（$n=1\sim7$），侧链氨基酸数量越多，抑菌活性越强（图 3-21）。中生菌素在中性和酸性条件下稳定，碱性条件下易分解。原药为无色粉末，极易溶于水和甲醇，其盐酸盐可溶于水和甲醇，硫酸盐则仅溶于水，而不溶于甲醇。

中生菌素小鼠急性经口 LD_{50} 为 237~316 mg/kg；大鼠急性经皮 LD_{50} 为 2000 mg/kg，属中等毒性农药。

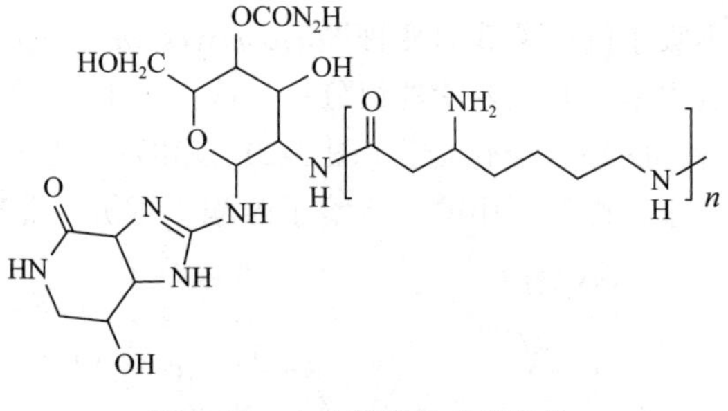

图 3-21　中生菌素的化学结构

中生菌素是一种广谱的农用杀菌抗生素，能够抗革兰氏阳性细菌、革兰氏阴性细菌、分枝杆菌、酵母菌及丝状真菌。中生菌素通过抑制细菌菌体蛋白质的合成和使丝状真菌菌丝畸形，从而抑制孢子萌发和杀死孢子而导致病菌死亡。

剂型包括 3%、5%、12% 中生菌素可湿性粉剂，6% 中生菌素可溶粉剂，3% 中生菌素可溶液剂，3% 中生菌素水剂，0.1%、0.5% 中生菌素颗粒剂，还有与代森锌、苯醚甲环唑、烯酰吗啉、春雷霉素、多抗霉素、嘧霉胺、乙酸铜、多菌灵、丙森锌等复配的可湿性粉剂以及与四霉素复配的可溶液剂。

中生菌素抗菌谱广，对农作物的多种细菌性病害，如水稻白叶枯病、番茄青枯病、烟草青枯病、黄瓜细菌性角斑病等有很好的防治效果；对苹果树轮纹病、苹果树斑点落叶病等真菌病害也有较好的防效。防治水稻白叶枯病，于水稻播种前用 3% 中生菌素水剂 50 倍液浸种，秧田期用 3% 中生菌素可溶液剂每亩 400~500 mL 于白叶枯病发病初期叶面喷施，连喷二次(3~4叶期和移栽前5~7 d各一次)，可明显推迟大田白叶枯病的始发期，并减轻发病的程度，对于白叶枯病较轻的田块或轻发生年份大田可免于防治，重发生年份于8月上旬，用中生菌素再喷一遍，可有效地控制病情的发展。防治苹果轮纹病、叶斑病，用3%中生菌素可湿性粉剂600~800倍稀释液，在发病初期喷施第一次，以后每间隔10~15 d喷1次，全生长期共3次。防治番茄青枯病，在发病前或发病初期，用3%中生菌素可湿性粉剂600~800倍液进行灌根法施药，每株每次灌药液250 mL，以后每间隔7~10 d施药1次，可连续施药3次。亦可用0.1%中生菌素颗粒剂在番茄移栽前将药剂与细土拌匀后沟施来防治番茄青枯病。

3.3.5　宁南霉素

宁南霉素(Ningnanmycin)，产生菌为中国科学院成都生物研究所发现的诺尔斯链霉菌西昌变种 *Streptomyces noursei* var. *xichangensis*。

宁南霉素游离碱为白色粉末，熔点为195 ℃(分解)，易溶于水，可溶于甲醇，微溶于乙醇，难溶于丙酮、苯等有机溶剂，在pH 3.0~5.0时较为稳定，在碱性时易分解失去活性。制剂外观为褐色液体，带酯香。无臭味，沉淀小于2%。

宁南霉素小鼠急性经口 LD_{50} 大于5492 mg/kg；小鼠急性经皮 LD_{50} 大于1000 mg/kg，属低毒农药。

宁南霉素是一种胞嘧啶核苷肽型广谱杀菌抗生素(图3-22)，具有预防和治疗作用。其作用机理是系统地诱导植物产生病程相关蛋白(PR蛋白)，降低植物体内病毒颗粒浓度，破坏病毒立体结构，同时抑制病毒核酸的合成与复制。

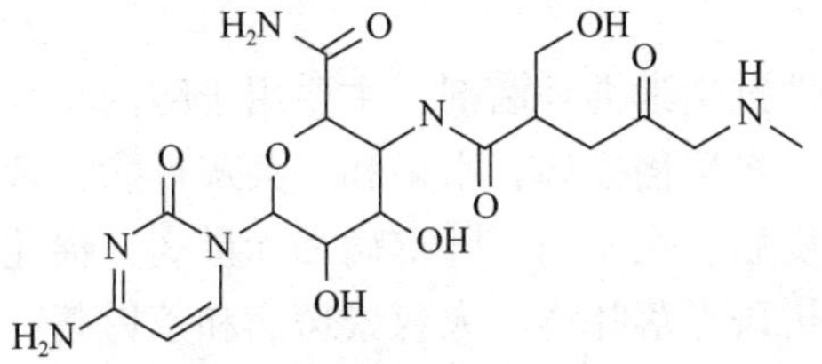

图 3-22　宁南霉素的化学结构

主要剂型包括2%、4%、8%宁南霉素水剂，10%宁南霉素可溶粉剂，29%宁南·氟菌唑可湿性粉剂，25%宁南·嘧菌酯悬浮剂，30%宁南·戊唑醇悬浮剂。

宁南霉素目前在我国主要登记用于防治番茄、辣椒、烟草病毒病和水稻黑条矮缩病，以及水稻条纹叶枯病、黄瓜白粉病、苹果斑点落叶病和大豆根腐病等。

防治作物病毒病，主要以抑制病毒的活性和诱导植株产生抗性为主，因此一定要在病毒侵入植株之前或发病初期喷雾防治。

3.3.6　多抗霉素

多抗霉素(Polyoxin)，又名多氧霉素、保利霉素、宝丽安、科生霉素等，1965年日本Suzuki和合作者从土壤放线菌可可链霉菌阿索变种 *Streptomyces cacaoi* var. *asoensis* 中分离得到并发现其杀菌活性；1967年，中国科学院微生物研究所亦由不吸水链霉菌杭州变种

Stroptomyces cacaoi var. *hangzhouensin* 和金色产色链霉菌 *Stroptomyces aureus* 产生的代谢物中分离获得。

多抗霉素属于肽嘧啶核苷类抗生素，是多组分混合物，含有 A–N 共 14 种同系物，除多抗霉素 N 没有抗菌活性外，其他组分均有一定的生物活性。多抗霉素 B 和多抗霉素 D 的化学结构如图 3-23 所示。多抗霉素 B 纯品为无定形粉末，在水中溶解度为 1 kg/L（20 ℃）。多抗霉素 D 为无色结晶，149 ℃以上会分解。多抗霉素 D 锌盐在水中溶解度小于 100 mg/L（20 ℃），亦难溶于有机溶剂。多抗霉素在紫外光、酸性和中性条件下稳定。

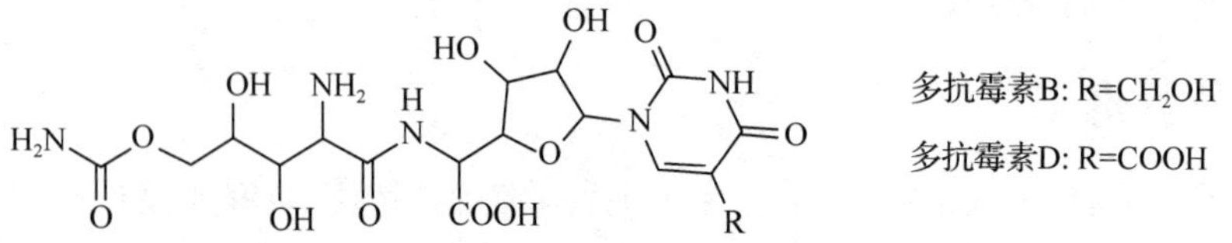

多抗霉素B: R=CH₂OH

多抗霉素D: R=COOH

图 3-23　多抗霉素的化学结构

多抗霉素 B 对哺乳动物毒性很低，对大鼠急性口服 LD_{50} 为 21 000 mg/kg（雄鼠）、21 200 mg/kg（雌鼠）。多抗霉素 D 对大鼠急性口服 LD_{50} 雄鼠和雌鼠均大于 9600 mg/kg；对皮肤和眼睛无刺激作用，对水生生物和蜜蜂低毒。

多抗霉素可以引起病原菌孢子芽管和菌丝体尖端的异常肿胀，从而使其失去致病性。此外，还发现多抗霉素可抑制将^{14}C–葡糖胺转入细胞壁几丁质的过程，说明多抗霉素干扰病菌细胞壁(几丁质)的合成，阻止病菌产生孢子和病斑扩大，菌丝体不能正常生长发育而死亡。

主要加工剂型有 1.5%、2%、3% 和 10% 可湿性粉剂，0.3%、1%、3%、5% 水剂，10%、16% 可溶粒剂。

多抗霉素为广谱内吸性抗生素类杀菌剂，主要用于防治小麦、水稻、黄瓜和花卉类白粉病，小麦和水稻纹枯病，水稻稻瘟病，水果和蔬菜灰霉病，黄瓜和花卉类霜霉病，梨树灰斑病和黑斑病，番茄早疫病、晚疫病、叶霉病和赤星病，棉花褐斑病和立枯病，烟草赤星病和晚疫病，以及苹果树斑点落叶病、大葱紫斑病和茶树茶饼病等多种病害。

3.3.7　春雷霉素

春雷霉素(Kasugamycin)，其他名称有春日霉素、加收米，其产生菌是日本 1963 年从土壤中分离的春日链霉菌 *Streptomyces kasugensis* Umezawa 和 1964 年由中国科学院微生物研究所从土壤中分离获得的小金色放线菌 *Actinomyces microanueus*。

春雷霉素为水溶性氨基糖苷类抗生素(图 3-24)，其盐酸盐为白色片状或针状晶体，熔点 202~204 ℃(分解)。易溶于水，微溶于甲醇，不溶于乙醇、丙醇、苯、丙酮等有机溶剂；在酸性和中性条件下较稳定，在碱性条件下不稳定，在常温下稳定。

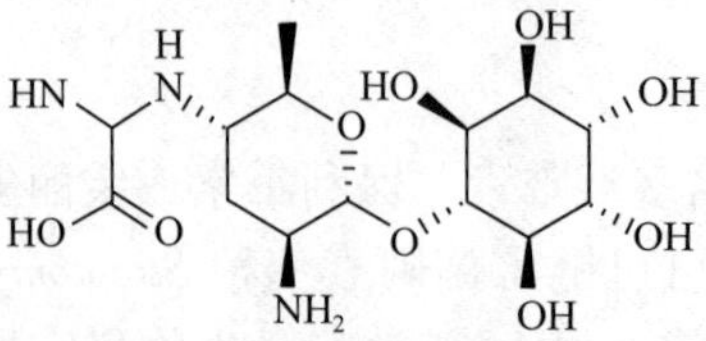

图 3-24　春雷霉素的化学结构

跟其他氨基糖苷抗生素一样，春雷霉素对哺乳动物的毒性很低。大鼠急性经口 LD_{50} 大于 5000 mg/kg，兔急性经皮 LD_{50} 大于 2000 mg/kg，对兔子的皮肤和眼睛无刺激。大鼠每天 300 mg/kg，饲喂 2 年，无突变和无致畸效应，对繁殖亦无影响。日本鹌鹑急性经口 LD_{50} 大于 4000 mg/kg。鲤鱼和金鱼 48 h LC_{50} 大于 40 mg/L。蜜蜂触杀 LD_{50} 大于 40 μg/头。

春雷霉素是一种保护兼治疗的内吸性杀真菌剂和杀细菌剂，可被植物组织吸收并运转到靶标部位。对水稻、蔬菜和果树等作物的多种细菌和真菌性病害具有较好的防治效果。春雷霉素是微生物蛋白质生物合成抑制剂，通过干扰氨酰-tRNA 与核糖体亚单位复合物的 30S-mRNA 和 70S-mRNA 的结合来抑制蛋白质的合成，从而抑制菌丝伸长和造成细胞颗粒化，但对孢子萌发无影响。

加工剂型包括 2%、4%、6%、10% 春雷霉素可湿性粉剂，2%、6% 春雷霉素水剂，2%、4%、6% 可溶液剂和 20% 水分散粒剂及 10% 可溶粒剂。

春雷霉素具有预防和治疗作用，主要用于防治水稻稻瘟病、番茄叶霉病、黄瓜细菌性角斑病、大白菜和西兰花黑腐病、柑橘树溃疡病、库尔勒香梨树苹果枝枯病、烟草野火病及马铃薯黑胫病等。防治水稻叶瘟病，每亩用 2% 液剂 80 mL 兑水 65~80 kg，于发病初期喷药 1 次，7 d 后视病情发展和天气情况酌情再喷 1 次药；防治穗颈瘟，每亩用 2% 液剂 100 mL 兑水 80~100 kg，在水稻破口期和齐穗期各喷药 1 次，最多喷药 3 次。施药 8 h 内遇雨要补喷。防治番茄叶霉病、黄瓜细菌性角斑病，每亩用 2% 液剂 140~170 mL 兑水 60~80 kg，在发病初期喷第 1 次药，以后每隔 7 d 喷药 1 次，连续喷 3 次。灌根防治黄瓜枯萎病，在发病前或发病初期，取 4% 可湿性粉剂，按每株 0.25 ~0.33 g 制剂稀释 100~200 倍液后灌根。

春雷霉素自 1965 年产业化以来，仅使用 3 年就检测到稻瘟病菌对它的抗药性，至 1972 年这种抗药性在日本的稻田成为一个严重的问题。现在春雷霉素仅与其他不同作用方式的杀菌剂混合使用。

3.3.8 灭瘟素-S

灭瘟素-S(Blasticidin-S)，其他名称有稻瘟散、保米霉素等。1955 年，Fukunaga 从土壤放线菌灰色产色链霉菌 *Streptomyces griseochromogenes* 中分离得到灭瘟素-S；1959 年，Misato 等发现了它的杀菌活性；1959 年，中国科学院微生物研究所也从土壤中分离得到该化合物的产生菌。

灭瘟素-S 属于核苷类抗生素(图 3-25)，其纯品为白色针状结晶，熔点 253~255 ℃ (分解)，难溶于水和大多数有机溶剂，可溶于醋酸。常以苄氨基苯磺酸盐的形式出售。

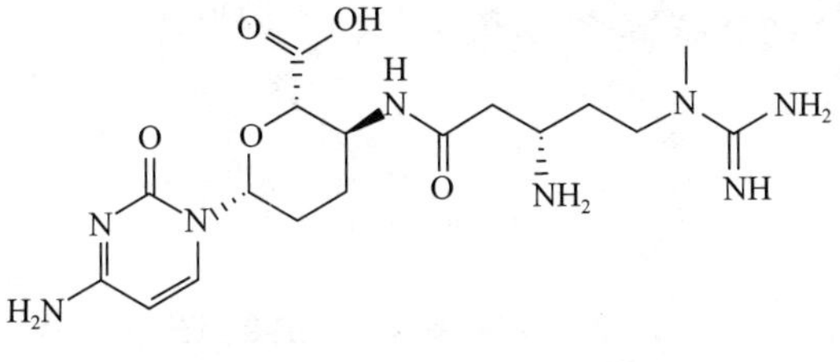

图 3-25 灭瘟素-S 的化学结构

　　灭瘟素-S 对人、畜的急性毒性较大，尤其是对人的眼睛有刺激性，进入眼内如不及时冲洗，会引起结膜炎，皮肤接触后则会出疹子。大鼠急性经口 LD_{50} 为 $55.9 \sim 56.8$ mg/kg，小鼠急性经口 LD_{50} 为 $51.9 \sim 60.1$ mg/kg，大鼠急性经皮 LD_{50} 大于 500 mg/kg。

　　灭瘟素-S 对细菌和真菌都有显著的抑制作用。灭瘟素-S 结合到原核细胞 50 S 的核糖体上(与谷氏菌素 Gougerotin 是同一个结合位点)，阻断了肽基的转运和蛋白链的延长，从而抑制蛋白质的生物合成。它是一种具有保护兼治疗作用的杀菌剂，尤其对水稻穗颈瘟有良好的防治效果。灭瘟素-S 可以抑制孢子萌发、菌丝生长及孢子的形成。在小于 1 μg/mL 的浓度下就可抑制稻瘟菌孢子萌发和菌丝生长。

　　日本科研制药株式会社、日本组合化学工业株式会社和日本农药株式会社将其加工成可分散性粉剂、乳油、可湿性粉剂。

　　灭瘟素-S 很容易使水稻产生药害。灭瘟素防治稻瘟病，有效浓度与药害浓度之间幅度较窄，必须严格控制。一般每公顷有效成分用量 $100 \sim 300$ g，一旦使用浓度过高或喷施量过大，稻叶即会出现褪绿性的药害斑。苜蓿、三叶草、马铃薯、番茄、茄子、芋头、烟草、豆科、十字花科作物和桑等对其敏感，尤其是籼稻更要慎重使用。以苄氨苯胺-苯磺酸盐的形式出售，可以降低产生药害的可能性，有时以与乙酸钙混合的形式出售，以降低对眼睛的刺激作用。不可与碱性物质混用。

3.3.9　公主岭霉素

　　公主岭霉素(Gongzhulingmycin)，又名农抗 109，产生菌为 1971 年中国吉林农业科学院植物保护研究所在吉林省公主岭土壤中分离的放线菌，鉴定为不吸水链霉菌公主岭新变种 *Streptomyces ahygroscopicus* var. *gongzhulingensis*。

　　公主岭霉素为脱水放线菌酮、异放线酮、奈良霉素-B、制霉菌素、绿色荧光霉素、苯甲酸等的混合物(图 3-26)。原药为无定型淡黄色粉末，易溶于甲醇、乙醇、二甲基甲酰胺和二甲基亚砜等强极性有机溶剂，在丙酮、氯仿、二氯甲烷和四氢呋喃等中等极性有机溶剂中溶解能力也相当好，在乙酸乙酯、醋酸异戊酯等弱极性有机溶剂中也有一定溶解度，但不溶于直链烷烃或环烷烃类溶剂。

　　公主岭霉素雄性小鼠急性经口和注射 LD_{50} 均为 130 mg/kg，属于中等毒性农药，施药时要注意安全操作。

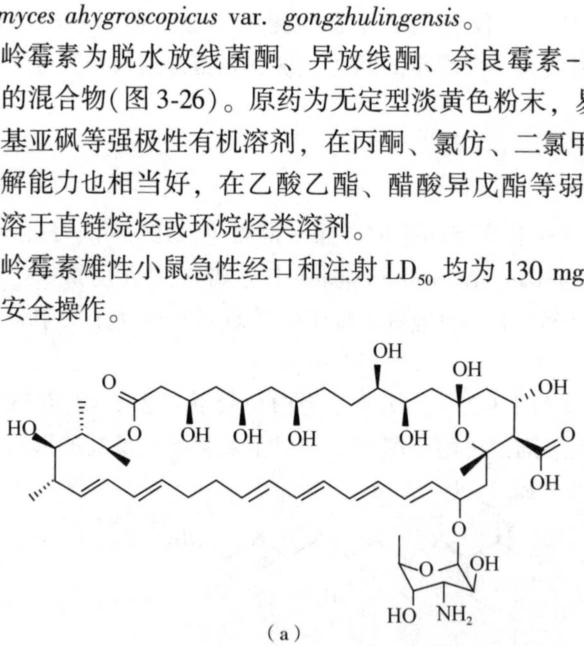

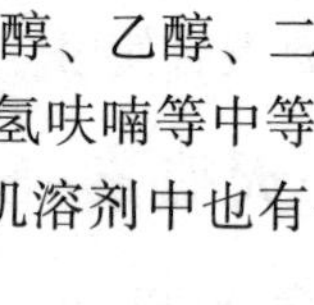

图 3-26　公主岭霉素的主要组分

(a)制霉菌素　(b)荧光霉素

公主岭霉素对一些以种子传播的真菌病害如高粱散黑穗病和坚黑穗病、小麦光腥黑穗病和网腥黑穗病、谷子粒黑穗病等有良好的防治效果，但对细菌性病害防效较差。主要用于种子处理，先将 0.25% 公主岭霉素可湿性粉剂按 1∶50 加水浸泡 12 h 以上，再将药液喷于种子，边喷边拌，每 100 kg 种子喷 8 L 药液，闷堆 4 h 后播种。因本剂无内吸传导作用，要求喷药时仔细均匀，以便提高防效。

3.3.10　四霉素

四霉素（梧宁霉素，Tetramycin）是辽宁微生物研究所科研人员于 1978 年从广西梧州地区土壤中分离的不吸水链霉菌梧州亚种（*Streptomyces ahgroscopicns* subsp. *wuzhowensis*）的发酵代谢产物中获得的，它包括 A1、A2、B 和 C 四个组分，其中 A1 和 A2 分别为四烯大环内脂类抗生素四霉素 A1 和四霉素 A2；四霉素 B 为肽嘧啶核苷酸类抗生素——白诺氏菌素；四霉素 C 为含氮杂环芳香族抗生素——茴香霉素（图 3-27）。

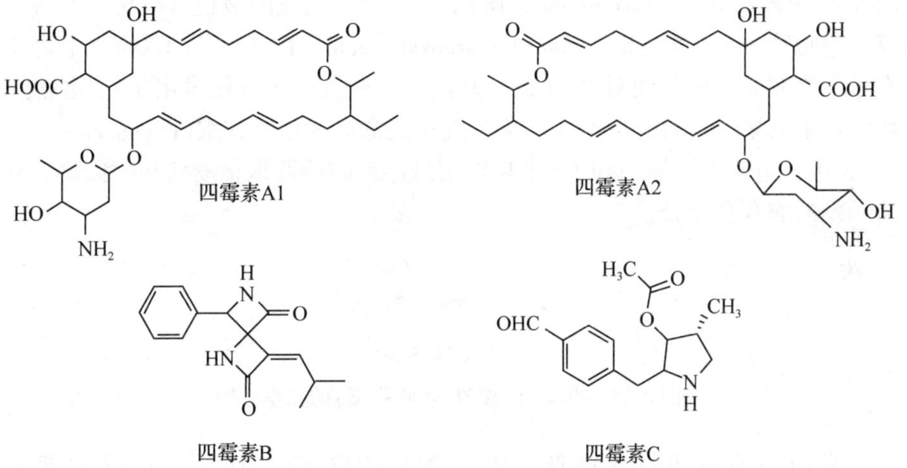

图 3-27　四霉素的化学结构

四霉素 A 易溶于碱性水、吡啶和醋酸中，不溶于水和苯、氯仿、乙醚等有机溶剂。无明显熔点，晶粉在 140~150 ℃ 开始变红，250 ℃ 以上分解。四霉素 B 为白色长方晶体，溶于含水吡啶等碱性溶液，微溶于一般有机溶剂，对光、热、酸、碱稳定。四霉素 C 为白色针状结晶，熔点 140~141 ℃，溶于甲醇、乙醇、丙酮、乙酸乙酯、氯仿等大多数有机溶剂，微溶于水，性质稳定。

四霉素制剂中含有多种抗菌素，其中大环内酯四烯抗生素，防治细菌病害；肽嘧啶核苷酸类抗生素，防治真菌病害；含氮杂环芳香族衍生物抗生素，可提高作物免疫力。在作物茎叶遭到暴风雨袭击时，互相摩擦造成伤口，也是病菌侵入的重要途径。四霉素具有内吸抑菌活性，阻止病菌侵入和扩展。药剂发酵生产过程中形成多种可被作物吸收利用的营养元素，有促进作物组织受到外伤后的愈合再生功能，增强植物的光合作用，提高产量。同时能明显促进愈伤组织愈合，促进弱苗根系发达、老化根系复苏，提高作物抗病能力和优化作物品质。

加工剂型主要有 0.15%、0.3% 四霉素水剂，2% 中生·四霉素可溶液剂、2% 春雷霉素·四霉素可溶液剂，2.65%噁霉·四霉素水剂和2%辛菌·四霉素水剂，5%己唑·四霉素微乳剂，12%肟菌酯·四霉素与35%喹啉铜·四霉素悬浮剂。

四霉素杀菌谱广，对鞭毛菌、子囊菌和半知菌亚门真菌等均有较强的杀灭作用，适用各种作物的多种真菌病害和细菌病害的防治。目前登记有拌种防治花生根腐病和玉米丝黑穗病；浸种防治水稻立枯病；喷雾防治黄瓜细菌性角斑病、水稻细菌性条斑病、水稻稻曲病、小麦白粉病、小麦赤霉病、水稻稻瘟病、黄瓜炭疽病和黄瓜靶斑病；涂抹防治苹果树腐烂病。

3.3.11　申嗪霉素

上海交通大学许煌泉教授课题组于1997年从上海郊区甜瓜根际分离得到一株对多种植物病原菌具有抑制效果的假单胞菌株，并命名为荧光假单胞菌M18。但随着该菌株全基因组测序的完成，经深入的分析对比发现该菌属于铜绿假单胞菌，因此进一步定名为铜绿假单胞菌M18(*Pseudomonas aeruginosa* M18)。对该菌株的发酵液进行分析，发现其中的有效抗菌成分为吩嗪-1-羧酸(phenazine-1-carboxylic acid，PCA)(图3-28)。上海交通大学与上海农乐生物制品有限公司对PCA进行共同开发研究，最终研发出了新型抗生素农药，其原定名为农乐霉素(M18)，后经沈阳化工院正式命名为申嗪霉素(phenazino-1-carboxylic acid)。2003年，申嗪霉素原药和1%申嗪霉素悬浮剂防治西瓜枯萎病和甜椒疫霉病均获得了农业部颁发的农药登记证。

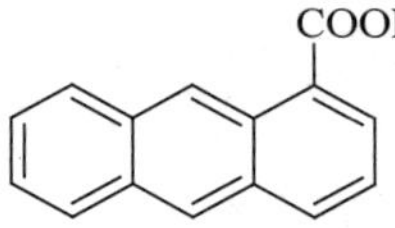

图3-28　吩嗪-1-羧酸(申嗪霉素)的化学结构

申嗪霉素纯品为黄色针状晶体，熔点241～242 ℃。20 ℃时的溶解度为：氯仿1.284%、乙酸乙酯0.3893%、苯0.084%、二甲苯0.048%、甲醇0.038%、乙醇0.026%，微溶于水。对热、湿稳定，在偏酸性及中性条件下稳定，化学性质亦稳定。

申嗪霉素对大鼠经皮LD_{50}大于2000 mg/kg；对雄性大鼠经口LD_{50}为369 mg/kg，雌性大鼠经口LD_{50}为271 mg/kg；对家兔眼睛和皮肤均无刺激，对豚鼠皮肤弱致敏性；申嗪霉素Ames试验、小鼠骨髓多染红细胞微核试验及小鼠睾丸精母细胞染色体畸变试验均为阴性；申嗪霉素对鸟类、鱼类、蜜蜂、家蚕、蚯蚓低毒，对大型蚤中毒。

申嗪霉素的抗菌活性机理至少有两个方面：①申嗪霉素在病原菌细胞内被还原的过程中会产生有毒的超氧离子和过氧化氢，能够氧化谷胱甘肽和转铁蛋白，从而产生对细胞高毒的羟自由基；②由于申嗪霉素能够被NADH还原，成为电子传递的中间体，扰乱了细胞内正常的氧化还原稳态(NADH／NAD^+比率等)，影响能量的产生，从而抑制微生物的生长。目前关于申嗪霉素更深入的抗菌机理尚不清楚。

在植株的上半部施用申嗪霉素下半部接种病原菌和在植株的上半部接种病原菌下半部施用申嗪霉素，结果凡是植株施药的部位均未出现病斑，凡是未施药的部位病斑大面积扩展。这表明申嗪霉素不能在植株体内上下传导，其作用方式仅是保护植株和预防病原菌的侵入。

目前我国登记的主要剂型为 1%申嗪霉素悬浮剂和 30%申嗪·噻呋悬浮剂。

申嗪霉素具有广谱、高效、能被微生物自然降解的诸多优良特点，能有效防治多种真菌性、细菌性和线虫病害，并同时具有促进植物的生长作用。目前主要登记对象有辣椒疫病、水稻纹枯病、水稻稻曲病、西瓜枯萎病、黄瓜灰霉病、黄瓜霜霉病、小麦赤霉病和小麦全蚀病等。

3.3.12　放线菌酮

放线菌酮(Actidione)，即环己酰亚胺，是新疆农业科学院微生物研究所从江西井冈山地区土壤中分离的不吸水链霉菌井冈山变种(*Streptomyces ahgroscopicus* var. *jinggangshanensis*)发酵液中分离得到的，它是一种广泛应用于抑制真核生物蛋白质合成的化合物，在灰色链霉菌(*Streptomyces griseus*)的发酵产物中被发现。放线菌酮为无色片状结晶。熔点119~121 ℃。易溶于甲醇、乙醇和丙酮，微溶于水。耐酸、耐热。在碱性条件下易分解。对酵母菌、霉菌、原虫等有抑制作用，对细菌无显著抑制作用。农业上，曾用于防治禾谷类黑穗病、樱桃叶斑病、樱花穿孔病、桃树菌核病、橡树立枯病、薄荷及松树的疱锈病、甘薯黑疤病、菊花黑星病和玫瑰的霉病等。此外，也是鼠类、兔子、狗熊、野猪等的忌避剂。

放线菌酮可以特异地结合在真核生物核糖体的亚基上，从而终止蛋白质翻译链的延伸，这样的抑制可以通过除去放线菌酮而迅速解除。由于这一特性，放线菌酮被广泛应用于生物医药研究，如在分子生物学中，其被用于确定蛋白质的半衰期。由于放线菌酮拥有非常强烈的毒性，包括损害 DNA、导致胎儿畸形和其他对繁殖过程的效应(包括出生障碍和对精子的毒性)，它一般只被用在体外的研究应用中，不适宜在人体内作为抗菌素使用。过去在农业中被用作杀真菌剂，但由于对其危险性的认识不断提高，目前已被禁止使用。

3.3.13　农用链霉素

农用链霉素即硫酸链霉素(Streptomycin sulfate)。初为一种抗菌素医用药剂，纯品为白色无定形粉末，易溶于水，对人、畜、水生生物低毒，含量为 100 万单位。农业上主要用来防治细菌性褐斑病、细菌性腐烂病、黄瓜角斑病、白菜软腐病等细菌性病害。72%农用链霉素属于可溶性粉剂。使用方法为喷雾时，可稀释 1000~1200 倍液，每 7~10 d 喷药一次，一般连续喷施 2~3 次；如灌根处理，则需要稀释 2000 倍，避免药害。防治柑橘溃疡病，新梢生长期喷药是在萌芽后 15~20 d，果实生长期喷药是在谢花后 15 d 开始。农用链霉素可与抗生素类杀菌剂、有机磷农药混合使用；与真菌病害防治药剂混合使用有明显增效作用。

目前农用硫酸链霉素已被禁用。

3.4　主要抗生素除草剂品种及应用

除草抗生素是利用微生物所产生的次生代谢产物开发的除草剂。微生物能产生多种代谢产物，其中有些代谢产物具有除草活性，因此人们可开发出微生物源除草剂。由于微生物源除草剂具有许多人工合成的传统除草剂无法比拟的优点，因而日益受到杂草科学家和农业化学家的重视。

3.4.1 双丙氨膦

双丙氨膦(Bilanafos)是一种可用于除草的有机膦双肽化合物(图 3-29)。其产生菌为吸水链霉菌(*Streptomyces hydroscopius*),此外,*S. viridochromogenes* 也可产生双丙氨膦。双丙氨膦原药外观为浅棕色无味粉末,熔点 160 ℃(分解),旋光度-34(*c* = 1,水)。蒸汽压(20 ℃)6.6×10^{-7} mmHg,易溶于水(1.0 kg/L)、甲醇(0.5 kg/L)、乙醇(2.5 kg/L),不溶于丙酮、苯、正丁醇、氯仿、乙醚、己烷等。在土壤中易失去活性。在强碱和强酸中不稳定,对光和热较稳定。

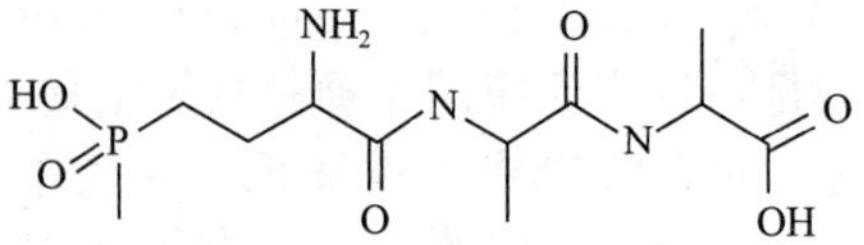

图 3-29　双丙氨膦的化学结构

双丙氨膦小鼠急性经口 LD$_{50}$ 为 268~404 mg/kg,小鼠急性经皮 LD$_{50}$ 为 3000 mg/kg,属中等毒性。鲤鱼 LC$_{50}$(48 h)为 6.8 mg/L (32%SL)。水蚤 LC$_{50}$(48 h)为 1000 mg/L(32%SL);小鸡急性经口 LD$_{50}$ 大于 5000 mg/kg。在土壤中能迅速分解,不残留,对环境不会造成污染。

主要剂型包括 32%双丙氨膦可溶性液剂和 20%双丙氨膦钠盐可溶性粉剂。

双丙氨膦是一种广谱除草剂,对阔叶杂草和禾本科杂草具有较强的灭生性。双丙氨膦进入杂草体内即代谢成 L-草铵膦,抑制杂草体内谷氨酰胺合成酶的活性,造成氨的积累,抑制光合作用,导致杂草死亡。广泛用于防除一年生和多年生禾本科杂草及阔叶杂草,但对阔叶杂草的效果优于禾本科杂草。施药方式主要为茎叶处理,在蔬菜田中防除一年生杂草,一般每亩使用 32%可溶性液剂 0.20~0.33 L,在果园中一般用量为每亩 32%可溶性液剂 0.33~0.50 L,防除多年生杂草则应加大剂量至每亩 0.50~0.67 L。双丙氨膦在土壤中易丧失活性,其应用技术和草甘膦相似,只能作茎叶喷雾处理,不能用作土壤处理。

3.4.2 除草霉素

除草霉素(Herbimycin)由 Omura 等人于 1976 年发现,由 *Streptomyces hygroscopicus* No. AM-3672 菌株产生的一种稻田除草剂,包括 A、B 两种组分(图 3-30),A 组分的活性高于 B 组分,但毒性也高于 B 组分。可兼杀单、双子叶杂草,适于芽前土壤处理防除稗草、马唐、具芒碎米莎草、小藜及牛藤菊等,且对水稻安全。除草霉素还具有抑制烟草花叶病毒的活性。

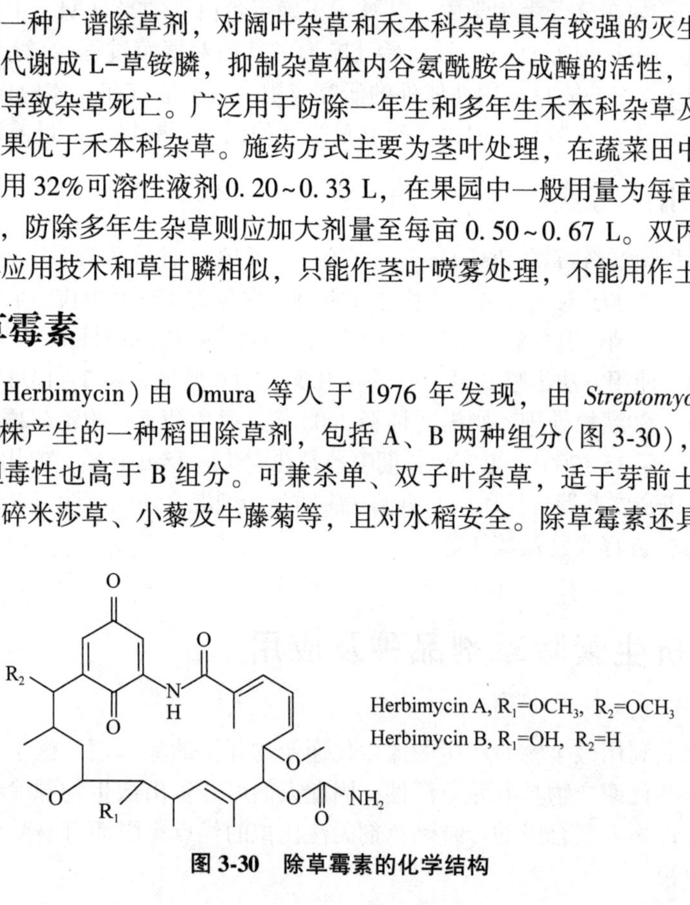

Herbimycin A, R$_1$=OCH$_3$, R$_2$=OCH$_3$
Herbimycin B, R$_1$=OH, R$_2$=H

图 3-30　除草霉素的化学结构

复习思考题

1. 杀虫、杀菌、除草及杀线虫抗生素有哪些？
2. 抗生素农药有何特点？
3. 农用抗生素的主要来源有哪些？
4. 通过抗生素结构修饰开发的商品化农药有哪些？
5. 放线菌产生的抗生素农药有哪些？
6. 为何医用抗生素不能用于农业生产？
7. 我国已登记的抗生素农药品种有哪些？
8. 如何筛选农用抗生菌？
9. 试述申嗪霉素的研发过程。
10. 简述抗生素农药的发展方向。

参考文献

张兴, 2011. 生物农药概览[M]. 北京：中国农业出版社.
周启, 王道本, 1995. 农用抗生素和微生物杀虫剂[M]. 北京：中国农业出版社.
王以燕, 袁善奎, 苏天运, 等, 2019. 我国生物源农药的登记和发展现状[J]. 农药, 58(6)：1-5, 10.
吴家全, 李军民, 2010. 多抗霉素研究现状与市场前景[J]. 农药科学与管理, 31(11)：21-23.
陈园, 张晓琳, 黄颖, 等, 2014. 杀虫抗生素的研究进展[J]. 农业生物技术学报, 22(11)：1455-1462.
盛志, 陈凯, 李旭, 2016. 多杀菌素生物合成的研究进展[J]. 微生物学报, 56(3)：397-405.
李姮, 汪清民, 黄润秋, 2003. 多杀菌素的研究进展[J]. 农药学学报, 5(2)：1-12.
徐利剑, 赵维, 曹聪, 等, 2015. 井冈霉素的研究进展[J]. 中国农学通报, 31(22)：191-198.
谢立贵, 1993. 抗生素杀螨剂浏阳霉素开发研究[J]. 农药, 32(1)：2-4.
向固西, 胡厚芝, 陈家任, 等, 1995. 一种新的农用抗生素——宁南霉素[J]. 微生物学报, 35(5)：368-374.
蒋细良, 谢德龄, 1994. 农用抗生素的作用机理[J]. 生物防治通报, 10(2)：76-81.
陈敏纯, 廖美德, 夏汉祥, 2011. 农用抗生素作用机理简述[J]. 世界农药, 33(3)：13-16.
Stockwell V O, Duffy B, 2012. Use of antibiotics in plant agriculture[J]. Antimicrobial resistance in animal and public health, 4：199-210.
Gustafson R H, 1986. Antibiotics use in agriculture：an overview [J]. ACS Symposium Series, 1-6.
Sanchez S, Silvia G T, Mariana Á, et al., 2012. Microbial Natural Products[M]. Natural Products in Chemical Biology. New York：John Wiley & Sons, Inc.
Vicente M F, Basilio A, Cabello A, et al., 2003. Microbial natural products as a source of antifungals[J]. Clinical Microbiology & Infection, 9(1)：15-32.
Duke, Dayan, Romagni, et al., 2002. Natural products as sources of herbicides：Current status and future trends[J]. Weed Research, 40(1)：99-111.
Porter N, Fox F M, 1993. Diversity of microbial products – discovery and application[J]. Pest Management Science, 39(2)：8.
Shen D, 1997. Microbial diversity and application of microbial products for agricultural purposes in China[J]. Agriculture Ecosystems and Environment, 62(2-3)：237-245.

第4章

病毒农药

4.1 病毒农药概述

病毒是一类极其原始、极其简单的非细胞结构的分子生物，它是由一个或几个核酸分子(RNA 或 DNA)组成的基因组，有一层或两层蛋白或脂蛋白的保护性衣壳；它缺乏内源性代谢系统，却能在特定寄主细胞中完成复制、转录与蛋白的合成，并能在适应不同寄主过程中发生变异；当它存在于环境之中、游离于细胞之外时，不能复制，不表现生命形式，只有当它进入寄主细胞之后，才能控制细胞，使其听从生命活动的需要，表现其生命形式。在农业生产中，病毒可以引起多种植物病害，如烟草花叶病毒(tobacco mosaic virus)可以引起烟草花叶病，黄矮病毒(yellow dwarf virus)引起小麦、大麦及玉米等作物的黄矮病毒病；病毒也可以导致昆虫死亡，如棉铃虫核型多角体病毒引起棉铃虫患病死亡。有关资料表明，全世界已从约 1100 种昆虫和蜱螨类寄主中分离出约 1690 种病毒，我国已从约 7 个目 26 个属 190 种昆虫中分离出 240 余株病毒。利用病毒可以开发成控制有害生物的病毒农药。当前已经开发应用的病毒农药大多为杀虫剂，发现较早，研究历史最长和防治应用最广的是几种包涵体病毒，即核型多角体病毒、颗粒体病毒和质型多角体病毒。利用噬藻体防治有害藻类、利用小 RNA 及弱毒疫苗防治植物病害等方面的研究尚在实验阶段，目前还没有商品化。

4.1.1 病毒的特征

病毒是一类比细菌还小的非细胞形态的生物，是一种具有基因，能够复制、进化的生物实体。根据宿主的不同，有动物病毒、植物病毒、细菌病毒(噬菌体)和拟病毒(寄生在病毒中的病毒)等多种类型(图 4-1)。病毒具有专性寄生性，必须在活细胞中才能增殖。除形态特征之外，病毒与其他生物还有许多明显不同之处。通常病毒只具有一种类型的核酸，或 DNA 或 RNA，其他生物体的细胞内部则同时存在两种核酸。病毒依靠自身的核酸通过复杂的生物合成过程进行自我复制(replication)，复制在特定生物的活细胞中进行，而不是通过二分裂或类似二分裂方式繁殖。病毒缺乏完整的酶系统和能量合成系统，也不含核糖体，必须利用宿主细胞的核糖体合成自身蛋白质，脱离宿主就不能进行任何形式的代谢活动。病毒对抗菌素或其他对微生物代谢途径起作用的因子不敏感。病毒对宿主有一定的指导性。可以认为病毒是超显微的、没有细胞结构的、在活细胞里专性寄生的大分子微生物。它们在活体外具有一般大分子的特征，一旦进入宿主细胞又具有生命特征。

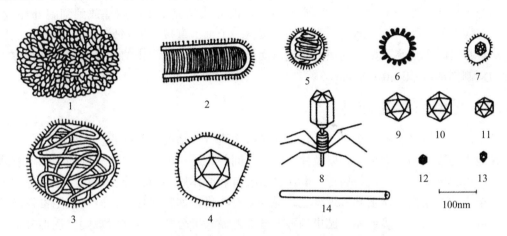

图 4-1　病毒大小与形态示意（引自陈明琪，2017）

1. 痘病毒　2. 弹状病毒　3. 副黏病毒　4. 孢疹病毒　5. 正黏病毒　6. 冠状病毒　7. 披盖病毒　8. 噬菌体
9. 腺病毒　10. 呼肠孤病毒　11. 乳多孔病毒　12. 小 RNA 病毒　13. 小 DNA 病毒　14. 烟草花叶病毒

病毒的繁殖方式与其他生命形态不同，它们不以二分裂方式繁殖，而是在感染的宿主细胞内进行复制。病毒的复制周期依发生事件的顺序分为以下五个阶段（图 4-2）：①吸附（absorption）；②侵入（penetration）；③脱壳（uncoating）；④病毒大分子的合成（synthesis of macromolecule），包括病毒基因组的表达与复制；⑤装配与释放（assembly and release）。病毒的吸附、侵入和脱壳三个阶段一般又称为初感染。首先是病毒体表面的吸附蛋白与敏感宿主细胞表面特异的病毒受体结合，病毒核酸或核衣壳或整个病毒颗粒侵入细胞。如果是病毒粒子或核衣壳整体进入细胞，还需经过脱壳释放出病毒基因组，然后病毒基因组在细胞核和（或）细胞质中进

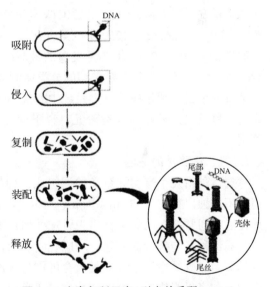

图 4-2　病毒复制示意（引自单爱琴，2014）

行病毒大分子的生物合成。一方面病毒基因组进行表达，合成病毒复制过程中所需要的非结构蛋白和病毒结构蛋白；另一方面病毒基因组进行复制，合成子代病毒核酸。在病毒的生物合成过程中，宿主细胞提供合成子代病毒核酸和蛋白质所必需的前体，细胞核糖体则作为病毒蛋白质合成的场所，细胞还为病毒的生物合成提供能量和酶。病毒结构蛋白合成通常是在核酸复制后才开始的，新合成的病毒结构蛋白与病毒基因组并无一一对应的关

系，它们往往先积累起来，形成所谓前体池（prosome pool），然后再进行装配。病毒的装配是一个复杂且不可逆的过程，核酸和结构蛋白一旦装配成病毒核衣壳，便不能再游离释放出来。若是无囊膜（envelope）的病毒，装配成熟的核衣壳就是子代病毒体；若是有囊膜的病毒，核衣壳还要在细胞质内（少数，如痘病毒）或通过与细胞膜的相互作用获得囊膜才能成熟为子代病毒体。最后，子代病毒体以不同的方式从受染细胞内释放到细胞外环境，也有某些病毒如植物病毒可通过细胞间的连接从一个细胞直接传递到另一个细胞。我们把一个病毒自吸附于细胞开始，到病毒子代从受染细胞释放出来为止的病毒复制全过程称为病毒的复制周期（replicative circle）。

4.1.2 昆虫病毒的分类

昆虫病毒是指以昆虫为宿主，并在宿主种群中流行传播的一类病毒。实际上，昆虫病毒与其他无脊椎动物、脊椎动物以及植物病毒之间并无绝对的界限。许多的动物和植物病毒是以昆虫为传播介体，这些病毒一般对昆虫没有病原作用，但亦能在昆虫细胞内进行增殖，甚至有的对昆虫也能引起病理变化。另外，有些病毒如野田村病毒既可使昆虫发病致死，也可使哺乳动物发病致死。昆虫病毒的分类遵循病毒分类学的一般规则。病毒分类学随着病毒学尤其是分子病毒学的发展而建立，并逐步完善走向成熟。早在 1966 年的第九届国际微生物学会上就成立了国际病毒命名委员会（International Committee on Nomenclature of Viruses，ICNV），1973 年 ICNV 正式更名为国际病毒分类委员会（International Committee on Taxonomy of Viruses，ICTV）。ICTV 每 4 年召开一次大会，并在会后提出一个新的报告。2005 年 ICTV 发布长达 1259 页的第九次报告，将其所承认的病毒归属为 6 个目 87 个科 19 个亚科 349 个属。2015 年 7 月发表的最新统计结果有 7 个目 111 个科 27 个亚科 609 个属 3704 个种。现在 ICTV 主要采用的分类体制为目、科、属、种，但不是所有的病毒科都必须隶属一个目。种是病毒分类系统中的最小阶元；目是最高的分类阶元；在缺少目分类阶元时，科可以是最高的分类阶元；科下面允许设立亚科或不设立亚科。其命名遵循下列原则。

4.1.2.1 病毒种的命名

病毒种由几个有实际意义的词组成，种的名称应尽可能简单，避免使用冗长的名字，但也不单独以宿主名加 virus 构成。当 ICTV 下属分委员会不能肯定一个新的病毒种的分类地位时，通常把新的病毒种作为暂定种列在适宜的属和科中；在不考虑病毒属和科的情况下，病毒种名与病毒株一起，均应有明确的含义；如果数字和字母已经用于某一特定病毒种的命名，其数字、字母或其组合可作为病毒种的形容词。现在已知的细菌病毒种名就是由数字和字母组成的，这些细菌病毒通常没有太大的表型上的差异，而且能感染相同或似的宿主。

4.1.2.2 病毒属的命名

病毒属是一群具有某些共同特征的种，往往只有宿主范围和毒力不同。其属名的词尾为 virus，但在设立一个新的病毒属时必须有一个同时被承认的代表种（type species）。

4.1.2.3 病毒亚科的命名

病毒亚科由一组共享某些共同特征的属组成，当需要解决一个复杂的分类层次问题时才使用。病毒亚科名称必须加后缀 virinae。

4.1.2.4　病毒科的命名

病毒科由一群具有某些共同特征的属组成。科名的词尾为 viridae，科下面可以设立或不设立亚科。

4.1.2.5　病毒目的命名

病毒目由一群具有某些共同特征的科组成，目名的词尾为 virales。一般而言，病毒颗粒的形态、基因组组成、复制方式、病毒结构蛋白和非结构蛋白的数量和大小往往都可以作为病毒科、属命名的依据，而病毒目的命名则与病毒基因组的核酸类型、基因组的单双链、逆转录过程和病毒基因组的极性有关。此外，病毒颗粒的形态结构和转录策略也可以用作病毒目命名的根据。

在病毒分类系统中所采用的病毒目、科、亚科和属均用斜体字书写或打印，目、科、亚科和属名的第一个字母要大写。1998 年 3 月 ICTV 在第 27 次常务会上提出，所有的病毒种名用斜体，第一个词的首字母要大写，其他词除专有名词外首字母一般不大写，同时还规定暂定种(tentative species)不用斜体，第一个字母采用大写。根据最新的病毒分类系统，节肢动物病毒主要有以下不同的科：杆状病毒科(Baculoviridae)。

昆虫病毒早期分类只有两个属，即波氏病毒属(*Borrelina*)和摩氏病毒属(*Morator*)，并归于病毒目(Virales)动物病毒亚目(Zoophagineae)波氏病毒科(Borrelinaceae)，后来又分为 4 个属。随着病毒学研究的迅速发展，越来越多的病毒被发现，有些在不同类群宿主中发现的病毒在形态和生化特征上有不少相同之处。例如，有些昆虫病原病毒所在的病毒科中也有脊椎动物病毒成员，而有些昆虫病毒科的宿主仅局限于节肢动物，如杆状病毒科、多分 DNA 病毒科、细尾病毒科等。但是不同科的昆虫病原病毒之间也存在一些共性。一个典型的例子就是昆虫病毒利用包涵体来保护病毒体，有利于它们在宿主之间传播，这一特性在进化关系较远的杆状病毒、昆虫痘病毒和质型多角体病毒中都存在。

早期对昆虫病毒的分类主要是依据病毒包涵体的有无、包涵体的形态、在寄主的何种组织内生成、病毒的形态和结构等，大体将昆虫病毒分成下列几个类型：

①核型多角体病毒(nuclear polyhedrosis virus，NPV)　波氏病毒属(*Borrelinavirus*)，病毒多角体在感病昆虫的细胞核内形成。

②质型多角体病毒(cytoplasmic polyhedrosis virus，CPV)　斯氏病毒属(*Smithiauirus*)，病毒多角体在感病昆虫的细胞质内形成。

③颗粒病毒(granulosis virus，GV)　伯氏病毒属(*Bergoldiavirus*)，被感染昆虫体内有颗粒状包涵体的病毒，颗粒体存在于细胞核或细胞质内。

④痘病毒(entomopox virus，EPV)　维氏病毒属(*Vagoiavirus*)，椭圆形和纺锤形包涵体存在于昆虫细胞质内，但纺锤形包涵体不包埋病毒粒子。

⑤无包涵体病毒(noninclusion virus，NI)　摩里病毒属(*Moratorvirus*)，在被感染昆虫体内看不见任何可借助普通光学显微镜所能观察的包涵体，病毒粒子游离地存在于细胞质或细胞核内。

早期病毒分类多依据寄主命名，各种昆虫病毒的命名则按寄主虫名给予俗称或用二名法。如"家蚕 NPV"则表示从家蚕中分离的一株核型多角体病毒。这种分类方法，是由于昆虫病毒作为一类高度寄主专化的病原微生物，从新虫种分离出的新株往往被认为代表一新的不同的病毒。然而，随着昆虫病毒的数量和种类的发现日益增加，病毒学的发展日新月异，上述昆虫病毒的分类则需要进一步加以完善。

1966年，在莫斯科举行的第八届国际微生物学大会上成立了国际病毒分类与命名委员会（ICNV）。1970年，第一届国际病毒命名委员会（ICNV）在墨西哥举行的第十届国际微生物学大会上，提出了第一个统一的病毒分类和命名方案，昆虫病毒的分类和命名与其他动物、植物病毒样，是统一在这一方案之内的。把病毒分成43个组，有些病毒组已定为属，其中昆虫病毒分别归并于6个属（杆状病毒属、虹彩病毒属、痘病毒属、细小病毒属、弹状病毒属、肠道病毒属）和一个组（质型多角体病毒组）。1975年，在马德里举行的第二届国际病毒学会议上提出并通过了国际病毒分类委员会（由ICNV改名为ICTV）第二个报告，将昆虫病毒分为7个科（杆状病毒科、虹彩病毒科、痘病毒科、细小病毒科、弹状病毒科、呼肠孤病毒科和微核糖核酸病毒科）。第三届国际病毒分类委员会（1978）对上届分类进行了整理修订和补充，昆虫病毒分属8个科12个属或组，将昆虫中小RNA病毒和果蝇西格玛病毒列为未分类的类群。第四届国际病毒分类委员会（1981）将所有昆虫病毒分属于9个科中，即杆状病毒科（Baculoviridae）、虹彩病毒科（Iridoviridae）、痘病毒科（Poramiridae）、细小病毒科（Parvoviridae）、呼肠孤病毒科（Reomitridae）、弹状病毒科（Rhabdoviridae）、微核糖核酸病毒科（Picornaviridae）、松天蚕蛾病毒科（Nudaurella B virus）、野田病毒科（Nodaviridae）。第五届ICTV（1984）修订为11科1类群，即增列新分出的多态（多分）DNA病毒科（Polydnaviridae）、杯状病毒科（Caliciviridae）和双片RNA病毒科（Birnaviridae）。近年来，国际病毒分类委员会（ICTV）又数次修改这一方案。可以预料，随着病毒新成员的不断发现，以及对病毒研究的不断深入，病毒的分类方案将来必定还会有所变动。

根据国际病毒分类委员会的统计，至今已报告的昆虫病毒有1600多种，涉及昆虫纲中的鳞翅目、膜翅目、双翅目、鞘翅目、直翅目、半翅目、同翅目、脉翅目、毛翅目、革翅目、蜉蝣目、蜻蜓目等。这些昆虫病毒分属于14个病毒科和1个未分科以及1个亚病毒因子，包括2个病毒亚科和25个病毒属。按病毒核酸类型划分，可分为：

①双链DNA病毒　其中有杆状病毒科、虹彩病毒科、多分DNA病毒科、痘病毒科和囊泡病毒科。

②单链DNA病毒　包括细小病毒科（Parvoviridae）中的浓核病毒亚科（Densovirinae）。

③双链RNA病毒　其中有呼肠孤病毒科和双RNA病毒科。

④正链RNA病毒　其中有二顺反子病毒科（Dicistroviridae）、野田村病毒科（Nodaviridae）、T四病毒科（Tetraviridae）和未分科的传染性家蚕软化症病毒属（*flavius*）。

⑤负链RNA病毒　主要是弹状病毒科。

⑥RNA逆转录病毒　包括转座病毒科（Petauridae）和假病毒科（Pseudoviridae）。

⑦亚病毒因子　主要为卫星病毒群中的属于单链核糖核酸卫星病毒群的慢性蜜蜂麻痹卫星病毒昆虫病毒各类群。

以上昆虫病毒类群中，杆状病毒是研究最多和应用最广的一类病毒，杆状病毒科下的划分也曾有多次修订和完善。直到2005年国际病毒分类委员会第八次报告中分为2属，即核型多角体病毒属（*Nucleopolyhedrovirus*）和颗粒体病毒属（*Granulovirus*）；此后有学者根据杆状病毒基因组序列数据，将杆状病毒科分为 4 个属，分别是：

①α-杆状病毒属（*Alphabaculovirus*）对鳞翅目昆虫特异的 NPV；

②β-杆状病毒属（*Betabaculovirus*）对鳞翅目昆虫特异的 GV；

③γ-杆状病毒属（*Gammabaculovirus*）对膜翅目昆虫特异的 NPV；

④δ-杆状病毒属（*Delta baculovirus*）对双翅目昆虫特异的 NPV。

有些昆虫病毒，在寄主细胞内能形成蛋白质结晶状的包涵体（inclusion body），病毒粒子被包埋在这些包涵体中，所以传统上称之为包涵体病毒，有些昆虫病毒没有这样的包涵体，所以传统上称之为无包涵体病毒。包涵体病毒包括核多角体病毒（NPV）、颗粒体病毒（GV）、质型多角体病毒（CPV）和昆虫痘病毒（EPV）4 种类型，前 3 种类型的病毒所引起的昆虫疾病，占已知昆虫病毒病的一半以上。在已发现的昆虫病毒中，最为庞杂的是小 RNA 病毒，它们的形态微小，又各具特点，彼此之间很少有血清学关系，虽然过去已对一些小 RNA 病毒有过大量的研究，但是人们对许多这类病毒和病毒病还缺乏足够的了解，有的小 RNA 病毒至今还没有引起人们的重视。

4.1.3　昆虫病毒农药的特点

昆虫的病原病毒并不都能研制成为病毒农药，因为作为病毒农药防控害虫的病原体需要有很强而又稳定的活性，便于生产和运输，对环境安全无害。当前开发为杀虫剂的病毒主要集中在杆状病毒科、痘病毒科、细小病毒科和呼肠孤病毒科，尤其是杆状病毒，因其优异的安全性、稳定的杀虫效果和对害虫良好的持续控制作用，已成为最具发展和应用潜力的病毒农药。昆虫病毒农药在控制农林害虫方面，与传统化学农药相比，具有许多优点，主要有：

①选择性好　病毒农药能有效地防治害虫，对寄主昆虫具有特异的致病性，多数病毒农药仅能寄生一种或少数同科同属亲缘相近的昆虫种类；在杀死害虫的同时而不影响害虫的天敌及其他非靶标生物，不易引起生态平衡的破坏，有利于保持生物多样性。

②传播性强　病毒在适宜的条件下迅速扩散蔓延，造成流行病，能垂直传播，造成区域流行病。

③持久性长　包涵体可抵抗不良环境，具有非常好的稳定性，在一定的自然条件下可以造成病毒病的流行，起到长期调节害虫种群数量的作用。

④安全性好　对人、畜安全，不污染环境，与环境有很好的相容性。

⑤经济效益高　剂量低，使用简便。

作为活体生物，病毒农药也存在一些缺点和不足之处，主要表现为防治效果慢，杀死害虫通常需要 5~7 d 甚至更长时间；潜伏期较长，往往降低其商业价值和实际效果。防治谱窄，一般一种病毒只能防治一种或少数几种害虫，不能成功地用来防治种植地区生长季节内繁衍的多种害虫。受到温度、湿度、光照等环境条件影响较大，尤其干湿度和紫外线的影响，不易生产。

4.1.4　病毒农药的发展历史及研究现状

病毒作为人、畜、农林作物以及有益昆虫（蚕、蜂）、有害节肢动物疾病的重要病原

图 4-3　家蚕脓病

物，与人类早就有着密切关系。人类在与病害作斗争的漫长岁月里，逐渐发现并不断加深对病毒的认识。人类对病毒认识的历史也包括对昆虫病毒认识的发展。据文献查考，欧洲关于植物病毒病的最早记录是 1576 年对郁金香花色斑驳的记述，1670 年出版的《郁金香专题论文》中第一次提出了花色斑驳可能是疾病引起的推测。世界上第一个关于昆虫病毒病的文献要比上述记载早 500 多年。我国 12 世纪中叶的陈敷《农书》中记载：蚕儿"伤湿即黄肥，伤风即高节，沙蒸即脚肿，伤冷即空头而晰"。这里不仅把家蚕核型多角体病毒病（脓病）"黄肥""高节""脚肿"等典型外部病征描写得惟妙惟肖、形象生动，而且对脓病发生的生态条件也作了深刻分析（图 4-3）。明朝（1368—1644）黄省曾在其所著《蚕经》中补充描述这种病蚕"游走而不安箔"最后"放白水而死"（徐光启，1639）。更难能可贵的是，通过长期与脓病作斗争的实践，勤劳智慧的中国蚕农很早已发现脓病有强烈的传染性，所以宋应星（1637）在其科学名著《天工开物》中生动描述病蚕症状及行为习性（"凡蚕将病，则脑上放光，通身黄色，头渐大而尾渐小，并及眠之时，游走不眠，食叶又不多者，皆病作也"）之后，强调指出，必需"急择而去之，勿使败群"，以避免脓病的迅速传染和流行。

随着近代科学技术的进步，植物病毒、动物病毒、昆虫病毒与细菌病毒先后被发现。近代关于昆虫病毒的发现，是从家蚕脓病病原物研究开始的。古代中国养蚕农民虽然还不知道脓病病原的性质，但长期生产实践中已发现病蚕（俗称"白肚"）流出的脓汁可以传染，而且病原存在脓汁之中，但不知道脓汁病原物就是病毒。经过半个多世纪的反复实验最后才发现了家蚕脓病病毒。早在 1856 年意大利学者 Maestri 在光学显微镜下观察到脓病蚕体液内含有许多粒状物。1872 年，比利时蚕学家 Bolle 首次把这种粒状物称为多角体，并指出多角体就是脓病的病原物。直到 1947 年德国的 G. Bergold 应用血清学方法、生物物理学方法以及电子显微镜技术进行，最后查明，多角体是由无感染性多角体蛋白基质及包埋其中的许多杆状 DNA 病毒粒子构成的。用碳酸钠稀溶液处理多角体，释放出来的杆状病毒粒子（rod-shaped particles of DNA virus）是有感染性的。随后，杆状病毒一词被创造出来并被普遍应用。这个开创性的研究不仅解决了多角体与家蚕脓病病毒的关系问题，而且把昆虫病毒的研究提高到了一个新的水平，开始注意病毒本身的形态结构、化学组成、血清学特性鉴定。

就在详细鉴定家蚕脓病病毒（家蚕核型多角体病毒）理化性状一年以后，Bergold（1948）应用上述方法研究了另一个昆虫杆状病毒即颗粒体病毒（granulosis virus，GV）。关于颗粒体病早在 1926 年法国 Maillot 已有记述，光学显微镜下可见病虫体内存在大量细小粒子，被称为颗粒体（granule）。Bergold 证明颗粒体是一种包埋杆状病毒（virus rod）的蛋白质结晶，颗粒体内的杆状病毒是引起颗粒体病的病原物，如图 4-4 所示。

1950 年，英国著名病毒学家 K. Smith 与 Wychoff 根据电镜观察发现，不是所有多角体病都是杆状病毒产生的。他们检查 2 种灯蛾的病虫时，发现一种等轴对称的球状病毒。这种球状病毒不像杆状病毒那样在细胞核内形成多角体，而是在细胞质内形成多角体，所以称之为多角体病毒（nuclear polyhedrosis virus，NPV）。生化研究已经查明，杆状病毒（NPV 与 GV）是 DNA 病毒，然而质型多角体病毒只含 RNA。

图 4-4　柞蚕核型多角体病毒
（引自吕鸿声，1998）

1954 年，Smith 的同事 Xeros 研究了另一个昆虫病毒，即从沼泽大蚊分离的虹彩病毒（tipula iridescent virus，TIV）。这也是 DNA 病毒，但不形成多角体和包涵体。借双阴影法（double-shadowing）进行结构研究，首次发现 TIV 病毒粒子是正 20 面体（icosahedron），后来证明许多人类与高等动物病毒也具有这种正 20 面体构造。

迄今，至少已知 1600 多种昆虫能被病毒感染，昆虫病毒宿主包括但不限于鳞翅目（Lepidoptera）、双翅目（Diptera）、鞘翅目（Coleoptera）、膜翅目（Hymenoptera）、直翅目（Orthoptera）、蜻蜓目（Donata）、脉翅目（Neuroptera）、半翅目（Hemiptera）、同翅目（Homoptera）、等翅目（Isoptera）、毛翅目（Trichoptera）、蜚蠊目（Blattariae）、蚤目（Siphonaptera）昆虫。

昆虫病毒防治害虫最早开始于 20 世纪 30 年代，Balch 和 Bird 等人首先用核型多角体病毒防治欧洲云杉叶蜂（*Diprion hercyniae*）对加拿大东部和北美东北部云杉的危害。随着应用病毒防治森林害虫的成功，进一步加强了对其他害虫防治效果的研究。从 20 世纪 70 年代初，杆状病毒就被 FAO/WHO 推荐为一种安全的生物杀虫剂用于害虫防治。目前大约有 50 余种昆虫病毒进行过大田防治试验。

1973 年，美国环境保护局（EPA）批准美洲棉铃虫核多角体病毒（*Helicoverpa zea* NPV）制剂作为商品注册登记并大面积推广应用，这是世界上第一个正式注册的病毒杀虫剂，商品名为 Elcar。之后，陆续有一些昆虫病毒杀虫剂在美国和其他一些国家登记注册并用于防治农林害虫。在美国，已注册的商品化杆状病毒杀虫剂有 8 种，主要产品是美洲棉铃虫 NPV、甜菜夜蛾（*Spodoptera exigua*）NPV 和芹菜夜蛾（*Anagrapha falcifera*）NPV。

我国对昆虫病毒的研究和利用，始于 20 世纪 50 年代对家蚕脓病病毒的研究，其后发现了近 200 株昆虫杆状病毒，有 20 多种杆状病毒被研制成杀虫剂并先后进入大田应用试验和生产示范。其中应用面积较大的有棉铃虫（*Helicovera armigera*）NPV、油桐尺蠖（*Buzura suppressaria*）NPV、茶毛虫（*Euproctis pseudoconspersa*）NPV、斜纹夜蛾（*Spodoptera litura*）NPV、草原毛虫（*Gynaephora ruoergensis*）NPV、小菜粉蝶（*Pieris rapae*）GV 和小菜蛾（*Plutella xylostella*）GV 等。截至 2019 年 11 月，我国已正式登记注册的昆虫病毒杀虫剂的品种有棉铃虫 NPV、斜纹夜蛾 NPV、甜菜夜蛾 NPV、小菜蛾 GV、菜青虫 GV、苜蓿银纹夜蛾 NPV、甘蓝夜蛾 NPV、松毛虫 CPV、茶尺蠖 NPV、蟑螂 DNV 等 10 种。

与化学农药相比，病毒农药的杀虫效果和杀虫速度还有很大的差距，科学家们正试图通过基因工程的方法，将外源基因引入到病毒基因组，构建重组病毒杀虫剂，提高病毒农药的杀虫效率及杀虫速度。中国科学院武汉病毒所构建的含有蝎毒素的重组棉铃虫核型多角体病毒已通过我国农业农村部农业转基因安全委员会的安全评价，先后进入了中间试验和田间释放，并进行了中试生产，向产业化迈出了重要一步。尽管多数重组病毒杀虫剂仅停留在实验室阶段，只有少量进行了田间试验，还没有被成功登记进行产业化生产的例子。但相信在不久的将来，随着生物技术和转基因安全评价的深入开展，重组杆状病毒杀虫剂将会得到快速发展，开拓病毒农药发展的新篇章。

4.2　主要病毒杀虫剂品种及应用

昆虫病原 DNA 病毒比较多，其中发现最早，研究历史最长，用于防治农林害虫最多的是杆状病毒科的核型多角体病毒、颗粒体病毒和呼肠孤病毒科的质型多角体病毒。杆状病毒是发现最早、数量最大、研究最多且最实用的节肢动物特异性病毒。杆状病毒的病毒粒子为杆状、有囊膜，病毒复制时在宿主细胞核中产生大量的多角体，病毒粒子包埋在多角体中，多角体充满细胞核，破坏细胞和组织，导致昆虫死亡。作为病毒农药并获得广泛应用的 DNA 病毒还有颗粒体病毒、昆虫痘病毒和浓核症病毒等。

4.2.1　核型多角体病毒

核型多角体病毒（nuclear polyhedrosis virus，NPV）属杆状病毒科，是一类在自然界中专一性感染节肢动物的 DNA 病毒，主要寄生在鳞翅目昆虫中，在双翅目、膜翅目和鞘翅目等昆虫中也有报道，目前只在无脊椎动物中发现，至少有 800 多种，占已知昆虫病毒总数的一半以上。由于其高度的宿主特异性，目前杆状病毒已开发作为高效、安全的无公害生物源农药，广泛应用于害虫防治。

4.2.1.1　核型多角体病毒的生物学特性

（1）形态特征

核型多角体病毒的病毒粒子呈杆状（图 4-5），具囊膜（envelope），基因组为双链环状 DNA 分子，DNA 以超螺旋形式压缩包装在杆状衣壳内，大小在 90~180 kb。病毒粒子包埋于由蛋白质组成的包涵体基质中，这种基质称为多角体（polyhedra）。多角体有十二面体、四角体、五角体及六角体等多种形状，直径为 0.5~15 μm，随机包埋了多个病毒粒子。核型多角体病毒属根据病毒粒

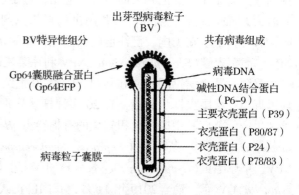

图 4-5　NPV 病毒粒子示意（引自李毅等，2017）

子囊膜内包埋核衣壳的数目分为多核衣壳核型多角体病毒（multi-nucleocapsid NPV，MNPV）和单核衣壳核型多角体病毒（single-nucleocapsid NPV，SNPV），然而这种划分仅具有形态学的特征，缺乏分子系统发育的支持。分子系统分析将这两种 NPV 划分为 Group Ⅰ 和 Group Ⅱ 两组。

（2）复制

NPV 感染过程的一个重要特点是病毒具有两种表现型（phenotype），产生 2 种具有不同形态、不同功能的病毒粒子，即出芽型病毒粒子（budded virus，BV）和包涵体来源型病毒粒子（occlusion derived virus，ODV）。两种表现型的病毒粒子形成双相复制周期，第一阶段，包涵体在宿主中肠内被碱裂解释放出 ODV 并感染宿主中肠上皮细胞，病毒在中肠细胞内复制与增殖产生子代 BV，该过程也称作初级感染；第二阶段，增殖后的 BV 再感染其他组织与细胞，引起宿主系统性感染，即次级感染。此阶段感染早期产生 BV，晚期产生大量的 ODV，ODV 由多角体保护着，最后宿主幼虫的细胞核充满了多角体并液化，幼虫死亡后多角体在土壤里和植物叶子上保持稳定，直到被其他的敏感昆虫摄入，宿主中肠的碱性消化液把这些包涵体蛋白溶解，释放出具有囊膜的病毒粒子。NPV 复制过程如图 4-6 所示。

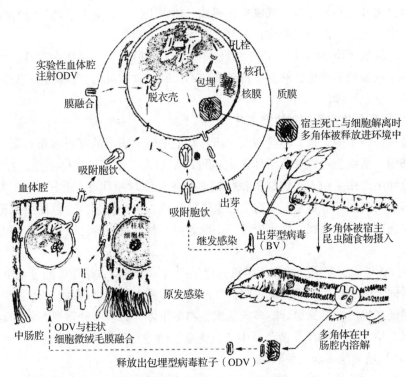

图 4-6　NPV 病毒复制过程示意图（引自李毅等，2017）

4.2.1.2　核型多角体病毒的作用机理

自然环境中存在的 NPV 和人工施用的 NPV 主要以多角体存在于植物的表面，昆虫吞食植物的叶片时，多角体也随着被吞食进入昆虫体内。进入昆虫中肠后，在中肠的碱性环境和碱性蛋白酶的作用下，多角体溶解而将病毒粒子 ODV 释放出来。进入细胞的病毒粒子通过与细胞表面受体作用而吸附于细胞表面。病毒与受体的特异性相互作用决定了病毒侵入的宿主或组织范围。病毒粒子经过中肠后首先进入并引起病变的组织是血淋巴、气管和脂肪体。病毒粒子的增殖不仅产生 BV，也产生 ODV。由于 BV 具有对其邻近组织进一步感染的能力，使感染部位得以进一步扩大。

在感染后期，BV 在单个细胞内的产生减少，病毒主要以 ODV 的形式在细胞内累积，并被包埋在多角体中。随着多角体在细胞核里逐渐增多，被感染的细胞核膨大，引起昆虫肿胀、厌食，由于肿胀的组织压迫了神经，在濒死时昆虫极不安宁。最终由于病毒蛋白酶的产生，细胞核和细胞裂解，血淋巴变得浑浊，导致昆虫死亡。昆虫死亡之后由于病毒编码的几丁质酶和组织蛋白酶的进一步作用，主要由几丁质构成的昆虫表皮解体，虫体液化，大量的多角体释放进入环境中。

多数感染 NPV 的鳞翅目昆虫在摄入病毒后 2~5 d 均不表现外部症状，最初的病征是体色逐渐改变，表皮变得不透明、发白、光滑，血淋巴变成浊白。昆虫被感染后通常 5~12 d 死亡，感染剂量大或者龄期小的幼虫感染病毒死亡会更快一些。有一些杆状病毒感染的昆虫，其幼虫期延长，甚至超过正常的幼虫期，幼虫期的延长更有利于病毒的复制。死前不久，幼虫离开食物而分散，或倒挂在树枝、树顶上，因此有人称之为"树顶病"。死亡前后幼虫表皮易破，体内组织液化，内部含有大量的多角体。

膜翅目的昆虫感染 NPV 后，由于中肠被破坏，最早的症状是体色改变，尤其是第 3 至第 5 腹节变成模糊的黄色，幼虫变得越来越不活跃，食欲减退，肛门经常分泌黑褐色液体，或吐出乳白色液体。

4.2.1.3 核型多角体病毒制剂生产工艺

病毒是专性寄生的生物，不能在人工培养基上增殖。病毒的复制首先必须大量获取其宿主的活细胞，活细胞可以来自活体昆虫也可以来自人工培养的离体细胞。在发达国家，病毒的增殖和生产多采用人工饲料机械化饲养宿主昆虫增殖病毒。我国的 20 多株病毒杀虫剂中，多采用自然种群自然饲养宿主昆虫增殖病毒，生产制剂。少数昆虫如棉铃虫、斜纹夜蛾、油桐尺蠖、小菜蛾、银纹夜蛾、小地老虎、甘蓝夜蛾等已采用人工饲养幼虫来大量增殖病毒。

20 世纪 60 年代，美国开始利用半机械化生产活体宿主昆虫来生产病毒杀虫剂的研究，形成了相对固定的工业生产工艺流程图，并注册了世界上第一个病毒农药。

为了保证在生产中得到尽可能多的活细胞和多角体，必须十分重视影响病毒生产的一些关键因素。NPV 杀虫剂生产诸环节中应该注意的问题有以下几个方面。

(1) 生产环境的消毒和条件控制

为防止环境中其他病原物或非病原微生物的污染对病毒制剂产品质量的影响，生产病毒的车间和所用的器具必须事先进行严格消毒。环境消毒可采用熏蒸、空气过滤装置过滤除菌等方式。器具有的可以高压灭菌，不能高压灭菌的可用福尔马林或次氯酸钠溶液浸泡。为了防止昆虫通过虫卵将自己所带的病原体垂直传播给子代，卵块也生要经过 1% 的次氯酸钠溶液浸泡消毒。

病毒生产环境的温度应控制在 20~26 ℃，此温度区间是昆虫最适合生长的温度，并且复制效率高。病毒生产环境的湿度不宜太高，以不超过 50% 为宜，湿度超过 60% 易引起真菌等的污染。此外，还应有空气循环装置每隔一定时间换气。病毒生产环境的光照周期与昆虫人工饲养场所的光照周期应保持一致。

（2）人工饲养宿主昆虫

最初，人们用昆虫喜食的植物叶来喂养宿主昆虫，随着半合成饲料和人工合成饲料的研究和开发，天然饲料已被取代。人工合成饲料营养全面，成分清楚，易于消毒，并且有利于半机械化操作。人工合成饲料的主要成分包括含蛋白质、矿物质和脂类的小麦粉、酶蛋白、黄豆粉等，B 族维生素和维生素 C 也是必需的，另外还需加入少量琼脂和防腐剂，人工饲料的 pH 值在 4~7 较为合适。根据不同昆虫的营养要求和饮食习惯，各种昆虫的人工饲料配方有所差别。

（3）病毒感染液的制备和感染

通常用感病幼虫虫尸中提取的病毒多角体作为接种源。但在有条件的单位，利用组织培养的细胞增殖的病毒作为毒源更加纯净有效，而且还可以提供克隆化的高毒力接种物。接种 NPV 病毒的浓度以 $1.0 \times 10^5 \sim 1.0 \times 10^7$ 多角体/mL 为宜。

接种昆虫的虫龄对病毒产量也有影响。一般 5 龄至 6 龄早期时幼虫最大，细胞数量最多，增殖病毒也最多，因而接种虫龄通常为 2 龄至 3 龄，此阶段的幼虫感病后度过潜伏期到发病死亡正好是 5 龄至 6 龄。对于不同的昆虫，病毒生产的最适接种虫龄也不尽相同。

作为毒源的病毒悬浮物可掺入半合成饲料中或直接喷洒到人工饲料的表面，加入病毒之前，饲料应该冷却以免使病毒失活。从经济方面考虑，保留感染饲料至整个生产期比较节约。但有些昆虫感染病毒 48 h 后需换干燥新鲜的饲料。幼虫感染病毒后有一个病毒增殖的阶段，为了获得最高病毒产量，待感病虫死后或死前一天收集病虫比较好。

（4）病毒收获和制剂的加工

感病幼虫充满病毒，即将死的幼虫或已死的虫尸很容易破裂向周围（如饲料）散失病毒，因此，收获前宜将这些病虫或虫尸置于低温冰箱或大冷冻器（-20 ℃）冷冻使虫体固定，然后收集起来一起抽提。抽提程序分为三步：将病毒从虫尸体内抽提出来；离心、过滤除菌和浓缩；制成悬浮制剂或粉状制剂然后低温保存。首先将虫尸用水稀释并高速匀浆，匀浆液用纱布或尼龙过滤，匀浆液多用水稀释可增加多角体的回收率，幼虫虫尸与水 1∶10 稀释高速匀浆 15 min，回收率可达 95%。匀浆时间的加长也有助于回收。匀浆过滤后的粗提物采用差速离心得到粗提较纯的多角体，然后用蔗糖梯度离心或抽滤法去掉细菌污染物。配制病毒悬浮制剂时，将病毒分离物悬浮在甘油（50%）或蒸馏水与矿物油中；配制粉剂时，将病毒分离物与高岭土、皂土、乳糖、脱脂乳糖、甲基纤维素或多聚葡糖等混合，于 26 ℃ 或 28 ℃ 烘干或冷冻干燥器中干燥即成。病毒制剂制好后，用生物测定的方法检验产品的质量，然后分装保存。

4.2.1.4　病毒杀虫剂产品标准化及质量检测

生物源农药产品标准化的核心是生物活性测定。病毒制剂毒力生物测定的方法有很多，如活体生物测定、离体生物测定和空斑测定等。

（1）病毒活体生物测定

NPV 病毒杀虫剂的活体生物测定是用敏感昆虫来进行的，活体生物测定检测病毒的毒力常用半致死剂量（50% lethal dose，LD_{50}）来表示。半致死剂量 LD_{50} 即引起供试昆虫或实验动物 50% 的死亡率所需的试样剂量。选取适合的昆虫幼虫饲养到一定虫龄、大小状态一致时，用不同稀释度的病毒悬液感染幼虫，根据幼虫死亡率计算 LD_{50} 值。

（2）病毒离体生物测定

病毒的离体生物测定是在昆虫细胞培养基础上发展起来的。以昆虫细胞为对象直接测定病毒对细胞的感染效价，这种方法比活体测定在许多方面简化了。常用的病毒离体生物测定方法为半数组织培养感染剂量测定（50% tissue culture infectious dose，$TCID_{50}$），即引起半数组织培养细胞出现感染病变的试样剂量。经典的程序是将处于对数生长期的细胞接种到96孔组织培养板中，用一系列稀释度的病毒液感染细胞，5 d后，在倒置显微镜下观察多孔板细胞的阳性反应直到没有进一步的反应为止。典型的反应特征是细胞核膨大或细胞解体，有多角体产生。然后根据不同的方法计算 $TCID_{50}$。

（3）空斑测定

空斑测定是一种通用的病毒测定技术，不仅用于病毒的毒力测定，而且广泛用于病毒克隆、重组病毒和病毒的基因工程研究。1973年，W. F. Hink 在用苜蓿银纹夜蛾 NPV 感染粉纹夜蛾细胞时，在培养的单层细胞上覆盖一层琼脂糖，限制了新生病毒粒子的运动，这样一个有感染性的病毒粒子感染细胞后，其释放出来的子代病毒粒子感染周围的细胞，可使这些病变的细胞形成一个空斑（plaque）。产生一个空斑的病毒量为一个空斑形成单位（plaque forming unit，PFU）。例如，10^7 稀释的病毒液接种 0.2 mL，结果得到 8 个空斑，则病毒原液的感染力效价为 $8×10^7$ PFU/0.2 mL 或 $4×10^8$ PFU/mL。有人认为空斑测定比 $TCID_{50}$ 测定更能反映病毒的效价。

为确保昆虫病毒杀虫剂的防治效果和安全性，每批产品都应做病毒杀虫剂产品质量检测标准化测定。检测内容包括多角体含量、毒力、纯度、细菌含量、对实验动物的毒性等。

4.2.1.5 核型多角体病毒在生物防治中的应用

（1）棉铃虫核型多角体病毒

通用名称：*Helicoverpa armigera* Helicoverpa nucleopolyhedrovirus。

制剂：悬浮剂（20 亿 PIB/mL）。

防治对象：棉花田棉铃虫。

使用方法：应于棉铃虫低龄幼虫（3 龄前）始发期，每亩用制剂 80~120 mL 兑水 50 kg，均匀喷雾。

注意事项：由于该药无内吸作用，所以喷药要均匀周到，新生叶部位，叶片背面重点喷洒，才能有效防治害虫。选在傍晚或阴天施药，尽量避免阳光直射，大风或预计 4 h 内降雨，不要施药。本品在棉花上使用安全间隔期为 7 d，每季最多使用 2 次。本品不能与强酸、碱性物质混用，以免降低药效。施药应穿戴防护服用品，如戴口罩、手套、一旦接触，应用大量清水冲洗。使用完毕，应用清水将施药器械清洗干净，严禁在池塘和河流中清洗使用过本品的药械。建议与其他不同作用机制的杀虫剂轮换使用。用过的容器应妥善处理，不可做他用，也不可随意丢弃。孕妇及哺乳期妇女避免接触。

（2）斜纹夜蛾核型多角体病毒

通用名称：*Spodoptera litura* NPV。

制剂：悬浮剂（10 亿 PIB/mL）。

防治对象：甘蓝斜纹夜蛾。

使用方法：斜纹夜蛾卵孵初期至 3 龄前幼虫发生高峰期施药，60～75 mL/亩，注意喷雾均匀。

注意事项：施药时选择傍晚或阴天，避免阳光直射，遇雨补喷。可与其他生物农药混用或轮换，不能与强酸、碱性物质和铜制剂及杀菌剂混用。施药前后清水冲洗器械，施药时注意防护，要戴手套和口罩。远离水产养殖区、河塘等水域施药，避免药剂污染水源，桑园及蚕室附近禁用。用过的容器应妥善处理，不可做他用，也不可随意丢弃。孕妇与哺乳期妇女避免接触。

（3）甘蓝夜蛾核型多角体病毒

通用名称：*Mamestra brassicae* multiple NPV。

制剂：颗粒剂（5 亿 PIB/g）。

防治对象：玉米田地老虎。

使用方法：于玉米播种前，将药剂与适量细砂土混匀，撒施于播种沟内，800～1200 g/亩。

注意事项：施药时尽量避免阳光直射，大风或预计 4 h 内降雨，不要施药。不能与强酸、碱性物质混用，以免降低药效。施药应穿戴防护服用品，如戴口罩、手套、一旦接触，应用大量清水冲洗。使用完毕，应用清水将施药器械清洗干净，禁止在池塘和河流中清洗施药器具。施药操作时不可饮食、喝水、吸烟。建议与其他不同作用机制的杀虫剂轮换使用。用过的容器应妥善处理，不可做他用，也不可随意丢弃。孕妇与哺乳期妇女避免接触。

4.2.2　质型多角体病毒

质型多角体病毒（cytoplasmic polyhedrosis virus，CPV）是 RNA 病毒杀虫剂的典型代表。质型多角体病毒属于呼肠孤病毒科，已在 200 多种昆虫中发现有质型多角体病毒感染。质型多角体病毒的病毒粒子是二十面体，其顶端有管状突起，病毒粒子也包埋在多角体中，但多角体一般只在罹病昆虫的中肠细胞质中产生，病毒通过破坏消化道使昆虫发生生理饥饿而死亡。我国用质型多角体病毒防治马尾松毛虫（*Dendrolimus punctatus*）取得了显著成效。

4.2.2.1　质型多角体病毒生物学特性

质型多角体病毒是双链 RNA、无囊膜病毒，病毒粒子为二十面体，具衣壳，直径为 60～80 μm。病毒粒子含有 10～12 个片段线状双链 RNA，基因组全长约 20.5～24 kb。不同质型多角体病毒在宿主范围、基因组序列同源性方面不同，质型多角体病毒还具有形成多角体的一种病毒编码的主要蛋白，能在昆虫细胞的细胞质中形成多角体。CPV 病毒多角体扫描电镜如图 4-7 所示。

质型多角体病毒粒子核心为 30～40 nm，具单层衣壳，有人认为质型多角体病毒有两层衣壳包围核心，但其他人未能找到电镜方面的证据支持两层衣壳结构的说法。病毒粒子二十面体的 12 个顶点上各有一条突起（共 12 条），突起为中空的，附在基板上，核心物质通过突起释放，具有突起是质型多角体病毒的共性。图 4-8 为家蚕 CPV 病毒粒子负染电镜图。

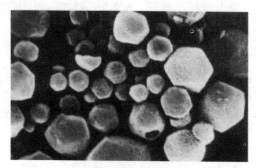

图 4-7　家蚕 CPV 病毒多角体扫描电镜图
（引自吕鸿声，1998）

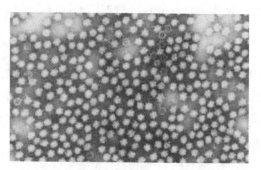

图 4-8　家蚕 CPV 病毒粒子负染电镜图
（引自吕鸿声，1998）

　　被幼虫摄入的多角体在中肠碱性消化液的作用下溶解，释放出病毒粒子进入围食膜，通过病毒表面的突起吸附在中肠柱状细胞上。突起如同一根纤维管进入细胞质。病毒核心物质（RNA）通过病毒表面的突起释放进入细胞质中，留下空的衣壳。释放的动力似乎来自有弹性的内壳或膜的收缩。之后，微网状病毒发生基质在微绒毛下面的细胞质中形成，但病毒发生基质的位置随虫龄的不同而有变化，有些病毒 RNA 的合成出现在核中。病毒发生基质表面的稠密颗粒凝集成小的颗粒，包封在薄层的膜里，形成似核心的颗粒，随后来自病毒发生基质的衣壳蛋白包被着这种核心颗粒，突起附在衣壳上，形成完整的病毒粒子。与此同时，在中肠上皮细胞靠近微绒毛的地方观察到多角体蛋白的合成，当蛋白质丝扩散至位于病毒发生基质表面的病毒粒子时，多角体开始形成，形成多角体的周边区域叫晶体发生基质（crystallogenic matrix）。多角体是由松散的蛋白质重排、结晶而成。两个或更多这样的多角体结合并增大，而进一步发育成熟。

4.2.2.2　质型多角体病毒致病机理

　　质型多角体病毒也是通过摄食质型多角体病毒多角体而入侵幼虫，主要感染幼虫的中肠部位，但也能蔓延到其他组织。感病幼虫大约 4 d 后开始表现症状，包括食欲不振、停止进食、下痢、吐液、脱肛、体积缩小等。感染质型多角体病毒的昆虫死亡周期较缓慢，一般为 3～18 d。但在病虫患病期间，病毒不断随粪便排出并感染其他健康昆虫。

　　重感染的幼虫体色改变，尤其是体色浅的幼虫，在虫体中部可以透过表皮看到发白的中肠。感染的鳞翅目昆虫的幼虫和蛹通常都比正常的小。幼虫慢慢短缩，头显得很大，身体很短。有时病蛹变形，不能羽化，即使能羽化成虫一般也很小，繁殖力降低。

　　经解剖可以发现，被感染的幼虫中肠不透明，呈黄色或者白色，健康的幼虫中肠则透明而清晰。感染的中肠肥厚，变得浑浊，细胞质中充满多角体，在中肠细胞破裂时释放出多角体至肠腔中。由于含有大量多角体，粪便通常为白色。一般感染幼虫 7～15 d 内死亡，死亡的快慢取决于质型多角体病毒的类型、剂量，以及昆虫的种类和感染时的龄期。

　　在大多数鳞翅目昆虫中，质型多角体病毒的复制仅限于中肠上皮细胞。甚至体腔注射质型多角体病毒，其靶组织仍是中肠。被质型多角体病毒感染的鳞翅目昆虫，其中肠上皮细胞靠近肠腔的顶端膨大，微绒毛部分或完全消失；内质网断裂，数目减少，膜结合的细胞色素 P450 的代谢生物活性显著下降，细胞最后破裂；感染的中肠细胞被破坏，由再生细胞产生的细胞取代，直至昆虫的营养耗尽为止。

4.2.2.3 质型多角体病毒杀虫剂的生产和应用

发达国家多采用人工饲料机械化饲养宿主虫增殖病毒。我国的20多株病毒杀虫剂中，多采用自然种群自然饲养宿主昆虫增殖病毒来生产制剂，但是生产规模大、应用广的病毒杀虫剂的生产都是用人工饲料饲养昆虫等。马尾松毛虫还不能用人工饲料饲养，在生产上采用直接感染宿主昆虫增殖病毒，最简便的方法是在害虫大发生时，将病毒喷洒于植物上，然后收集病死虫。

松毛虫质型多角体病毒

通用名称：*Dendrolimus punctatus* cytoplasmic polyhedrosis virus。

制剂：可湿性粉剂（1万 PIB/mg）。

防治对象：森林松毛虫。

使用方法：应于森林防治松毛虫，兑水 1000~1200 倍液均匀喷雾。

注意事项：产品使用应在16：00后或者阴天全天施药均有利于药效的发挥，施药后4 h内遇雨应重新施药。配药时须二次稀释，先用少量水将药剂混合均匀，再加入足量水进行稀释。3龄前或者卵孵盛期施药效果更佳。不得与碱性物质混用，不得与含铜杀菌剂混用。开启时从包装上方剪开，废弃包装袋妥善处理，勿让儿童接触。使用本品时应穿戴防护服和手套，避免吸入药液。施药期间不可吃东西和饮水。施药后应及时洗手和洗脸。不要在河塘等水域清洗施药器具，避免药剂污染水源。本产品对家蚕有毒，桑园禁用。孕妇及哺乳期妇女禁止接触本品。

4.2.3 颗粒体病毒

颗粒体病毒（Granulosis virus，GV）也属杆状病毒科，人们很早就在鳞翅目昆虫中发现了与 NPV 所致疾病相似的症状，但在感染昆虫体内没有多角体，而有一种颗粒很小的包涵体，称为荚状体（capsules）（图4-9）。后来通过电镜观察到荚状体含有与 NPV 相似的杆状病毒粒子，并且基因组组成和复制特性等生化特征都与 NPV 相似，人们把这种病毒与 NPV 同放在杆状病毒科，建立了 β 杆状病毒属（Beta baculovirus，lepidopteran-specific granulovirusa，GVs）。据报道，目前仅在鳞翅目昆虫中发现有 GV 感染。

4.2.3.1 颗粒体病毒生物学特性

颗粒体病毒核衣壳和具囊膜病毒粒子的大小及形状与 NPV 相同，病毒 DNA 是双链、

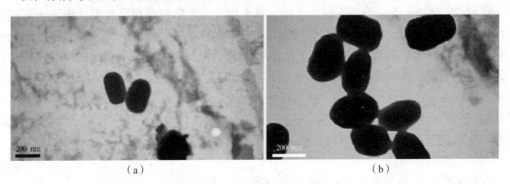

（a） （b）

图4-9 苹果蠹蛾颗粒体病毒包涵体的电镜形态观察（引自申建茹等，2012）

超螺旋、共价闭合的环状 DNA。颗粒体病毒与 NPV 也有不同之处：①囊膜中核衣壳数目不同；②包涵体的大小和形状不同；③蒴状体基质蛋白包埋有囊膜核衣壳的过程不同；④包涵体中有囊膜核衣壳的数目不同；⑤宿主的特异性强。

颗粒体病毒每个囊膜中仅有 1 个核衣壳，很少是 2 个或多个。蒴状体常为卵圆形，大小通常为(120～300) nm×(300～500) nm，比 NPV 的多角体小。每一个蒴状体有一个具囊膜的核衣壳，很少是两个或多个。蒴状体基质蛋白同多角体蛋白一样，也形成晶格结构，其相对分子质量为 25～30 kDa。蒴状体基质蛋白是从病毒粒子的一端或一侧开始，逐渐包埋整个病毒粒子，有时也在两端同时开始，以两个半蒴状体对着发育。

除了有囊膜的核衣壳外，蒴状体还包含有其他物质，如与多角体中相似的蛋白酶，还有一种目前研究极为活跃的病毒感染的增强因子(enhancing factor)。在黏虫(*Pseudaletia unipuncta*)、旋幽夜蛾(*Scotogramma trifolii*)、八字地老虎(*Xestia c-nigrum*) GV 的蒴状体中发现含有增强因子，它是一种相对分子质量为 93～126 kDa 的脂蛋白。如果 GV 和 NPV 混合，不仅可以防治两种害虫，还可以增强 NPV 的毒力。

4.2.3.2　颗粒体病毒致病机理

颗粒体病毒致病机理与 NPV 相似，被敏感昆虫摄入的蒴状体在消化道中被碱性消化液溶解，释放出有囊膜的病毒粒子，病毒粒子吸附并融合在中肠柱状细胞的微绒毛上，2～6 h 后核衣壳进入微绒毛，迁移至核膜，吸附在核孔上，并在核孔上脱壳；接着病毒发生，基质开始在细胞核中形成，感染后 6～12 h 核衣壳即出现，核衣壳出现不久，核膜分解，病毒的复制在细胞核和细胞质中继续进行。核衣壳获得囊膜和包埋入蒴状体的过程也同时在细胞核和细胞质中进行。核衣壳获得囊膜的方式与 NPV 相似，有 3 种方式：①在核中发生或从头合成；②在细胞质中发生或从头合成；③通过出芽穿过细胞膜。

一般幼虫被颗粒体病毒感染后体色逐渐发生变化，尤其是腹部变成苍白色或乳黄色，这是由于在脂肪体中产生了大量的蒴状体所致。感病幼虫比正常幼虫的幼虫期要长，体积也要大些，随着体色发生变化，幼虫活力通常逐渐变弱，行动迟钝、身体变软、皮肤易破。

4.2.3.3　颗粒体病毒杀虫剂的生产和应用

颗粒体病毒杀虫剂的生产原理和方法与 NPV 杀虫剂基本相同，因为颗粒体病毒表现出比 NPV 更强的宿主专一性，因此在生产上更难找到替代宿主。同时，利用昆虫细胞培养来增殖 GV 从技术上还没有突破，国际上只有极少实验室能够在昆虫离体细胞中完成颗粒体病毒的增殖。因此，目前颗粒体病毒杀虫剂的生产还是得依靠人工饲养昆虫，然后感染颗粒体病毒，等病虫濒死时收集虫尸，再配制成杀虫剂。国内最早开发的菜青虫颗粒体病毒和小菜蛾颗粒体病毒杀虫剂就是通过人工饲养这两种昆虫，然后分别感染这两种昆虫的颗粒体病毒，收集幼虫中增殖的病毒而研制出来的。我国病毒杀虫剂的生产工艺基本还是遵循"感病虫体匀浆—过滤—离心提纯—沉淀干燥—添加助剂—机械拌合—剂型分装"的过程，重点放在剂型研究上，目前已经取得了很大进展。

小菜蛾颗粒体病毒

通用名称：*Plutella xylostella* granulosis virus。

制剂：悬浮剂(300 亿 OB/ mL)。

防治对象：十字花科蔬菜小菜蛾。

使用方法：小菜蛾产卵高峰期施药，25～30 mL/亩兑水喷雾。

注意事项：由于该产品用量较少，为保证使用效果，喷药时须二次稀释，先用少量水将药剂混合均匀，再加入足量水进行稀释。应选择傍晚或阴天施药，尽量避免阳光直射、遇雨补喷。作物新生部分、叶片背部等害虫喜欢咬食的部位应重点喷洒，便于害虫大量摄取病毒粒子。大风天或预计 1 h 内有雨，请勿施药。本品不得与碱性物质混用，不得与含铜等杀菌剂混用。开启时从包装上方剪开，废弃包装袋妥善处理，勿使儿童接触。施药前后用清水冲洗器械，施药时应穿防护服和戴手套，避免吸入药液。施药期间不可吃东西和饮水。施药后应及时洗手和洗脸。不要在河塘等水域清洗施药器具，避免药剂污染水源。建议与其他不同作用机理的杀虫剂轮用。用过的容器应妥善处理，不可做他用或随意丢弃。孕妇及哺乳期的妇女严禁接触本品。

4.2.4　昆虫痘病毒

4.2.4.1　昆虫痘病毒生物学特性

昆虫痘病毒亚科（Entomopoxvirinae，EPV）属于痘病毒科（Poxviridae），基因组是双链 DNA，病毒粒子具囊膜，有 3 个属，分别为 α 昆虫痘病毒属，β 昆虫痘病毒属，γ 昆虫痘病毒属。昆虫痘病毒通常是卵圆形或砖形，长 150～470 nm，宽 165～300 nm，外膜折叠，使表面呈桑椹状。鞘翅目的昆虫痘病毒最大，而双翅目和膜翅目的昆虫痘病毒最小。α 昆虫痘病毒属的病毒粒子呈椭圆形，大小为 450 nm×250 nm，有单凹的髓核和位于核心腔中的一个侧体（lateral body）。β 昆虫痘病毒属的病毒粒子呈椭圆形，含柱状椭核和两个侧体。γ 昆虫痘病毒属的病毒粒子为砖形，含双凹髓核和两个侧体。据报道，膜翅目昆虫痘病毒属的髓核为叶状（四叶型）。昆虫痘病毒有两种类型的包涵体：一种是球形体（spheroid），包埋有病毒粒子；另一种是纺锤体（spindle），不含病毒粒子。球形体和纺锤体均在细胞质中形成。

球形体是一种结晶蛋白结构，直径为 20～24 μm，基质蛋白叫球形蛋白（spheroidin），这种蛋白类似于多角体蛋白和颗状体蛋白，但相对分子质量比它们大 2～3 倍，不同宿主甚至同一宿主不同细胞中球形体包含的病毒粒子数目不等。图 4-10 所示为西伯利亚蝗痘病毒形态及在脂肪体细胞内的发育电镜图。

纺锤体出现在细胞质中的核周边区，在粗面内质网囊泡内发育，被三层膜包被。纺锤体蛋白质分子晶格大约为 5.8～6.0 μm。甚至在同一幼虫中，纺锤体大小可在 0.5～12 μm 之内变动，个别的可达 25 μm。纺锤体的氨基酸与球形体相同，但比例有差别，尤其是球形体中亮氨酸含量比纺锤体高 2～3 倍。球形体和纺锤体的抗原性不同，纺锤体的功能和意义还不清楚。

当昆虫痘病毒被昆虫摄入以后，球形体在消化道中碱性条件下分解，释放出病毒粒子，病毒粒子吸附在微绒毛突起的细胞膜上，并与之发生融合，髓核和侧体进入细胞内，在体腔内的病毒粒子则通过胞饮作用进入细胞。病毒在感染的细胞质中脱壳，过一段潜伏期之后，细胞质中形成两种类型的病毒发生基质：Ⅰ型病毒发生基质是不连续、电子致密的不定形的物质；Ⅱ型病毒发生基质则为颗粒状，散布着许多球形小泡。大多数昆虫痘病

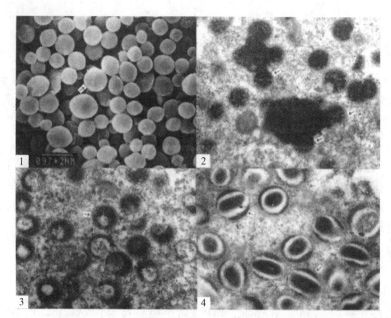

图 4-10 西伯利亚蝗痘病毒形态及在脂肪体细胞的发育(引自王丽英等，2000)

毒复制时出现 I 型病毒发生基质，部分昆虫痘病毒复制时两种类型同时出现，仅少数(例如摇蚊昆虫痘病毒)只出现 II 型病毒发生基质。在病毒发生基质的表面开始子代病毒的装配。首先出现的结构是不完整的半圆形囊膜，囊膜包进一团病毒发生基质，便开始病毒粒子的发育。在其内部髓核和侧体分化后，囊膜折叠形成桑椹状。成熟的病毒粒子可以通过出芽或胞吐作用(exocytosis)产生非包埋型病毒粒子，或者当细胞破裂时被释放出来感染宿主的其他细胞。细胞质中的晶体发生基质(crystallogenic matrix)参与球形体的形成。球形体把成熟的病毒粒子随机包埋进去。

4.2.4.2 昆虫痘病毒致病机理

昆虫痘病毒的宿主范围比较窄小，不同科之间无交叉感染。有些昆虫痘病毒感染脂肪体细胞，也有些能感染较多的组织。膜翅目昆虫痘病毒只感染唾液腺和真皮。被感染的脂肪体细胞的细胞核和细胞质膨大，脂肪体的数目减少。

鳞翅目昆虫感染昆虫痘病毒后，表现为虫体发白变软，从感染至发病需要 6~20 d，感染后 12~72 d 死亡，蛹期延迟，幼虫比正常的大，这是由于病毒大量复制使脂肪体的体积增大。

鞘翅目昆虫感染昆虫痘病毒后疾病发展较慢，脂肪体和真皮中包涵体的增殖使体色逐渐变白，体背后方出现白色斑点，解剖得到的脂肪体呈泡沫状，具有较强的反射光。

摇蚊第 4 龄幼虫感染昆虫痘病毒后，仅在体壁下方观察到不规则分布的白色物质，病毒仅在血细胞中复制，血细胞形成较大的凝集物质，吸附或者存在于某些组织和器官附近。

4.2.4.3 昆虫痘病毒杀虫剂的生产和应用

昆虫痘病毒侵入宿主体内后，在脂肪体细胞中复制，使宿主感病死亡，随着虫尸的分解，包涵体被释放出来，在自然条件下蝗虫痘病毒能引起宿主的流行病，使宿主大量死亡。

我国新疆、内蒙古等地蝗虫痘病毒自然资源丰富，且有流行病的自然发生，感染率高达 60%~70%。我国首次发现的蝗虫痘病毒是西伯利亚蝗痘病毒(*Gomphocerus sibiricus*, EPV)，相继发现亚洲小车蝗痘病毒(*Oedaleus asiaticus*, EPV)、意大利蝗痘病毒(*Calliptamus italicus*, EPV)等 5 种蝗虫痘病毒。在内蒙古的田间测试结果表明喷痘病毒杀虫剂后，蝗虫虫口减退率达到 72.9%~73.3%，由此可见，蝗虫痘病毒制剂是控制蝗虫危害的有效手段之一。

4.2.5　细小病毒

细小病毒(Parvovirus)是最小的 DNA 动物病毒，为单链 DNA，无囊膜。细小病毒科的浓核症病毒亚科(Densovirinae, DNV)有 4 个属，都是感染节肢动物，主要是昆虫。它们可以在宿主幼虫、蛹或成虫特定组织内高效复制，对宿主的感染一般是致死性的。由于上述优点，细小病毒被认为是具有发展潜力的害虫防治病原体。被浓核症病毒感染的昆虫细胞核膨大，核中含稠密丰富的孚尔根反应阳性物质，故名浓核症病毒。细小病毒最早是从大蜡螟(*Galleria mellonella*)幼虫中分离出来(即 GmDNV)，已在鳞翅目、双翅目、直翅目、蟾目、蜻蜓目中均发现细小病毒。我国研制的细小病毒杀虫剂有黑胸大蠊细小病毒(图 4-11)，在防治蟑螂方面发挥了重要作用。

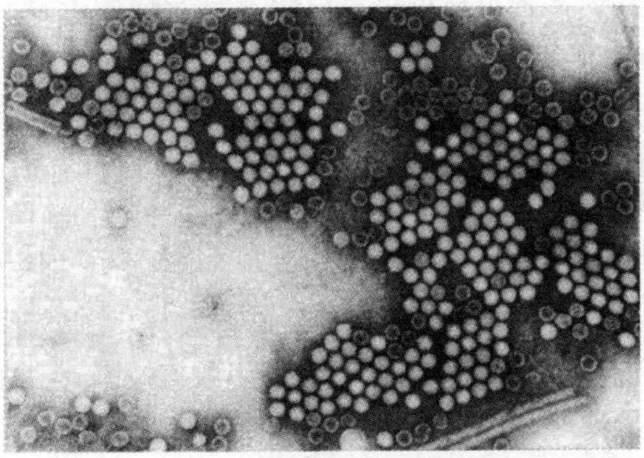

图 4-11　黑胸大蠊细小病毒负染电镜照片(引自李莉等，2002)

4.2.5.1　细小病毒生物学特性

细小病毒的病毒粒子为典型的六角形二十面等轴对称体，直径只有 19~24 nm，其内含线状、单股 DNA，基因组大小为 4~6 kb，有 4~6 个结构蛋白，有的 DNV 含有少量的多胺。单股 DNA 有正链也有负链，并且互补，但分别包入不同的衣壳，在体外从病毒粒子中提取 DNA 时，于高盐浓度下能形成双链 DNA，因此 DNV 曾被误认为是双链 DNA 病毒。与大多数细小病毒一样，浓核症病毒对环境的抗性都比较强，能够抵抗蛋白酶及核酸水解酶。

DNV 复制的一个周期只需 20~24 h，可分为三个阶段，1~6 h 为潜伏期；6~9 h 病毒蛋白质出现在细胞质中，然后出现在核中；9~24 h 产生大量的病毒粒子，最后导致细胞溶解。

4.2.5.2 细小病毒致病机理

感染细小病毒的幼虫，其特征性病灶发生在细胞核内，核明显膨大，核内染色质等物质浓缩成致密的一团，被曙红深染呈红色，被孚尔根深染呈蓝紫色，最后核膜破裂，病毒粒子进入细胞质中，一般接种 4~6 d 组织被破坏，导致幼虫死亡。细小病毒的组织特异性随宿主的不同而存在差异，GmDNV 对大蜡螟幼虫是全身性感染，除中肠外几乎所有组织都敏感，感染细小病毒末期，幼虫腹部环节稍伸长，体色变白，全身麻痹。大豆尺蠖（*Pseudoplusia includens*）中，细小病毒在血细胞、体壁上皮细胞、肌肉和脂肪体细胞的细胞核中形成。非洲银纹蛱蝶（*Agraulis vanillae*）除体壁上皮细胞外，感染似乎是系统的。埃及伊蚊（*Aedesa egypti*）被感染的组织有体壁上皮组织、器官芽、马氏管以及脂肪体等。

4.2.5.3 细小病毒杀虫剂的生产和应用

早期认为浓核症病毒很多方面类似于脊椎动物细小病毒，出于安全方面的考虑妨碍了这种病毒应用于生物防治。有研究证明 GmDNV 能在鼠 L 细胞系中复制，但提取的病毒粒子能感染大蜡幼虫，并不能再感染鼠。这个报道曾引起人们对细小病毒安全性的疑虑。但随着更精准的分子生物学检测技术的发展以及对浓核症病毒安全性的深入研究，发现这类病毒对脊椎动物及人类是安全的。同时由于浓核症病毒具有对宿主的毒力高、宿主域窄、病毒粒子复制能力强、对特定宿主致死率高、在环境中稳定等特点，使用较低的病毒滴度就可以达到预期的防治目的，因此可以利用浓核症病毒作为生物杀虫剂。

利用浓核症病毒成功防治害虫的例子已经很多。在哥伦比亚，一种鳞翅目昆虫 *Sibine fusca* 食叶若虫引起油棕榈树的广泛破坏。通过飞机喷洒感染 *Sibine fusca* 浓核症病毒（SfDNV）的悬液可以有效地控制虫害（剂量仅相当于每英亩 5 只死亡若虫的比例）。施药 15 d 后，害虫死亡率为 75%~97%，一个月后达 100%。在科特迪瓦，油棕刺蛾浓核症病毒被用来控制毁坏油棕榈树的鳞翅目昆虫油棕刺蛾。在我国，利用黑胸大蠊细小病毒和蟑螂信息素的生物杀灭蟑螂系统——毒力岛已批量投入市场，并且获得了较好的防治效果。

此外，由按蚊传播的疟疾每年造成全世界 100 万人死亡，病死率更高的登革热全世界每年发病 5000 万例。目前，研究集中在探讨埃及伊蚊细小病毒（AeDNV）和其他浓核症病毒在伊蚊种群中的传播效率和持续感染能力，以及大规模生产 AeDNV 并用于生物防治的可行性。

4.2.6 其他 DNA 杀虫病毒

其他对有害昆虫致病的病原病毒还有多分 DNA 病毒科、虹彩病毒科、泡囊病毒科、细尾病毒科和分类地位未定的棕榈独角仙病毒等，其中某些也有开发为病毒杀虫剂的潜力。

4.2.6.1 多分 DNA 病毒科

多分 DNA 病毒科（Polydnaviridae，PV）基因组由多个不同的、封闭的、环状超螺旋的 DNA 组成，不同多分 DNA 病毒分段的基因组大小、数量和组成均不相同，本科病毒都只发现于寄生蜂内，在寄生蜂卵巢管和输卵管弯的上皮细胞中复制。已发现的多分 DNA 病毒的宿主是姬蜂科（Ichneumonidae）和茧蜂科（Braconidae），因此可将多分 DNA 病毒分为两大类：①姬蜂病毒（*Ichnovirus*），代表种是齿唇姬蜂病毒（Campoletis sonorensis virus,

CsV）；②茧蜂病毒（Bracovirus），代表种是黑脚绒茧蜂病毒（Cotesia melanoscela virus，CmV）。

4.2.6.2　虹彩病毒科

虹彩病毒科（Iridoviridae，IV）为双链 DNA、无囊膜病毒，病毒粒子为正二十面体，直径 125~300 nm，病毒 DNA 和结构蛋白组成球状髓核，包围髓核的有一层内膜，最外层是衣壳，衣壳决定了病毒粒子呈二十面体对称。病毒粒子含有 13~25 种结构多肽，基因组长为 170~200 kb。病毒粒子中含有 RNA 聚合酶、核苷酸焦磷酸酶、蛋白激酶、脱氧核糖核酸酶等。

已在双翅目、鳞翅目、鞘翅目、膜翅目、半翅目和直翅目昆虫中分离到虹彩病毒，有些虹彩病毒的宿主范围较宽，能感染几个目的昆虫，如二化螟虹彩病毒（简称 CIV）还能感染其他一些节肢动物，也有些宿主范围较窄。虹彩病毒经口和寄生虫均可感染宿主，但口服感染率很低。新生的棉铃虫对虹彩病毒较为敏感，口服感染率为 18%~40%。虹彩病毒能感染宿主昆虫的大多数组织，尤其是脂肪体最为敏感。脂肪体细胞被感染之后，细胞器消失。虹彩病毒通常对昆虫产生致死感，但以低剂量感染老龄幼虫和蛹时，仍能发育为成虫，成虫也能产生后代。感病的蛹和成虫常表现为不安宁，幼虫感染后开始还正常，到死前才表现症状，首先出现的症状是虹彩强度增加，无色的体壁或节间虹彩明显，到感染晚期幼虫昏睡，停止进食。

4.2.6.3　泡囊病毒科

泡囊病毒科（Ascoviridae，AV）是线状双链 DNA、有囊膜的病毒，宿主仅限于无脊椎动物，基因组大约为 170 kb，病毒粒子很大，大约为 130 nm×400 nm。病毒粒子为腊肠形或杆状，成熟后常包入泡状的包涵体中，这种包涵体实质上是病毒粒子和蛋白质之间的微泡，并不像 NPV 和 CPV 那样由单一蛋白质组成结晶状包涵体。

泡囊病毒不经口感染，但以蘸有很少病毒的针头接种感染率很高，也可通过拟宿主（茧蜂）传播。从体腔接种病毒后，72 h 内在血淋巴中会出现含病毒粒子的囊泡，大多数幼虫在感染后 10~21 d 内死亡。粉纹夜蛾、实夜蛾分离株感染昆虫的组织范围比较广，如气管基质、真皮、脂肪体等，有的分离株只感染脂肪体细胞。在感染的细胞中，核膜内陷，核和细胞膨大，最后核膜断裂成碎片，核膜碎片在细胞中先装配黏接，分隔形成一串囊泡，囊泡形成之后相互分离在组织中积累，最后释放到血淋巴中，在血淋巴中大量积累，浓度达每升 10^8 个以上，使血淋巴变成乳白色，因为里面有大量的有囊泡的病毒粒子。

4.2.6.4　细尾病毒科

细尾病毒科（Nimaviridae）是 2005 年 ICTV 第八次报告才新增的一个科，是双股 DNA、具囊膜的病毒，基因组为环状的单分子 DNA，约含 $3.0×10^5$ bp，（G+C）%=41%。本科包括一个属——白斑综合症病毒属（whispo virus）。该属病毒粒子呈卵形或杆状椭圆体，直径 120~150 nm，长约 270~290 nm，有规则的衣壳结构，核衣壳为杆状。这类病毒主要感染水生甲壳动物，一般感染能影响呼吸系统、造血系统、皮肤、黏膜、上皮细胞，明显可见受感染动物食欲不振、行动迟钝、身体变红，有白色、直径约为几毫米至几厘米的斑点，潜伏期约 5~10 d，通过取食、吸入等途径传播。这种病毒在我国养殖对虾中广为流行，常引致重大经济损失。

4.2.6.5 棕榈独角仙病毒

棕榈独角仙病毒(oryctes rhinoceros virus，OrV)及其成员美国棉铃虫病毒(heliothis zea virus，HzV-1)单列为分类地位未定的病毒，ICTV 在 1982 年出版的第四次病毒分类报告中将杆状病毒科(Baculoviridae)分为 4 个亚群：核型多角体病毒亚群、颗粒体病毒亚群、C 亚群及 D 亚群。OrV 在 C 亚群中。1991 年，ICTV 在第五次病毒分类报告中将杆状病毒科分为两个亚科，即真杆状病毒亚科(Eubaculovirince)及裸杆状病毒亚科(Nudibaculo virinae)，前者包括核型多角体病毒属及颗粒体病毒属；后者包括无包埋杆状病毒属(non-lccluded baculo virus)，相当于第四次病毒分类报告中的 C 亚群。但是第六次病毒分类报告(1995)在杆状病毒科中只保留 2 个属：核型多角体病毒属及颗粒体病毒属，而将无包埋杆状病毒属划出，不再归属于杆状病毒科，单列为分类地位未定的病毒。2009 年出版的第九次病毒分类报告把杆状病毒科分为甲、乙、丙、丁四个属。棕榈独角仙病毒是一种很好的生物源农药，在东南亚和大洋洲广泛用于防治独角仙。

4.3 病毒杀虫剂的遗传改造

病毒农药作为控制有害生物开展生物防治的重要手段之一，其优点在于特异性强、毒力高、稳定性好、安全无害，应用后能引起害虫群体病毒疾病的流行传播，在相当长时间内可自然控制害虫增长，导致世代害虫持续带毒而感染相继死亡。到目前为止还没有发现昆虫对病毒杀虫剂产生明显的抗性。然而病毒本身是一类专性寄生的生物，宿主范围窄；病毒感染之后需要在宿主体内增殖，达到一定数量之后才能使宿主表现出病症和死亡，因此杀虫速度慢，或对老龄害虫效果较差。这些缺点现在还一直制约着病毒杀虫剂大规模生产和推广应用的进程。因此需要通过生物工程技术对这些缺点进行改良，利用病毒基因重组技术，采用插入、修饰、异源重组以及 RNA 干扰等方法改造原有病毒杀虫剂，进行遗传改造，最终获得效能更好的基因工程重组病毒杀虫剂。

4.3.1 病毒杀虫剂遗传改造的研究进展

病毒常常在野外昆虫种群中引起流行病，是调节昆虫种群密度的重要病原因子，作为一种生物源农药，它具有安全性好、害虫不易产生抗性、能在田间长期控制害虫种群等诸多优点，成为生物防治研究中的热点，具有广阔的应用前景。但病毒杀虫剂自身的缺点(如杀虫速度慢、杀虫谱较窄等)也制约着其进一步推广和应用。利用基因工程技术改造野生型昆虫病毒，可望达到改良其效能的目的。

基因工程重组病毒杀虫剂是通过异源重组构建宿主范围扩大了的重组病毒，或通过插入外源毒素基因、增效基因以及修饰自身基因等构建毒力更高的重组病毒。经多年研究，各国科学家从分子生物学研究基础最好、应用最广泛的杆状病毒入手，进行了重组杆状病毒杀虫剂的研制与应用并取得了很大进展。从目前重组杆状病毒的杀虫效果来看，神经毒素工程病毒被认为是最有应用前景的一类重组病毒。

4.3.1.1 重组昆虫病毒的分子生物学基础

病毒在自然界中分布广泛，其结构简单，比较容易纯化，尤其是一些生物防治效果较好的昆虫病毒，它们具有包涵体，很容易从昆虫细胞中提纯。病毒组成也很简单，其基因组相对比较小，病毒基因组成为理想的研究生命现象的工具。许多重要的发现都是基于对病毒的研究而取得的。1977 年，细菌噬菌体 x174 成为世界上第一个测序完成的基因组，并极大地促进了基因组测序的发展。在 Genebank 中已积累了大量的基因序列和全基因组序列，其中以病毒基因组序列完成测序最多。

在杆状病毒中，已经完成对 58 种杆状病毒的基因组序列测定。包括 41 种 *Alpha baculovirus*（甲属）、13 种 *Beta baculovirus*（乙属）、3 种 *Gama baculovirus*（丙属）和 1 种 *Deltabaculovirus*（丁属）。我国分别完成了对棉铃虫、斜纹夜蛾病毒基因组的研究。杆状病毒率先进入基因组后时代（postgenomic era），或者说是功能基因组时代（functional genomics era）。功能基因组学的任务就是给测序完成的基因组序列加以解释，寻找和序列相对应的基因，并给出某一基因或基因组编码的蛋白质的功能等，其中的核心内容就是确定基因或基因编码的蛋白质的功能。杆状病毒分子生物学的飞速发展，为杆状病毒的遗传改造奠定了基础。

杆状病毒科的病毒具有大的、双链环状的 DNA，基因组的大小在 88~200 kbp，对外源基因容纳量大，能够容纳较大的外源基因而不影响其正常的复制和 DNA 装配。

杆状病毒在感染昆虫细胞里的基因表达具有一定时序性，可以人为地分成极早期（α）、迟早期（β）、晚期（γ）、极晚期（δ）四个时期。极晚期基因在感染后 15 h 开始表达，此期表达的基因有多角体蛋白基因、P10 蛋白基因，它们在多角体形成中起作用。多角体蛋白构成多角体的基质，P10 蛋白与晶格的形成有关。极晚期基因是在感染性病毒粒子（ECV）形成中不起作用的基因，多角体蛋白基因和 P10 蛋白基因缺失不影响感染性病毒粒子的形成，这种非必需病毒基因可被外源基因取代。并且这两个基因的启动子都很强，在感染后期可导致重组蛋白的大量合成，能使重组蛋白表达量达细胞总蛋白量的 50%。同时杆状病毒在真核细胞中复制，对合成的外源基因产物有翻译后修饰作用。产物也可通过昆虫细胞大规模生产系统得到大量生产。此外，杆状病毒只能在无脊椎动物中复制，因此该系统的安全性有保障。这些特征决定了杆状病毒是优秀的真核表达载体，因而杆状病毒表达载体系统的研究成为基因工程的热点，杆状病毒表达载体系统的进步极大地推动了基因工程重组病毒杀虫剂的发展。

目前，重组杆状病毒杀虫剂的研究成为生物防治领域的热点，除杆状病毒外，浓核症病毒、昆虫痘病毒、质型多角体病毒等重组病毒杀虫剂也都在研究中，其目的都是通过基因工程技术提高昆虫病毒防治害虫的效率、拓宽杀虫谱。

昆虫痘病毒与杆状病毒一样，在极晚期非必需球状蛋白体基因大量表达，装配成病毒的包涵体。这种基因也具有极强的启动子，而且作为一种晚期表达的启动子，昆虫痘病毒也有利于外源基因产物的大量表达。因而昆虫痘病毒的基因组学同样取得了飞速发展，这些研究十分有利于昆虫痘病毒杀虫剂的遗传改造。

浓核症病毒基因组相对分子质量小，结构相对简单，易于在分子水平上操作。它还有一个重要特点是只要保留基因组两端的末端反向重复序列（*ITRs*），重组的病毒基因组即可在宿主体内复制和包装。含北非蝎（*Androctonus australis*）神经毒素（*AaHIT*）的黑胸大蠊（*Perilaneta fuliginosa*）重组浓核症病毒也研制成功。

4.3.1.2　重组病毒的稳定性

评估重组病毒杀虫剂安全性的一个重要方面是考察其传播能力：能否在宿主中稳定传

代，是否成为一个变异种。研究显示，尽管插入 *AaIT* 或 *JHE* 基因的重组 AcNPV 药可以将感染粉纹夜蛾(*Trichoplusia ni*)幼虫的死亡时间提前 30% 或 5%~8%，但是重组病毒在幼虫中的滴度在接种 2 d 后就远远小于野生型病毒。平均每只幼虫增殖的重组病毒数分别比野生型的少 20% 和 60%。温室实验结果证实，插入 *AaIT* 或 *JHK* 基因的重组 AcNPV 竞争不过野生型的 AcNPV，按 1∶1 混合释放后，插入 *AaIT* 的重组病毒 28 d 后全部被野生型取代，插入 *JHK* 的重组病毒在种群中所占比例也很小。两种重组病毒在土壤中残留 56 d 后含量均远远低于野生型病毒。

野生型和重组型病毒对宿主、替代宿主的作用时间、病毒增殖量都可能不同。插入 *AaIT* 构建的 AcNPV 重组病毒 AcNPV-ST3 可以将宿主粉纹夜蛾的感染死亡时间提前，但是却不能减少替代宿主甘蓝夜蛾(*Mamestra brassicae*)的感染死亡时间。进一步研究显示，在替代宿主体内，重组病毒的增殖能力也大大降低。垂直传播实验表明，野生型的 TnSNPV、TnCPV、AcMNPV 在粉纹夜蛾种群中的垂直传播几率分别为 15.4%、10.2% 和 10.1%，但是插入 *AaIT* 构建的重组病毒 AcNPV-AaIT 在种群中的垂直传播几率不足 0.1%，可以忽略不计。基于种群年龄动态的数理模型显示，病毒种群无论在平衡或波动状态下，野生型的 AcNPV 病毒总将竞争取代混合感染中的重组型 AcNPV 病毒(缺失 *egt* 基因)。在两种基因型病毒竞争中，起决定作用的是病毒的增殖能力和传播效率。

上述研究均证实，重组病毒在种群中的生存能力比野生型的弱，在自然条件下难以在宿主中稳定传代。

4.3.1.3　重组病毒在环境中的适应性

在农业生态系统中，土壤、农作物是昆虫病毒主要的保藏地，重组病毒在其中的适应能力也决定重组的安全性。田间实验表明首次释放时，在农作物等植被上重组病毒与野生型病毒的分布动态无显著区别，根据气候条件不同，在 24~72 h 内密度下降到初始水平的 50% 以下。但在随后的持续感染中，重组病毒的感染防治效率显著低于野生型的病毒。此研究表明，对基因组的改造可能降低杆状病毒在田间的适应能力。

4.3.1.4　重组病毒的安全性

杆状病毒杀虫剂的一大优点是对环境安全，但重组杆状病毒中引入了外源基因，这种遗传改造的生物活性有机体对人类的健康和环境是否有不利影响必须慎重考虑。

(1)重组病毒外源基因扩散的可能性

用 *AaIT* 基因为探针，在与插入蝎昆虫毒素 *AaIT* 基因并缺失 *egt* 基因的重组棉铃虫多角体病毒 HaSNPV-AaIT 混合培养的棉花黄萎病病菌(*Verticillium dahliae*)基因组 DNA 中，没有发现阳性反应。此外，检测多次使用过 HaSNPV-AaIT 的棉田中的龟纹瓢虫和七星瓢虫，尽管在虫体表面可以发现重组病毒的 DNA，但是提取的天敌基因组中均未发现 *AaIT* 基因序列。上述研究说明，重组的基因工程病毒杀虫剂中的外源基因向其他生物转移扩散的可能性极低。

(2)重组病毒对天敌等非靶动物的安全性

重组病毒对非靶动物的安全性评估重点是考察其对宿主的捕食性天敌和寄生性天敌的影响。昆虫病原病毒宿主范围往往局限于同一个目中的少数几种昆虫，甚至某种特定宿主，因此对非靶标动物是很安全的。重组病毒是将外源基因插入昆虫病毒基因组中某一启动子下游，或失活昆虫病毒基因组中某一基因，没有改变亲本病毒基因组中有关核酸复制、蛋白质表达的基本机制，因而不会改变亲本病毒的宿主域。

事实上许多研究都表明，重组病毒对黄蜂(*Polistes metricus*)、草蛉(*Chrysoperla carnea*)、东亚小花蝽(*Orius insidiosus*)等昆虫天敌的生理和行为没有任何影响。以插入片段特异性序列为引物对取食重组病毒宿主的天敌进行 PCR 检测，其结果均为阴性，说明重组病毒可能以内吞等方式进入天敌动物细胞，但是数量衰减很快，难以稳定传代。同时施用插入 *AaIT* 重组 AcNPV 病毒的棉田中，病毒宿主的天敌种类和数量与施用野生型病毒的棉田无显著变化，但是应用化学杀虫剂的棉田中，天敌种类和数量显著减少。不过在感染重组病毒宿主体内寄生的天敌，存活率低于在感染野生型或未感染病毒宿主体内寄生的天敌，这可能是因为杀虫速度加快为寄生天敌提供食物的能力降低。

（3）重组病毒的生态安全性

重组杆状病毒应具有较小的替代野生型病毒的潜力。如果重组杆状病毒替代了自然病毒种群，尤其是在非农业环境中出现这种趋势，将导致大区域内意想不到的生态混乱。因此，尽管扩大重组病毒的宿主域、延长其在环境中的持久力及提高其感染力等在商业利益上具有强大吸引力，但真正应用起来必须慎重考虑其可能带来的生态方面的后果。

4.3.2 病毒杀虫剂遗传改造的常见方法

在分子生物学技术迅猛发展的今天，通过遗传修饰的方法来改良病毒农药的研究引起了很多学者的关注。病毒农药遗传改良方法其一是在病毒基因组中插入对昆虫有特异性作用的功能基因，如昆虫毒素基因、神经毒素基因、昆虫激素基因等；其二是通过对野生型病毒基因组进行修饰或缺失来改善杀虫效果，缩短杀虫时间；其三是异源病毒重组，以扩大病毒农药的宿主域。

4.3.2.1 插入外源基因

插入外源基因是以基因重组技术作为提高病毒杀虫速度的方法。就是说以病毒作外源基因载体，在昆虫细胞中表达那些干扰昆虫生理反应的基因，从而引起昆虫进食减少或死亡，但并不干扰病毒的复制和致病能力。但作为插入片段的外源基因必须是昆虫特异性的，对其他物种应安全可靠。

4.3.2.2 插入昆虫激素和酶基因

昆虫正常的生理代谢受其本身的激素和酶控制，过量的昆虫专性激素和酶可破坏虫体正常的代谢和调节功能，导致昆虫停食和加速死亡。这一方案要求外源基因的表达量必须很高，远远超过虫体自身调节能力范围。例如，插入调节水分平衡的利尿激素(diuretic hormone，DH)基因，利尿激素在昆虫体内表达过量的利尿激素会减少幼虫血淋巴体积，导致虫体失水和死亡；插入可激发蜕皮行为的羽化激素(EH)基因，还有保幼激素酯酶(juvenile hormone esterase，JHE)基因，JHE 会水解和钝化早期末龄幼虫中的保幼激素，使之停止取食和开始蜕皮。

4.3.2.3 插入苏云金芽孢杆菌杀虫基因

包括 *Cry1A*(b)、*Cry1CD*、库斯达克亚种(*HD-73*)-内毒素全长基因和以色列亚种 8-内毒素基因在内的数种 Bt 杀虫基因已实现插入 AcNPV 中。

4.3.2.4 插入神经毒素基因

蝎子、蜘蛛、捕食性螨、海葵等无脊椎动物的毒腺中都含有与昆虫神经细胞膜上而 Na^+、K^+ 或 Ca^+ 离子通道特异性结合的多肽类神经毒素，插入针对昆虫神经系统的特异性毒素基因是提高杆状病毒杀虫速度最行之有效的方法。重组病毒表达的此类毒素基因产物对哺乳动物和甲壳动物无毒性，但是可以特异性地麻痹、毒杀昆虫，使之停止取食和危害作物，而病毒可以继续增殖，最终杀死宿主。天然马蜂毒素可使昆虫幼虫早熟、黑化、体重增加变缓，也可以被重组到杆状病毒基因组中。

4.3.2.5 插入增效基因

粉纹夜蛾颗粒体病毒（TnGV）的萌状体蛋白中含有一种对 NPV 感染有增效作用的因子，把这种增强蛋白基因插入 AcNPVp10 启动子下游，增强蛋白表达量，纯化的重组增强蛋白可降解肠黏蛋白，促进野生型 AcNPV 的感染，但重组病毒形成的多角体数量大为减少，其形状也略变小，重组病毒比野生型 AcNPV 的感染率略低。将重组病毒与野生型病毒以适当比例混合，则在保证增效蛋白仍有较高表达量的同时，多角体形状基本正常，其感染能力也高于单用野生型病毒。

4.3.2.6 插入植物来源的基因

植物蛋白酶抑制基因编码的植物蛋白酶抑制因子是植物抵抗害虫的天然防御体系，从慈姑球茎中分离纯化的慈姑蛋白酶抑制剂 B（arrowhead proteinase inhibitor B，*API-B*）基因表达对胰蛋白酶和激肽释放酶有很强抑制活力的蛋白酶，如果将该基因整合到家蚕核型多角体病毒（BmNPV）基因组中，获得的重组 BmNPV 对家蚕的致病能力有提高，提早了 10 h 左右。

4.3.2.7 应用 RNA 干扰技术提高昆虫病毒杀虫效率

RNA 干扰（RNA interference，RNAi）是指在进化过程中高度保守的、由双链 RNA（double-stranded RNA，dsRNA）诱发的、同源 mRNA 高效特异性降解的现象。

DNA 双链中一条为编码链，一条为反义链，mRNA 转录编码链，反义 RNA 转录反义链，两者均在 DNA 同一区域转录，当反义链转录反义 RNA 时，mRNA 转录受到阻碍和抑制。利用杆状病毒载体在宿主体内转录一段特定的 RNA 序列，该序列与宿主某个关键的基因转录产物互补。宿主这个在生长发育过程中起重要作用的 mRNA 与载体转录的 RNA 互补后，失去翻译功能，从而使该基因沉默。昆虫宿主由于缺少了该 mRNA 编码的关键的酶或激素的调控功能，生长发育停滞，乃至死亡。这种方法的优势是外源序列不需翻译、表达、翻译后加工、转运至细胞外等过程，直接在靶基因的转录环节发挥作用，具有安全性好、作用时间提前和害虫不易产生抗性等特点，是一条比较新的技术路线。

C-myc 是广泛存在于脊椎动物和某些无脊椎动物体内的一个重要基因，其编码的磷酸化核蛋白具有调控细胞分裂、休眠、分化、死亡等多种作用。将该基因中一段保守序列的互补 DNA 序列插入 AcMNPV 多角体启动子下游构建重组病毒，感染草地贪夜蛾幼虫。实验显示，感染 3 d 后，75% 的处理组停止摄食，而野生型 AcMNPV 处理组只有 25% 的幼虫停止摄食，感染 3 d 通常是多角体启动子开始表达的时间。处理组停止摄食，2 d 后陆续死亡，比对照的野生型感染组死亡时间提前 1 d 左右。统计学检验结果证明，利用 RNA 干扰技术可以使宿主昆虫停止摄食的时间显著提前，并且幼虫虫龄越小，效果越显著。

4.3.2.8 缺饰病毒本身基因

（1）缺失 *egt* 基因

蜕皮甾体尿苷二磷酸葡萄糖转移酶（ecdysteroid UDP-glucosyltransferase，*EGT*）基因是杆状病毒非必需的早期基因，它所编码的蜕皮甾体尿苷二磷酸葡糖转移酶可调节昆虫体内蜕皮甾体激素的水平。而蜕皮甾体激素可诱导昆虫蜕皮或化蛹，调节昆虫生长发育。*egt* 基因的表达使昆虫体内的蜕皮激素失活，从而抑制了幼虫的蜕皮与变态，使幼虫保持活跃的取食状态，增大幼虫体重，利于病毒自身增殖。缺失该基因的重组病毒能较野生型病毒提早 27.5 h 杀死粉纹夜蛾幼虫。但用 *jhe* 基因取代 AcNPV 的 *egt* 基因的重组病毒感染粉纹夜蛾幼虫后，尽管虫体内 JHE 含量为对照组的 40 倍，但幼虫在发育、死亡时间及体重上与野生型病毒处理组无明显区别。失活 *egt* 基因的同时在病毒基因组中插入昆虫特异性毒素构建重组杆状病毒，可以达到双重增效目的。

（2）修饰 *gP64* 基因

gP64 编码的 64 kDa 膜蛋白对病毒的附着和进入细胞有重要作用，这种附着可能与寄主细胞表面存在的特异结合蛋白有关，将 AcNPV 的 *gP64* 基因与专性杀甲虫的苏云金芽孢杆菌晶体毒素基因融合，并在大肠杆菌中表达，表达产物可杀鳞翅目幼虫和甲虫。由此推测，将不同受体细胞表面的结合蛋白与病毒膜蛋白融合，或两种病毒的膜蛋白融合，都有可能改变病毒感染效果和改变寄主范围。

（3）缺失 *p10* 基因

P10 蛋白是多角体膜的纤维结构成分，缺失 *p10* 基因的重组病毒在昆虫中肠释放病毒粒子的效率提高，毒力因而提高 2 倍，但对紫外线等的抵抗力降低。

4.3.2.9 异源病毒重组

通过异源病毒之间的重组可以扩大杆状病毒宿主域，例如，日本学者将 AcMNPV 和 BmNPV 共感染对 BmNPV 不敏感的 sf-21 细胞，得到的子代病毒经 BmN 细胞空斑纯化后，限制性内切酶分析为 AcMNPV 和 BmNPV 的重组病毒，该病毒具有更广泛的宿主域，能够在 sf-21 细胞、BmN 细胞和家蚕幼虫中复制和产生多角体。这说明利用异源病毒重组技术有可能得到既提高了毒力又扩大了杀虫范围的新的基因工程病毒杀虫剂。

由于病毒农药在害虫生物防治方面日益受到各国的重视。但是，在应用中一些野生型的毒株也存在一些缺点，主要是杀虫速度慢和杀虫谱比较狭窄，使昆虫病毒杀虫剂的生产和应用受到一定的限制。随着分子生物学研究的深入和基因工程技术的发展，科学家们正在利用基因工程技术针对病毒杀虫剂的不足对昆虫病毒进行改良，以创造新一代高效、安全的病毒杀虫剂。可以预料，随着科技的进步，将会有越来越多的基因工程病毒杀虫剂用于防治害虫，应用昆虫病毒防治害虫将有着更为广阔的应用前景。

复习思考题

1. 昆虫病原病毒与虫媒病毒有什么不同？
2. 病毒农药防治害虫有哪些优点？
3. 杆状病毒的两种表现型有些什么差别？

4. 简述 NPV 的复制周期。

5. 生产病毒杀虫剂要解决哪些关键问题？

6. 怎样才能用好病毒农药？

7. 比较核型多角体病毒杀虫剂与质型多角体病毒杀虫剂的杀虫机理。

8. 病毒农药防治害虫的缺点有哪些？如何避免？

9. 改造病毒杀虫剂有哪些方法？

10. 谈谈基因工程病毒杀虫剂的应用前景。

参考文献

李毅，洪华珠，陈振民，等，2017. 生物农药[M]. 2 版. 武汉：华中师范大学出版社.

吴云锋，2008. 植物病虫害生物防治学[M]. 北京：中国农业出版社.

吕鸿声，1998. 昆虫病毒分子生物学[M]. 北京：中国农业科技出版社.

陈明琪，2017. 药用微生物学基础[M]. 3 版. 北京：中国医药科技出版社.

单爱琴，2014. 环境微生物学[M]. 徐州：中国矿业大学出版社.

武汉大学病毒研究所，中国昆虫病毒资源与生防研究组，1986. 中国昆虫病毒图谱[M]. 长沙：湖南科学技术出版社.

孙京臣，谭玉蓉，戴伟君，等，2005. 家蚕质多角体病毒 RDRP 的免疫电镜定位研究[J]. 电子显微学报（1）：69-73.

申建茹，刘万学，万方浩，等，2012. 苹果蠹蛾颗粒体病毒 CpGV-CJ01 的分离和鉴定[J]. 应用昆虫学报，49(1)：96-103.

王丽英，李永丹，杨红珍，等，2000. 西伯利亚蝗痘病毒超微结构和发育及 DNA 特性[J]. 病毒学报（3）：252-257.

李莉，张珈敏，胡远扬，等，2002. 蟑螂浓核病毒三维结构的对比分析[J]. 科学通报（23）：1807-1810.

第 5 章

细菌农药

细菌农药包括细菌杀虫剂和细菌杀菌剂等，是国内研究开发较早、生产量最大、应用最广的微生物源农药。其中细菌杀虫剂目前大约有 100 多种，被开发成产品投入实际应用的主要有苏云金芽孢杆菌、日本金龟子芽孢杆菌、球形芽孢杆菌和缓病芽孢杆菌。苏云金芽孢杆菌是当今研究最多、用量最大的杀虫细菌，其制剂能用来防治 150 多种害虫，主要是鳞翅目害虫。细菌杀菌剂包括革兰氏阴性菌和革兰氏阳性菌，研究比较多的有荧光假单胞杆菌和芽孢杆菌。芽孢杆菌种类繁多，资源丰富，芽孢的形成使得它们的适应性和抗逆能力强，易于工业化生产和贮藏，具有巨大的应用潜力。

5.1 细菌农药概述

细菌农药是微生物源农药的主要类型之一，主要有苏云金芽孢杆菌、球形芽孢杆菌、金龟子芽孢杆菌、假单胞杆菌和枯草芽孢杆菌等。其主要特点是选择性强，能够有效防治病虫害，对环境友好，可以通过遗传操作增强功效，生产工艺比较简单，易于大规模生产。

5.1.1 细菌的特征

广义的细菌即为原核生物，是指一大类细胞核无核膜包裹，只存在称作拟核区的裸露DNA 的原始单细胞生物，包括真细菌和古生菌两大类群。人们通常所说的细菌为狭义的细菌，狭义的细菌为原核微生物的一类，是一类形状细短，结构简单，多以二分裂方式进行繁殖的原核生物，是在自然界分布最广、个体数量最多的有机体，是大自然物质循环的主要参与者。

细菌主要由细胞壁、细胞膜、细胞质、核质体等部分构成，有的细菌还有荚膜、鞭毛、菌毛等特殊结构。绝大多数细菌的直径大小在 $0.5 \sim 5.0~\mu m$。可根据形状分为 3 类，即：球菌、杆菌和螺形菌(包括弧菌、螺菌、螺杆菌)。按细菌的生活方式分为 2 大类：自养菌和异养菌，其中异养菌包括腐生菌和寄生菌。按细菌对氧气的需求可分为需氧(完全需氧和微需氧)和厌氧(不完全厌氧、有氧耐受和完全厌氧)细菌。按细菌生存温度分类，可分为喜冷、常温和喜高温 3 类。细菌广泛分布在土壤和水中，或者与其他生物共生。

5.1.2　细菌农药的分类

细菌农药是一类由细菌或其代谢产物组成的杀虫或杀菌制剂。按用途或防治对象分类，细菌农药可分为细菌杀虫剂、细菌杀菌剂、细菌杀线虫剂、细菌杀鼠剂、微生态制剂等；按是否产芽孢分类，细菌农药可分为芽孢杆菌类细菌农药和非芽孢杆菌类细菌农药。

5.1.2.1　按用途或防治对象分类

（1）细菌杀虫剂

细菌杀虫剂是指将从昆虫病体上分离得到的病原菌进行培养，以用于防治害虫的微生物培养物。其作用对象主要是在农林和医学上的有害昆虫，已发现的昆虫致病菌有苏云金芽孢杆菌（*Bacillus thuringiensis*，Bt）、金龟子芽孢杆菌（*B. popiliae*）、缓病芽孢杆菌（*B. lentimorbus*）、球形芽孢杆菌（*B. sphaericus*）、天幕虫梭菌（*Clostridium malacosome*）、铜绿假单胞菌（*Pseudomonas aerugnosa*）和金龟子立克次氏体（*Rickettsiella popiliae*）等。其中，几种芽孢杆菌均已制成商品菌剂在生产中应用。在芽孢杆菌中研究最深入、应用最广的是苏云金芽孢杆菌，主要作用于鳞翅目昆虫，对双翅目、鞘翅目、同翅目、直翅目、食毛目等昆虫也有一定的作用。金龟子芽孢杆菌和缓病芽孢杆菌对鞘翅目害虫金龟子的幼虫蛴螬有高度致病力。

当蛴螬吞食这类芽孢杆菌的芽孢后，芽孢萌发侵入血腔，并大量繁殖，使幼虫的血淋巴呈乳状，死亡幼虫呈乳白色，故又称为乳状病。球形芽孢杆菌在自然界的分布也很广泛，其中有些对蚊子的幼虫孑孓有高毒力。

（2）细菌杀菌剂

早期研究的细菌杀菌剂多为革兰氏阴性菌，如假单胞菌（*Pseudomonas* spp.）、放射形土壤杆菌（*Agrobacterium*）、欧氏杆菌（*Erwinia*）等。其中，荧光假单胞菌（*Pseudomonas fluorescens*）大量存在于植物根际，或定殖于植物根表面，繁殖迅速，能产生嗜铁素和抗生素，成为植物位点和空间微环境的有力竞争者，从而对多种植物病原菌有抑制作用；放射形土壤杆菌菌株如 K84（*Agrobacterium radiobacter* strain K84）可用于防治由根癌病土壤杆菌（*Agrobacterium tumefaciens* Conn.）引起的感染；欧氏杆菌对白菜、萝卜、马铃薯等的软腐病或腐烂病有防效。

近年来，人们逐渐认识到革兰氏阳性菌在杀菌中的重要作用。特别是芽孢杆菌种类繁多，资源丰富，适应性和抗逆能力强，易于工业化生产和贮藏，应用潜力大。枯草芽孢杆菌（*Bacillus subtilis*）制剂已进行商业化生产，对镰刀菌属（*Fusarium*）和丝核菌属（*Rhizoctonia*）等植物病原真菌有很好的防治效果，同时兼具防病和促进作物生长的作用。蜡状芽孢杆菌（*Bacillus cereus*）对苜蓿猝倒病、大豆猝倒病和根腐病有防治作用。蜡状芽孢杆菌 R2 和枯草芽孢杆菌 B-908 对水稻纹枯病有较强的抑制作用。

（3）细菌杀线虫剂

细菌杀线虫剂是一类可用于防治植物线虫的细菌，其中穿刺巴斯德氏柄菌（*Pasteuria penetrans*）是植物线虫最重要的生物防治因子之一。

（4）细菌杀鼠剂和微生态制剂

目前细菌杀鼠剂主要有肉毒梭菌（*Clostridium botulinum*）产生的毒素，肉毒梭菌毒素包括 A、C 和 D 型，其中 C 型肉毒梭菌生物杀鼠素已得到一定范围的应用。

微生态制剂又称活菌制剂（Biogen）、生菌剂、益生素（Probitics），是在微生态理论指导下，由乳酸杆菌、芽孢杆菌、光合细菌和酵母菌等有益微生物（PM）经复合培养、发酵、干燥、加工等特殊工艺生产出的生物制剂或活菌制剂。目前主要在保健医学、疾病的预防和治疗、改善畜禽产品品质方面应用，农业生产中微生物菌肥可以算作微生态制剂。它能在数量或种类上补充动物肠道内缺少或缺乏的正常微生物，调整或维持肠道内微生态平衡，改进并增强机体的免疫机能，提高机体的抗应激能力。

5.1.2.2　按是否产芽孢分类

（1）芽孢杆菌类细菌农药

芽孢杆菌类细菌农药是由芽孢杆菌属细菌的芽孢或其代谢产物加工而成的，主要有苏云金芽孢杆菌、金龟子芽孢杆菌、缓病芽孢杆菌、球形芽孢杆菌、枯草芽孢杆菌和蜡状芽孢杆菌等。

（2）非芽孢杆菌类细菌农药

非芽孢杆菌类细菌农药由菌体或其代谢产物加工而成，主要有铜绿假单胞菌、荧光假单胞杆菌、放射形土壤杆菌、欧氏杆菌、穿刺巴斯德氏柄菌、肉毒梭菌、乳酸杆菌、光合细菌和酵母菌等。

5.1.3　细菌农药的特点

细菌农药是生物源农药中的重要一类，具有以下特点：①具有一定的特异性和选择性的杀虫或者杀菌作用，不杀伤天敌，对人、畜安全，不污染环境，对环境相容性高；②易于和其他生物学手段相结合来进行有害生物综合治理，能维持生态平衡；③由于杀虫活性蛋白后者抑菌杀菌机制的多样性，昆虫和有害生物产生抗性较缓慢或不易产生抗性；④可以通过发酵法生产，容易培养，培养周期短，生产工艺比较简单，具有相对较低的生产成本；⑤可以通过生物技术途径筛选或构建优良性能的菌株来满足生产与应用所需等；⑥某些产芽孢的细菌农药抗逆性强，易于贮藏和运输；⑦开发与登记费用低于化学农药。由于具有以上特点，细菌农药自问世以来发展较快，其中杀虫微生物发展最快。据报道，全世界已商品化的微生物源农药中细菌杀虫剂占 90%。

5.1.4　细菌农药的发展历史及研究现状

细菌农药是国内外微生物源农药中研究较早、成果较多、产量较大、使用较广泛的微生物杀虫剂。有关细菌类生物源农药的菌株选育、发酵工艺优化、产品剂型加工和在不同农作物上的应用技术等方面均有了较好的发展，我国在细菌类生物源农药的研究、开发、生产与应用上均处于世界先进水平。例如，我国有关研究与生产企业在苏云金芽孢杆菌的研究与开发应用规模上已处于世界领先水平，苏云金芽孢杆菌杀虫剂目前在我国主要应用于防治棉铃虫、斜纹夜蛾、甜菜夜蛾、烟青虫、小地老虎、稻纵卷螟、玉米螟和小菜蛾等。我国有关科研人员对苏云金芽孢杆菌的研究已经深入基因水平，对其杀虫蛋白的编码

基因 *cry* 的研究及其应用技术获得了新的突破性进展。我国 Bt 产品剂型以液型、乳剂为主，还有可湿性粉剂、悬浮剂，目前 Bt 产品的剂型正向干悬浮剂、纳米制剂上发展。

5.2 主要细菌杀虫剂品种及应用

5.2.1 苏云金芽孢杆菌

苏云金芽孢杆菌是革兰氏阳性菌。目前，作为一种对人畜安全无毒、不污染环境的高效微生物杀虫剂，苏云金芽孢杆菌在害虫防治中发挥着重要的作用。

5.2.1.1 苏云金芽孢杆菌的生物学特性

（1）形态

苏云金芽孢杆菌在不同的生长发育阶段其形态各不相同。

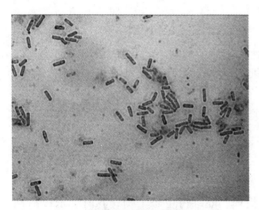

图 5-1　苏云金芽孢杆菌光镜照片
（引自胡逸超等，2019）

①营养体　苏云金芽孢杆菌的营养体依亚种的不同略有差异，其细胞杆状，两端钝圆，周生鞭毛（或无鞭毛），能运动、微运动或不运动形态。图 5-1 为苏云金芽孢杆菌的光镜照片。

②孢子囊、芽孢及伴孢晶体　苏云金芽孢杆菌的孢子囊不膨大，芽孢着生于细胞的一端或偏一端，另一端或两端形成一个、两个或多个不同形态的伴孢晶体。孢子囊比营养体小，当孢子囊成熟时，通常芽孢与伴孢晶体分离。图 5-2 所示为苏云金芽孢杆菌电镜照片，可以清晰观察到苏云金芽孢杆菌的鞭毛、伴胞晶体等。

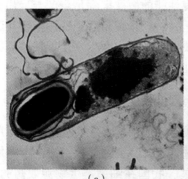
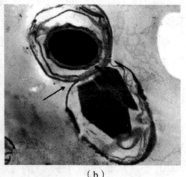

（a）　　　　　　　　（b）

图 5-2　苏云金芽孢杆菌电镜照片
（引自刘忱等，2016）
（a）示鞭毛　（b）伴胞晶体

　　苏云金芽孢杆菌芽孢的形状和大小较为固定，伴孢晶体的形状和大小往往依菌株本身的特性、培养基和培养条件的差异而不同。例如，伴孢晶体有菱形、长菱形、方形、圆形或椭圆形、镶嵌形、三角形、无定形等。同一菌株在丰富培养基和基本培养基中也可能产生不同形态的伴孢晶体，但 SDS-PAGE 电泳的结果表明其化学组成仍然是一致的。

　　研究发现有一些菌株的伴孢晶体不是杀虫晶体蛋白，而是由 S 层蛋白形成的。S 层蛋白结构是细菌表面自发形成的一种晶格状结构，其蛋白与苏云金芽孢杆菌伴孢晶体成分——杀虫晶体蛋白是完全不同的两种蛋白质。前者是由 S 层蛋白基因编码，在整个生长期均可表达，属组成型表达；后者则通常是由宿主自身的杀虫晶体蛋白基因编码，在芽孢形成期表达。

　　在相同培养基和培养条件下，苏云金芽孢杆菌 24 个亚种及其 33 个菌株伴孢晶体的大小不同，其长度变化范围为 0.6~1.8 mm，宽度变化范围为 0.3~0.9 mm，其形状也各不相同。

（2）培养特征

　　培养特征是微生物固有的特性，是鉴定微生物的标准之一。但是苏云金芽孢杆菌的培养特征却依培养基、培养条件和培养时间的不同而不同。

　　①菌落　Berliner 对苏云金亚种菌落的描述是苏云金芽孢杆菌培养特征的最早记载。苏云金芽孢杆菌在蛋白胨琼脂培养基中 30 ℃ 培养 24 h，形成针尖大小的黄色小点，边缘平滑。显微镜观察，深层菌落呈毡块状，有丝状放射线；72 h 为圆盘状，直径约 1 cm，淡黄色而湿润，边缘不整齐，呈粗布状向外展开，略呈放射状皱纹。如果在 2% 葡萄糖琼脂培养基中 30 ℃ 培养 24 h，可见表面黄色小菌落；48 h 后为厚圆环形，直径约 3 mm，中央有一较深的圆环，表面暗白色，微有光泽，干燥粗颗粒状，边缘有复片如卷发，深层菌落不整齐，似小块奶油状；72 h 后，直径可达 2 cm。在马铃薯琼脂培养基上可生长，较牛肉膏蛋白胨琼脂培养基上的菌落湿润。

　　将库斯塔克亚种（*B. thuringiensis* subsp. *kurstaki*）菌株 YBT-1520 在牛肉膏蛋白胨琼脂培养基中 30 ℃ 培养 72 h，大多数菌落为圆形，乳白色，表面似毛玻璃，有时有皱纹，1%~5% 的菌落表面光滑，边缘不整齐，直径可达 8~12 mm。

　　②菌苔　苏云金芽孢杆菌斜面上的菌苔呈凸起，乳白色或淡黄色，光滑或有皱纹，产生或不产生可溶性褐色素等。

（3）分类

　　苏云金芽孢杆菌的分类是细菌学家争论不休的问题之一，直到 1957 年在《伯杰氏细菌鉴定手册》中才正式列为一个独立的种，种以下又区分为不同的亚种。亚种的划分主要依据鞭毛抗原的血清型（H-血清型）和生理生化特性的不同，后来由于无鞭毛亚种的出现，人们又采用营养细胞的酯酶型作为辅助分类依据。

　　亚种划分鉴定方法大致可归纳为如下几种：

　　① 鞭毛抗原血清型　细菌的鞭毛由鞭毛蛋白（*flagellin*）组成，它具有抗原的特异性。一个细菌的鞭毛往往有一个或多个抗原，称为鞭毛抗原或 H 抗原，H 为德语 Hauch（扩散）一词的第一个字母，即指具鞭毛细菌的菌落能扩展。当用苏云金芽孢杆菌制备的鞭毛抗原免疫动物时，在动物体内可以产生抗体。含有抗体的血清能与抗原发生特异性的结合，即

发生凝集反应。根据鞭毛的血清学反应将苏云金芽孢杆菌划分为不同的血清型。

②酯酶型　Norris 最早用淀粉凝胶电泳的方法分析了酯酶，并应用于鉴定苏云金芽孢杆菌，后来酯酶被作为分类鉴定指标之一。即用聚丙烯酰胺垂直平板电泳的方法对苏云金芽孢杆菌酯酶进行分析，根据酯酶带的数量、特征和 Ef 值的不同，把苏云金芽孢杆菌划分为不同的酯酶型。

③O-血清型　根据经典的苏云金芽孢杆菌 H 型鉴定方法所制备的抗原实际上是 OH 抗原。由于 H 抗原的特异性强，所进行的主要是 H 凝集反应，但都不可排除 O 抗原与 O 抗体的凝集作用，因其一般凝集效价较低而被忽略不计。当 H 抗原亚因子凝集效价低时，有可能当成 O 抗原的凝集而被忽略。玉米亚种的 H 抗原亚因子 C 就是这样被忽略的，后来得到了纠正。用过量 O 抗原吸收 OH 抗血清中的 O 抗体后，再与 OH 抗原进行凝集反应，这样进行的才是名副其实的 H 型鉴定，并且这种方法也能鉴定无鞭毛菌株。

(4)生活史

苏云金芽孢杆菌营养细胞生长到一定阶段可以进行二分裂，而产生新的营养细胞，也可以在菌体内一端形成芽孢，另一端形成伴孢晶体。含芽孢的菌体破裂后释放出芽孢和伴孢晶体，芽孢在适当的条件下萌发产生新的营养体细胞。

5.2.1.2　苏云金芽孢杆菌的杀虫机理

苏云金芽孢杆菌主要用于农林及卫生害虫的防治，主要是其毒素发挥作用。最早发现的毒素是伴孢晶体(苏云金芽孢杆菌 δ-内毒素)，随后发现了苏云金素、营养期杀虫蛋白(vegetative insecticidal proteins，VIPs)、几丁质酶、卵磷脂酶(苏云金芽孢杆菌 α-外毒素)、肠毒素等生物活性成分，但主要的活性因子为杀虫晶体蛋白(包括晶体蛋白 Cry、溶细胞蛋白 Cyt)、苏云金素和营养期杀虫蛋白，人们对其作用机制进行了深入研究。

(1)Cry 蛋白的作用机制

Cry 蛋白的作用过程要经过昆虫肠道溶解、酶解活化、与受体结合、插入和孔洞形成或离子通道形成五个环节。

①昆虫肠道溶解　昆虫尤其是鳞翅目幼虫的肠道占其总重量的一半，其中中肠占其中的绝大部分，具有很高的 pH 值环境，有利于伴孢晶体的溶解，而中肠蛋白酶的类型又决定了原毒素的激活方式。

②毒素释放和激活　当敏感昆虫摄食伴孢晶体后，在中肠高 pH 值环境下，打开伴孢晶体的二硫键，溶解释放出晶体蛋白。晶体蛋白是一种原毒素，不能直接发挥毒性作用，在肠道蛋白酶的剪切作用下，形成抗蛋白酶的毒素核心片段(toxic core fragment)，只有它才能识别上皮细胞上特异性的受体，从而发挥毒性作用。晶体蛋白 CryIAc 的激活是从 C 末端开始向 N 末端进行，在蛋白酶的作用下，依次切除 7 个 8~10 kDa 短肽，直到第 623 个氨基酸残基为止。同时，在 N 末端切除 28 个氨基酸，形成抗蛋白酶的 60 kDa 毒素核心片段，这样晶体蛋白便被激活。

③毒素与受体的结合　当原毒素激活后，穿过围食膜到达中肠上皮柱状细胞，与刷状缘上特异性的受体高亲和性地结合，从而发挥毒性作用。杀虫特异性与亲和力大小有关。实验表明，在小菜蛾中 Cry1 晶体蛋白的受体是 120~180 kDa 的糖蛋白，而在烟草天蛾 BBMV 中鉴定出 CryIAc 晶体蛋白的受体为金属蛋白酶——氨肽酶 N。而 Cyt 晶体蛋白在体

内没有特定的受体。

④细胞膜孔的形成 在膜孔形成过程中，受体有 3 种可能的作用：本身作为毒素转膜的通道，与毒素一起形成膜孔；作为毒素作用于细胞膜的传递媒介。孔的形成是由于溶细胞细菌蛋白毒素的共同作用。

⑤细胞裂解 当毒素形成孔洞后，维持细胞膜功能的离子梯度受到破坏，不能渗透细胞内外的一些大分子和水分子，从而导致柱状细胞吸水膨胀，最后裂解。1994 年，Knowles 提出了两种假说：质子崩溃假说认为，鳞翅目昆虫中肠 pH 值高，在中肠上皮细胞上存在质子驱动的 K^+ 泵，所形成 K^+ 选择性通道使柱状细胞的 K^+ 梯度受到破坏，从而导致细胞膜的非极性化，以及 H^+ 顺着 pH 值梯度向外流，这样柱状细胞的细胞质 pH 值升高，细胞被杀死，中肠崩溃，最后导致昆虫死亡；渗透裂解假说认为，由于细胞内部含有一些带负电的蛋白质和核酸，细胞就可连续吸收水分，细胞上大的裂缝不可避免地导致细胞的渗透裂解。

晶体毒素对昆虫中肠上皮细胞的作用十分迅速，处理后 1 min 之内，柱状细胞的微绒毛紊乱且不规则膨大，从基部开始消失，线粒体和粗面内质网有不同程度的膨大和解体。随后可以看到球状突起出现，并逐渐取代微绒毛。随着感染时间加长，细胞内出现许多空泡并进一步扩大，致使整个细胞解体并脱落到肠腔。

（2）Cyt 蛋白的作用机制

CytA 与其他 Cry 蛋白在大小和结构上完全不同，作用机制也不一样。CytA 具有溶解脊椎动物细胞和无脊椎动物细胞的能力，在细胞膜上没有专一的受体蛋白，它首先与膜中的不饱和脂肪酸亲和而与膜结合，而且是通过多个毒素分子寡聚合形成跨膜的 β 桶式（β-barrel）结构，最后造成膜穿孔的。

（3）VIPs（营养期杀虫蛋白）的作用机制

对营养期杀虫蛋白杀虫机制的组织病理学研究表明，VIPs 是以与 ICPs 相类似的方式产生致病作用的，即主要通过与敏感昆虫中肠上皮细胞受体结合，使中肠溃烂而产生昆虫致死现象，然而两者的作用机制完全不同。VIP3A 的 N 端区域与 Cry3A 蛋白的 N 端区域（即结构域 ID 之间没有序列同源性，VIP3A 只要在 pH 值低于 7.5 时即可溶解，其 C 端也不被切除，与敏感昆虫中肠上皮细胞结合后诱发细胞凋亡，细胞核溶解，最终昆虫死亡。对 VIP1 和 VIP2 作用于昆虫的作用机制尚不了解。

（4）苏云金素的杀虫机理

苏云金素对昆虫和高等动物的毒性是由于对 RNA 合成的抑制引起的，不影响蛋白质和 DNA 合成。

根据目前研究的结果，苏云金素的杀虫机理可总结如下：

①苏云金素不直接影响蛋白质和 DNA 的生物合成途径；

②苏云金素是原核和真核生物 DNA 依赖的 RNA 聚合酶的特殊抑制剂；

③苏云金素的抑制方式可能是与 ATP 竞争酶的结合位置，因为两者的分子组成有相似的三维结构，对结合起决定作用；

④真核生物 DNA 依赖的 RNA 聚合酶比原核生物的聚合酶对苏云金素更敏感；

⑤苏云金素的这种抑制作用主要是对真核生物的代谢作用产生干扰，它影响肠道合成

核糖体的 RNA 聚合酶；

⑥除了影响多聚核糖核苷酸链的合成外，还表现在合成 RNA 过程的抑制；

⑦苏云金素可能影响靶标生物的 ATP 代谢作用。

热稳定苏云金素对昆虫的杀虫机理尚未完全研究清楚，至于对高等动物的急慢性致毒问题也尚须进一步研究。

5.2.1.3 苏云金芽孢杆菌制剂生产工艺

目前，苏云金芽孢杆菌杀虫剂已成为世界上用途最为广泛的微生物源农药。1964 年，武汉建立了首家 Bt 制剂工业化生产基地，这对 Bt 制剂的研究和发展起到了一定的推动作用。我国 Bt 行业真正的发展开始于 20 世纪 80 年代中期。在经历了"七五"至"十五"攻关之后，Bt 行业得到了迅速的发展。

Bt 杀虫剂的生产方法按发酵方式可分为液体发酵和固体发酵两种。

（1）液体发酵工艺

发酵的实质是供给微生物适当的营养物质而使其生长，以便得到有用的或有价值的代谢产物的一种过程。与任何其他生物的生长一样，微生物的生长也需要水以及合适的碳源和氮源。如果是好气性微生物，如苏云金芽孢杆菌，生长还需要大量的氧气。

另外，微生物的生长还需要特定的温度和酸碱环境，同时它的发酵过程不能受其他微生物的影响。因此，微生物发酵必须有适当的设备和设施。

整个发酵工艺过程可分为菌种的制备、培养基的选择及灭菌、发酵和后处理四个工序。

（2）固体发酵工艺

固体发酵是利用小颗粒载体表面所吸附的营养物质来培养所需要的微生物。在相对小的空间里，这种小颗粒载体可提供相当大的液—气界面，从而满足好气微生物生长增殖所需要的水分、空气和营养。高浓度、高黏度的液体深层发酵技术是现代发酵工程研究的前沿，而固体发酵就是高浓度、高黏度发酵技术的极限。固体发酵可克服传统液体发酵工艺对发酵技术要求高、设备投资大、商品制剂成本高等问题。

网盘薄层一步固体发酵法是将一步扩大法与网盘薄层固体发酵法相结合而成的一套较完善的固体发酵工艺，具有网盘通气性好、发酵热容易控制、生长快、不易污染、发酵物效价高等优点，特别适合产量要求低、资金短缺的乡镇企业或发展中国家兴办的企业。

工艺流程：苏云金芽孢杆菌优质菌粉（100 亿活芽孢/g 以上）→网盘薄层固体发酵→干燥→粉碎→包装。

培养及管理：苏云金芽孢杆菌固体发酵的大量实践证明，发酵过程中料温和 pH 值的变化有一定规律，湿度变化也有一定要求。掌握这些规律和要求，对提高固体发酵的质量有重要的意义。

苏云金芽孢杆菌固体发酵可分为四个阶段。第一阶段为发酵初期（6～10 h）。接种后料温由高于室温逐步下降到接近于室温，再回升到略高于室温，这一阶段芽孢萌发成营养体并开始分裂。这一时期的关键是保温、保湿。室温应控制在 30 ℃左右，空气相对湿度应控制在 80%～90%，以促进芽孢萌发，防止污染。第二阶段为发酵高峰（10～24 h）。这一阶段萌发的营养体进入对数生长期，菌数成倍增长，放出大量热量，料温明显高于室温，可达 34 ℃以上，pH 值开始上升。在此期间如果室温控制不好，料温可达 35 ℃以上。这一时期的关键是降温、保湿，控制料温在 32 ℃以内。第三阶段是稳定期(24~34 h)。培养基温度逐渐下降，能持续 10~16 h，这一时期菌数增长缓慢，并趋于稳定，菌体形成芽孢，pH 值继续上升，增至 8.5 左右。此时应保持室温在 28~32 ℃，空气相对湿度降到30%以内。第四阶段是后熟期(34 h 到发酵结束)。培养基温度与室温一致，pH 保持恒定。这一阶段的关键是升温，控制料温在 35 ℃左右，并大量通气，促进菌体迅速老熟。经40~70 h，约20%以上的芽孢晶体脱落后便可终止培养。

苏云金芽孢杆菌网盘薄层固体发酵实行工厂化生产，对料温、室温、空气湿度必须严格管理。在室温低于 32 ℃和高于 15 ℃的条件下，可人为地控制室温在发酵允许的室温(28~32 ℃)内。根据苏云金芽孢杆菌的发酵规律，前期室温应保持在 30 ℃左右，最低不应低于 26 ℃，否则不利于芽孢的萌发；最高不应超过 32 ℃，否则料温提前上升，容易使菌体老化，降低毒力，还容易引起杂菌污染。前期空气相对湿度应保持在 80%以上。若湿度过低，培养基中水分会过早散失，造成发酵提前结束，培养物菌数和效价都降低。在发酵中期，应使室温保持在 28~30 ℃，料温不超过 32 ℃。在培养基的厚度保持在 2.5 cm 左右的情况下，培养高峰期料温很容易控制在 32 ℃左右。在发酵后期可适当提高室温，降低空气湿度，以促进芽孢成熟。

5.2.1.4　苏云金芽孢杆菌产品标准化及质量检测

我国苏云金芽孢杆菌产品标准及制剂质量检测内容包括含水量、悬浮率、细度、pH值、湿润时间、毒力效价等。除毒力效价外，其余各项内容的检测方法皆参照化学农药方法进行。国际上采用毒力效价作为苏云金芽孢杆菌制剂主要质量指标，以国际单位/毫克(IU/mg)来表示。

法国于 20 世纪 50 年代最早提出苏云金芽孢杆菌制剂的毒效可以用某一标准制剂作比较，1966 年建议用法国巴斯德研究所出产的 E-61 作为国际的标准制剂。该剂的毒力效价定为 1000 IU/mg，试虫为地中海粉螟。所有的苏云金芽孢杆菌类制剂都可用生物测定的方法与 E-61 比较致死中量，并用 IU/mg 来表示毒力效价。

$$样品毒效(IU/mg) = \frac{标准品LD_{50}(或LC_{50})}{样品LD_{50}(或LC_{50})} \times 标准品毒效(IU/mg)$$

美国用 HD-1-S-1971 与 E-61 做生测比较，以粉纹夜蛾作为试虫，其毒力效价定为18 000 IU/mg，意即 HD-1-S-1971 对粉纹夜蛾的毒力比 E-61 大 18 倍。

我国苏云金芽孢杆菌制剂自 20 世纪 60 年代投产以来，均沿用活孢子计数未表示。70年代中期，中山大学昆虫学教研室曾研究用家蚕作为指标昆虫，通过菌液浸卵法感染蚁蚕来测定苏云金芽孢杆菌制剂的毒力，以及与其他种农林害虫的毒力反应相比较，得出其间的相关性，并建议国内采用这种生物测定法，实现苏云金芽孢杆菌产品的毒力标准化。"七五"期间制备了 CS_{3ab}-1987 和 CS_{5ab}-1987 两个我国自己的标准品，并完成了以棉铃虫、小菜蛾为供试虫的标准化生物测定方法的研究，上述两种标准品已为我国有关部门认可，并在我国苏云金芽孢杆菌制剂厂家使用。

采用生物测定方法来确定产品毒力，实现了苏云金芽孢杆菌产品质量检测技术的标准化。但是，考虑到生物测定手续比较烦琐，花时较长，故人们一直努力探索寻找其他代替方法，如尝试用生物技术和免疫化学技术直接测定制剂中伴孢晶体蛋白含量的方法，以蛋白的百分含量来表示产品的质量状况等。此外，还研究了诸如火箭免疫电泳技术、酶联免疫吸附测定法检测苏云金芽孢杆菌的晶体蛋白含量，以及苏云金芽孢杆菌制剂的离体生物测定的方法等，以代替耗时长、成本高的活体生物测定程序，将为这些技术或方法用于苏云金芽孢杆菌产品标准化提供理论依据。

农药制剂方面，国外在苏云金芽孢杆菌剂型方面做了大量工作，并取得了明显的效果。主要有粉剂、可湿性粉剂、悬浮剂、浓水剂、油剂、乳油、颗粒剂、片剂、缓释剂、生物包被剂等多种剂型。我国目前的剂型仅有油剂、粉剂、可湿性粉剂、悬浮剂等，剂型品种少，需要不断改进剂型和开发新制剂产品。我国的制剂现已经有了国家标准。

5.2.1.5 苏云金芽孢杆菌在生物防治中的应用

（1）防治蔬菜害虫

苏云金芽孢杆菌可以用于防治的蔬菜害虫有大菜粉蝶、小菜蛾、瓜螟、番茄棉铃虫、烟青虫、银纹蛾等，而且对这些害虫的天敌如蝶蛹金小蜂和小菜蛾绒茧蜂的影响很小，在无公害蔬菜种植中起着很重要的作用。

（2）防治水稻害虫

自20世纪70年代初期起，我国应用苏云金芽孢杆菌防治多种水稻害虫，取得了较好效果，并且积累了大量经验，摸索出许多用苏云金芽孢杆菌防治水稻害虫的好方法。近几年来，用苏云金芽孢杆菌防治水稻害虫在各地得到进一步的推广应用。目前，苏云金芽孢杆菌已成为我国水稻害虫防治的重要手段之一。已报道用苏云金芽孢杆菌可有效防治的水稻害虫有稻苞虫（*Parnara guttata*）、稻纵卷叶螟（*Cnaphalocrocis medinalis*）、三化螟（*Tryporyza incertulas*）、二化螟（*Chilo suppressalis*）、稻螟蛉（*Naranga aenescens*）、稻蓟马（*Chirothrips oryzae*）、黏虫（*Mythinma separata*）等。

（3）防治棉花害虫

棉铃虫（*Helicoverpa armigera*）属鳞翅目夜蛾科，是世界性的棉花害虫，可造成棉花大面积减产甚至绝收。多年来棉铃虫的防治都是使用化学农药，但据报道，棉铃虫对常用菊酯类、有机磷类和氨基甲酸酯类农药都已产生了抗性，使田间用药量增大，破坏了生态平衡，导致棉铃虫的大爆发并使生产成本一再提高。近年来，低毒、无公害的生物杀虫剂在棉铃虫综合防治中显示出越来越重要的作用，其中使用面积最大、应用最广泛的当属苏云金芽孢杆菌，用其防治棉铃虫取得了一定的成效，对二代棉铃虫的防效可达95%以上，可将虫口密度压低到经济损失水平以下。

（4）防治玉米害虫

玉米螟是危害玉米的主要害虫之一，用苏云金芽孢杆菌防治玉米螟比化学农药效果好。在山东省用苏云金芽孢杆菌粉0.5 kg加土50~100 kg和50~100 kg苏云金芽孢杆菌菌土加白僵菌20倍菌土防治玉米螟取得了良好的效果。江苏省用浓度为每毫升0.5亿~1亿的7216菌液在玉米心叶期进行灌心防治，72 h后玉米幼虫的死亡率达83.4%~88.8%。用菌株7216、HD-1、7404（Hac）和77-1（H1）四种苏云金芽孢杆菌分别制成5亿/g和10亿/g的颗粒剂，在玉米心叶期施用，蛀茎减退率和蛀孔减退率分别为70%~90%和82%~93%。飞机喷洒苏云金杆菌乳剂防治玉米螟试验证实，对一代玉米螟的防治效果可达70%左右。

（5）防治园林及果茶害虫

苏云金芽孢杆菌在防治松毛虫、栎绿卷叶蛾（*Tortrix viridana*）和落叶松灰小卷叶蛾（*Eucosma diniana*）、天幕毛虫（*Malacosoma pluviale*）、舞毒蛾（*Lymantria dispar*）、异色卷叶蛾（*Argyroplace variegana*）、苹白小卷叶蛾（*Spilonota ocellana*）、松白条尺蠖（*Operophtera brumata*）、苹果巢蛾（*Hyponomeuta malinellus*）、食果巢蛾（*H. padellus*）和美国白蛾（*Hyphantriacunea*）、葡萄上的卷叶蛾等林业害虫方面均获得良好效果。

（6）防治医学昆虫

①防治蚊虫　Bt H-14 是一种广谱的生物杀虫剂，曾用于防治多类蚊类幼虫。从对8种蚊类幼虫敏感度测定的结果来看，它对伊蚊（*Aedes vexans*）幼虫毒效最高，对库蚊的毒效略差，对按蚊的毒效较差。

在德国莱茵河流域 500 km² 的范围内利用 Bti 对伊蚊进行连续 18 年的控制，取得了较好的防治效果。同时，在中国、印度、美国、巴西等地也进行了 Bti 的野外应用，将其成功地用于伊蚊幼虫的防治。

②防治蚋　蚋是一种长 2~5 mm 的吸人畜血液的小型双翅蝇，苏云金芽孢杆菌以色列亚种除了对蚊类幼虫有高毒力外，对蚋也有很高的毒性。以色列亚种杀蚋的主要因子也是伴孢晶体，当伴孢晶体被蚋幼虫吞食后，在蚋中肠的碱性条件下，蛋白质原毒素降解成毒性多肽，破坏中肠上皮细胞致使蚋幼虫死亡。

（7）防治仓储害虫

苏云金芽孢杆菌可以用于防治印度谷、粉斑螟、粉螟、米蛾、地中海螟蛾、米黑虫、绿豆象等仓储害虫。

（8）防治动物寄生虫

为扩大苏云金芽孢杆菌的杀虫谱，给动物寄生虫病防治找到一种新型有效的生物制剂，研究者们在苏云金芽孢杆菌防治动物寄生虫方面也做了许多工作，发现苏云金芽孢杆菌的芽孢可杀死动物粪便中的点状古柏线虫（*Cooperia punctata*）、奥氏奥斯特线虫（*Ostertagia ostertagi*）和蛇形毛圆线虫（*Trichostrongylus colubriformis*）等线虫虫卵。用库斯塔克亚种的粉剂和液剂拌饲料防治兔的球虫病，获得了明显的驱虫效果与增重效果。

苏云金芽孢杆菌

通用名称：*Bacillus thuringiensis*。

其他名称：苏云金杆菌。

制剂：悬浮剂（8000 IU/mg）。

防治对象：甘蓝小菜蛾。

使用方法：在甘蓝小菜蛾低龄幼虫盛发期开始施药，制剂用量 125~150 mL/亩，兑水均匀喷雾。

注意事项：本品不可与碱性农药、碱性肥料和呈碱性的物质混合使用。使用本品时应穿戴防护服、护目镜、手套和口罩等，避免吸入药液，施药期不可吃东西、饮水等，施药后及时洗手和洗脸。使用过的施药器具应清洗干净，禁止在河塘等水域内清洗施药器具，倾倒废弃物。建议与其他作用机制杀虫剂交替使用，以延缓抗性产生。本品对蜜蜂、家蚕有毒，对鱼类等水生生物有毒，开花植物花期禁用，施药期间应密切注意对附近蜂群的影响，使用本品应远离水产养殖区，蚕室及桑园附近禁用。用过的废弃物应妥善保存，不可做他用，也不可随意丢弃。孕妇及哺乳期妇女避免接触。

5.2.2 球形芽孢杆菌

球形芽孢杆菌(*Bacillus sphaericus*，Bs)自 1904 年作为一个独立的种确立以后，其后 60 年间并未受到人们的重视。直到 1965 年，Kellen 发现 Bs 菌株对蚊幼虫有毒杀作用，它作为蚊虫病原菌才为人们所了解。20 世纪 70 年代以来，各国学者对球形芽孢杆菌进行了深入研究。

5.2.2.1 形态特征和分类

Bs 是革兰氏染色可变的、形成内生芽孢的一种杆菌，其培养体的形态随其发育阶段的不同而变化。

（1）营养细胞

Bs 的营养细胞呈杆状，两端钝圆，周生鞭毛(图 5-3)，运动活跃，通常 2~8 个细胞相连，大小为$(0.65\sim0.86)$ μm×$(2.26\sim3.23)$ μm。不同血清型或同一血清型的不同菌株，其大小形态也不尽相同。

图 5-3 球形芽孢杆菌电镜图
(引自戈登，1983)

Bs 的营养细胞由细胞壁、细胞质膜、细胞质、原核、间体、鞭毛等组成。细胞壁的结构、形态和化学组成随着细菌的不同而不同。根据 Bs 对蚊幼虫致病与否，可将其分为致病菌株和非致病菌株，即有毒菌株和无毒菌株。有毒菌株和无毒菌株的细胞壁结构和成分有所不同，大部分无毒菌株营养细胞的细胞壁外层具有正方形的、对称而有规则的结构蛋白质(T层)，而有毒菌株细胞的营养细胞中没有此结构。

（2）孢子囊

Bs 的芽孢着生于细胞的末端或近末端，在芽孢形成的过程中引起菌体的一端膨大，因此孢子囊呈棒槌状。Bs 的伴孢晶体与芽孢着生于细胞的同一端，孢子囊成熟后，伴孢晶体和芽孢仍保持结合状态，两者被包在芽孢外膜内。

（3）芽孢和伴孢晶体

Bs 芽孢的形态和大小随着菌体的不同而不同，经超薄切片观察，芽孢的结构有多层，由外至内依次是芽孢外膜(exosporium)、外衣(outer coat)、片状中衣(lamellar midcoat)、内衣(inner coat)、皮层(cortex)。在 Bs 生长的细胞内，伴随着芽孢的形成，有的菌株能产生一个或多个伴孢晶体，有的则不产生伴孢晶体，且伴孢晶体的形成大小和多寡亦随菌体的不同而不同。

（4）菌落形态

Bs 的菌落呈圆形，一般微凸起，表面光滑，油脂样闪光，有整齐的边缘，呈白色、浅黄色或微棕褐色，少数菌株产生粉红色菌落。菌落的颜色随着时间的推移而变化，开始菌落呈蜡白色，以后颜色逐渐加深，至 48~72 h 时呈微棕褐色。

（5）分类

根据《伯杰氏系统细菌学手册》（*Bergery's Manual of Systematic Bacteriology*）Bs 属于形成内生孢子的革兰氏阳性杆菌和球菌部芽孢杆菌科芽孢杆菌属中的一个独立种。Bs 定种的主要依据是形态学和它的表型特征。芽孢圆形或球形，位于孢子囊的末端，孢子囊一端膨大呈棒槌状，这是形态学上的主要特征。此菌严格好氧，在常温和 pH 值中性条件下生长，不能利用葡萄糖、蔗糖等。利用这些特征可以把它与其他在形态学上相似的芽孢杆菌，如巴氏芽孢杆菌（*Bacillus pasteuri*）、梭状芽孢杆菌（*B. fusiformisi*）等区分开。此外，Bs 在 DNA 同源性上与其他昆虫病原芽孢杆菌异源，脂肪酸组成不同，而且在形态学和生化特性上均明显地区别于其他芽孢杆菌。

Bs 为腐生菌，大多数菌株对蚊幼虫是不致病的，即为无毒菌株，能使蚊幼虫致病的只是少数。其中有毒菌株又分为高毒菌株和低毒菌株。对于 Bs 种内的鉴定，采用 DNA 同源性分析、H-抗原分析和对噬菌体敏感性试验等方法，依次可将 Bs 菌株分成 5 个 DNA 同源型、48 个 H-血清型和 8 个噬菌体型。根据 Bs 菌株对蚊幼虫的毒性进行血清学分类，有毒菌株分属 10 个血清型：H1、H2、H3、H5、H6、H9、H25、H26、H45 和 H48。

5.2.2.2　活性谱及活性成分

Bs 对不同蚊幼虫的毒杀作用主要是由其产生的毒素蛋白实现的。现已证明在其生长发育过程中能产生两类不同的毒素蛋白：一类是存在于所有高毒力菌株中的晶体毒素蛋白；另一类是存在于低毒力菌株中和部分高毒力菌株中的 Mtx 毒素蛋白。所有高毒力和部分中毒力菌株（如 LP1-G）在其芽孢形成过程中能形成位于芽孢外膜内的伴孢晶体。该晶体由等量的 51.4 kDa 和 41.9 kDa 多肽（记为 P51 和 P42）组成。P51 和 P42 合成于细菌芽孢形成期，并在芽孢形成Ⅲ期通过两蛋白的相互作用和折叠而组装形成晶体。P51 和 P42 的同时存在是形成伴孢晶体所必需的。在 *Bacillus subtilis*、Bs 和 Bti 重组子中单独表达形成的 P51 和 P42 只能以无定形包含物形式存在，只有两种蛋白同时表达才能形成典型的伴孢晶体。但两种蛋白在 *B. subtilis* 重组子中同时表达只能形成无晶体结构的卵圆形或圆形的包含物，而只有缺失两结构基因间核苷酸序列的融合基因才能表达形成晶体。这说明在 Bs 和 Bti 中含有促使蛋白稳定和晶体化的因子。

5.2.2.3　作用机制

Bs 的毒素对蚊幼虫的作用机制是十分复杂的，其晶体毒素对敏感幼虫的作用包括下列几个阶段：①芽孢晶体复合物被幼虫吞食；②伴孢晶体在中肠碱性 pH 值下溶解；③51 kDa 和 42 kDa 原毒素蛋白质分别被胰蛋白酶和糜蛋白酶降解成 43 kDa 和 39 kDa 蛋白质多肽；④毒性肽与胃盲囊和中肠后段结合；⑤通过目前尚不知道的方式实现其有毒作用。

（1）幼虫体内晶体的溶解和芽孢的变化

晶体芽孢复合物被蚊幼虫吞食，15~35 min 后，在其前胃腔中发生溶解，仅晶体包被保留完整，之后晶体进一步在中肠腔溶解。

吞食后，第一天芽孢开始萌发，芽孢心膨大，皮层消失。36 h 后，大部分细胞呈营养体阶段。当围食膜破坏和中肠上皮细胞裂解时，有的细菌出现在围食膜外。

（2）毒素的作用部位

用荧光素标记的毒素研究毒素在中肠中的结合部位，发现被异硫氰酸荧光素标记的毒素被蚊幼虫吞食后，与多数蚊幼虫的胃盲囊和中肠后段内腔细胞结合。毒素与尖音库蚊中肠细胞的结合强烈，具有高度特异性和亲和性，而与按蚊细胞的结合微弱，具有非特异性和低亲和性。毒素与埃及伊蚊细胞不结合。这表明蚊幼虫对毒素敏感性的差别是由于它们与毒素结合的受点的不同。

5.2.2.4 编码毒素基因

Bs 与 Bt 不同，它的毒素基因位于细胞的染色体上而不是质粒上。1985 年，美国的 *Baumann* 等在纯化 Bs2362 菌株毒素蛋白的基础上确定了 43 kDa 毒素蛋白氨基端的 40 个氨基酸的排列。于是有人开始用与此段氨基酸对应的 DNA 序列作为探针筛选毒素蛋白基因。

迄今为止，毒素蛋白基因的 DNA 序列和氨基酸序列已经被确定的 Bs 菌株有 2362 菌株、1593 菌株、IAB59 菌株、2317-3 菌株和 SSI-1 菌株等。综合这些序列分析的结果，除 SSI-1 菌株的晶体毒素蛋白是一个 100 kDa 的蛋白多肽外，其他菌株的毒素不仅均由 41.9 kDa 和 51.4 kDa 的两个蛋白多肽组成，而且其碱基序列也很相似。

对 Bs2362 菌株 DNA 序列的分析表明，构成毒素的两个蛋白多肽的结构基因位于同一条 DNA 片段上。编码第一个蛋白多肽的结构基因起始于第 496 号核苷酸给出的甲硫氨酸密码，终止于第 1839 号核苷酸，共由 1344 个碱基对构成，正好编码一个含 448 个氨基酸、相对分子质量为 51.4 kDa 的蛋白多肽。编码第二个蛋白多肽的结构基因起始于第 2014 号核苷酸，止于第 3121 号核苷酸，表达一个含 370 个氨基酸、相对分子质量为 41.9 kDa 的蛋白多肽，两个结构基因之间间隔 176 个碱基对。每一个结构基因起始点的前面均存在一个可能的 SD 序列。第一个 GGAGA 起始于第 481 号核苷酸，第二个 GGAGC 则位于 2001 号至 2005 号处。在第二个基因之后是一段由 33 个富含 GC 的核苷酸构成可形成发卡结构的反向重复序列。这段序列以及在这之后的一段多胸腺嘧啶核苷酸序列共同组成毒素蛋白基因的转录终止信号。由于在两个基因的 DNA 序列之间没有发现终止信号，故推测 51.4 kDa 和 41.9 kDa 毒素蛋白拥有同一个转录启动子。Bs 的其他高效菌株的毒素蛋白基因除个别碱基对有所不同外，其基因的大小和核苷酸均与 2362 菌株相同。

另一个具有代表性的毒素蛋白 SSII-1 菌株毒素蛋白基因的 DNA 序列起始于第 1207 号核苷酸，终止于第 3817 号核苷酸，全长 2610 个碱基对。其所编码的毒素蛋白含 870 个氨基酸，相对分子质量为 100.6 kDa。从第 1188 号到 1198 号的 11 个核苷酸(AAAAAGAG-GTG)构成该基因的 SD 序列。从第 1122 号核苷酸起的 TATAAC 序列和从 1091 号核苷酸起的 TTCACA 序列则被推测为该菌株毒素基因的启动子。

5.2.2.5 基因工程菌

杀蚊毒素蛋白基因的多样性使杀蚊活性及特异性显得相当复杂，不同基因的表达水平不同，核苷酸组成相同的基因在不同的天然宿主中的表达水平也不同。此外，天然的杀蚊蛋白的一些特性使其在应用中受到了一些限制，如持效期较短、杀蚊谱较窄、不能有效分布于目标昆虫的取食范围(如水体表面)等。因此，可以通过 DNA 重组技术对天然毒素蛋白基因进行修饰和改造，并通过杀蚊基因在不同宿主中的表达研究，获得杀蚊活性增强、持效期延长、杀蚊谱拓宽、不易产生抗性的新型杀蚊工程菌。

(1)Bs 杀蚊毒素基因在大肠杆菌和其他芽孢杆菌中的表达

Bs 的二元毒素基因转入 *Escherichia coli*、Bs 无毒的 718 菌株和 *Bacillus subtilis* 中都能获

得表达。以无蛋白酶活性的突变株为宿主会大大提高毒素的表达水平，重组的含二元毒素基因的无蛋白酶 *Bacillus subtilis* 菌株对库蚊的毒力是2362菌株的3倍。BsSSI-1 的 100 kDa 蛋白的杀蚊毒力是二元毒素的 1/1000，然而其基因 *p100* 在无蛋白酶产生的 Bs 中表达后，其毒力与二元毒素相当。另外，对基因本身的修饰也能提高其在外源宿主中的表达水平。

（2）柄细菌工程

柄细菌普遍存在于水体中，能浮于或接近水体表面，可被多种蚊幼虫捕食，处于鞭毛期的细胞可以游动，能广泛分布于栖息地，还可以在低营养环境中生存和生长。

柄细菌的这些特性使其成为理想的杀蚊毒素的宿主菌，以克服天然菌持续期短的缺点。

将 Bs2297 的二元毒素基因、BsSSII-1 的基因 *p100* 和 Bti 的基因 *cry4B* 分别转入柄细菌 CB15（*Caulobacter crescentus* CB15）中，所得的重组菌株对蚊幼虫均有毒性。

但经过检测，这些重组菌株毒素蛋白的表达量不高。鉴于此，研究人员正尝试寻找合适的强启动子及核糖体结合位点，以增加外源基因在柄细菌中的表达量。另外，也可以通过蛋白酶的敲除、mRNA 结合蛋白的过表达等手段增加基因的表达量。

（3）灭蚊工程蓝藻

蓝藻在蚊虫孳生地广泛存在，是蚊幼虫的食物之一，基于这种生态关系，可将 Bti 和 Bs 杀虫毒素基因转到蓝藻中，使杀蚊工程蓝藻在蚊虫孳生地正常生长和繁殖，并能杀灭蚊幼虫。世界卫生组织/热带病研究署（WHO/TDR）将这方面的研究作为未来生物灭蚊的重要方向之一。我国采用能在稻田繁殖的丝状不分枝的固氮蓝藻进行了转 Bs 基因研究，将 Bs 毒素蛋白基因导入其中进行表达，灭蚊工程蓝藻具有明显的杀蚊幼虫毒效，其表达能力及灭蚊毒效远高于单细胞藻，显示出良好的应用前景。将 Bti 的杀蚊基因转入鱼腥藻（*Anabaena*）中进行表达，为灭蚊工程鱼腥藻的构建奠定了基础。

5.2.2.6　制剂生产工艺

目前，Bs 制剂生产除少数发展中国家采用半固体发酵技术外，一般均采用液体深层发酵技术生产。

Bs 液体深层发酵与其他微生物产品生产的深层发酵原理相同，需要提供足够的营养物质供其生长、发育和合成最后有用的产物。除需要水以及足够的碳源、氮源和空气外，还需要合适的环境条件，如温度、酸碱度等。因此，需要合适的生产工艺以获得合格的发酵产物，最终制备成商业化应用的产品。

Bs 制剂深层发酵生产工艺一般采用 Bt 杀虫剂的生产工艺，可分为菌种制作、发酵、后处理、干燥、检测五个工序。

5.2.2.7　应用

球形芽孢杆菌

通用名称：*Bacillus sphaericus* H5a5b。

制剂：悬浮剂（80 ITU/mg）。

防治对象：孑孓。

使用方法：将制剂用一定量的清水稀释后，均匀倒入水体中，用量为 4 mL/m² 。12 d 左右施药一次，水温 25 ℃ 左右为宜。

注意事项：本品为生物农药，应避免阳光紫外线照射。使用时应充分摇匀。不能与碱性农药混用。使用本品应采取相应安全防护措施，避免口罩吸入和皮肤接触。使用后及时清洗暴露部位皮肤。不得直接用于河塘等流动水体。禁止在河塘等水域清洗施药器具。蚕室及桑园附近禁用。用过的容器应妥善处理，不可作他用，也不可随意丢弃。过敏者禁用，孕妇与哺乳期妇女禁止接触。使用中有任何不良反应请及时就医。

5.2.3 金龟子芽孢杆菌

金龟子芽孢杆菌又名乳状病芽孢杆菌，是由金龟子幼虫的专性寄生病原细菌的活体经培养、加工而成的细菌杀虫剂，最早于 1939 年在美国推广。该菌经口进入金龟子幼虫蛀蜡体内后，于中肠中萌发，生成营养体后穿过肠壁进入体腔，在血淋巴中大量繁殖。菌体在昆虫体内迅速繁殖并破坏各种组织，使虫体充满菌体所形成的芽孢而死亡。由于致病部位呈乳白色，故称之为乳状病。为此，该菌亦称为乳状病芽孢杆菌。

此芽孢杆菌可寄生在 50 余种金龟子幼虫体内，日本金龟子芽孢杆菌死前可大量活动，扩大菌的感染面。乳状病芽孢杆菌耐干旱力强，在土壤中可保持数年活力，是一种长效杀虫细菌。由于乳状病芽孢杆菌宿主的专一性，其对人畜及天敌十分安全。

5.2.3.1 形态特征

目前，金龟子芽孢杆菌实际应用较广的主要有两种乳状病病原菌。乳状病芽孢杆菌营养体呈杆状，其大小约为 $(0.5\sim0.8)$ μm×$(1.3\sim5.2)$ μm，单生或成对，运动性可变，形成芽孢时菌体先呈纺锤形，芽孢有折光性，能耐热($80\ ℃$，$10\ min$)，对干燥有抵抗力，在形成芽孢的同时还形成一个具有折光性的伴孢体

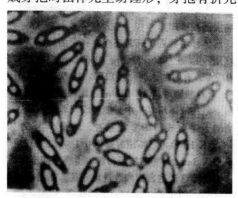

（如图 5-4 所示，可见芽孢囊、芽孢及伴孢体）。缓病芽孢杆菌菌体也呈杆状，大小约为 $(0.55\sim0.7)$ μm×$(1.8\sim7.0)$ μm，与乳状病芽孢杆菌一样，也能使云金龟子幼虫染病死亡。它们的差别是乳状病芽孢杆菌生长迅速，菌体运动性可变，在 2%NaCl 溶液中能生长；缓死芽孢杆菌生长缓慢，菌体不运动，形成芽孢时的菌体比乳状病芽孢杆菌更近于梭形，且不产生伴孢体，它在 2% NaCl 溶液中不生长，在干燥条件下至少能生存 2 个月。

图 5-4　金龟子芽孢杆菌显微镜图
（引自赵修复，1999）

5.2.3.2 作用机制

在自然条件下，乳状病芽孢杆菌对昆虫的感染途径是通过消化道。当金龟子幼虫吞食沾有这种细菌芽孢的草根或其他食料后，其感病过程分为 4 个时期：①芽孢萌发期。此时芽孢失去折光性，昆虫血淋巴透明，需 1~3 周，在血淋巴中发现有少量细菌细胞。②营养体繁殖期。血淋巴中充满单个或成对的营养体，血淋巴轻度混浊，需 3~5 d。③芽孢形成期。营养体变成纺锤形，原生质凝聚，使营养生长进入芽孢形成阶段需 5~10 d。④芽孢成熟期。血淋巴中充满具有折光性的芽孢和伴孢体，血淋巴呈乳状，需 14~21 d，此时芽孢数量最多，每条幼虫中芽孢可达 20 亿~50 亿个，幼虫很快死亡，幼虫的死亡一般都

是在芽孢大量形成过程中出现的。

5.2.3.3　应用

日本金龟子芽孢杆菌是防治日本金龟子幼虫的一种有效方法。美国在 13 个州和哥伦比亚特区利用日本金龟子芽孢杆菌制剂进行防治，防治效果可达 60% ~ 80%。由于该菌的芽孢在土壤中能长期存活，感病死亡后的蛴螬又会不断增加土壤中的芽孢数量，因此蛴螬一旦染上此病，病菌的芽孢便能在土壤中逐渐累积和传播，从而达到长期控制的效果。

我国从 1974 年开始进行日本金龟子芽孢杆菌的研究，并在河南、河北、山东、山西等省陆续发现并分离到我国自己的菌种——乳状病芽孢杆菌蓬莱变种（*Bacillus popilliae var. pengleai*），同时还开展了寄主范围、菌种制作、应用技术和离体培养等方面的研究。据山东省农业科学院植物保护研究所试验，日本金龟子芽孢杆菌对分布在山东省的多种金龟子幼虫均有不同程度的致病性，特别对危害严重、分布较广的暗黑金龟子、铜纹金龟子和四纹金龟子等有很高侵染率，对大黑金龟子、蒙古丽金龟和黑绒金龟子虽能侵染，但感病率较低。但是，由于这种病原细菌不能在人工培养基中生产大量的侵染性芽孢，因此采用日本金龟子芽孢杆菌防治日本金龟子幼虫方面的应用仍然受到限制。

乳状芽孢杆菌

通用名称：*Bacillus popilliae*。

其他名称：日本金龟子乳状杆菌。

制剂：可湿性粉剂（100 亿活芽孢/g）。

防治对象：乳状芽孢杆菌只能在寄主金龟子幼虫（蛴螬）体内生长发育、形成营养体和芽孢，为金龟子幼虫专性病原细菌。

使用方法：配制药土，防治蛴螬如每亩用 250 g 含有 1 亿活芽孢的乳状芽孢杆菌制剂拌土 20 kg 撒施。

注意事项：保证每公顷施药量不少于 3750 g。乳状菌对蛴螬的致病力与周围环境密切相关；对蛴螬致病力因蛴螬种类不同而异。

5.2.4　梭状芽孢杆菌

梭状芽孢杆菌是一类对毒蛾类幼虫致病的专性芽孢杆菌，属芽孢杆菌属，一般简称为梭菌，是一类专性厌氧芽孢杆菌，其形态学上的突出特征是由于芽孢囊的膨大而使菌体呈梭形。营养细胞一般为直杆状，两端钝圆，单个或成短链存在。运动或不运动。Bucher 等首次报道分离到对昆虫有致病性的两种梭菌，即变短梭状芽孢杆菌（*Clostridium breufaciens*）和天幕毛虫梭状芽孢杆菌（*C. malacosomae*）。

变短梭状芽孢杆菌大小为（0.9 ~ 1.3）μm×（3 ~ 20）μm，其芽孢囊不膨大，革兰氏染色阴性，其芽孢被昆虫取食后仅在中肠繁殖，不侵入血腔，虫体死后收缩变短，干燥而僵化。变短梭状芽孢杆菌的芽孢在昆虫中肠内经 16 ~ 24 h 萌发成营养体，24 h 后形成芽孢，36 h 可在虫体粪便中观察到营养体和芽孢。目前尚不能在人工培养基上形成芽孢。天幕毛虫梭状芽孢杆菌的营养体不运动，大小为 1.0 μm×（4 ~ 7）μm；芽孢囊约呈纺锤形，专性寄生于加州天幕毛虫。

5.3 主要细菌杀菌剂品种及应用

细菌杀菌剂有两类：革兰氏阴性菌和革兰氏阳性菌。革兰氏阴性菌主要有假单胞菌和放射土壤杆菌；革兰氏阳性菌主要是芽孢杆菌(*Bacillus* spp.)，如枯草芽孢杆菌、地衣芽孢杆菌和蜡状芽孢杆菌等。这两类细菌不仅在其生长发育过程中产生多种拮抗性或竞争性的代谢产物，通过直接或间接作用达到阻碍或杀死植物病原菌的效果，而且这些细菌大多是从植物的根围和叶围等处分离得到的，对植物具有较好的亲合性，接种后易于在植物上定殖，生防效果持久稳定。

5.3.1 枯草芽孢杆菌

5.3.1.1 枯草芽孢杆菌的生物学特性

枯草芽孢杆菌(*Bacillus subtilis*)于1941年在非洲战役时被德国医疗军团发现，从马和骆驼的粪便中分离出来，是内生芽孢的革兰氏阳性细菌，根据菌落形态以及形成芽孢的特点而命名为枯草芽孢杆菌，在芽孢形成初期分泌各种抗菌物质，对病原真菌有特异性的防治作用，主要防治对象大部分为丝状真菌所引起的植物病害，如水稻纹枯病、番茄叶霉病、大豆根腐病、苹果霉心病、棉花立枯病、棉花枯萎病等。20世纪90年代初，美国Gustafson公司以Epic、Kodiak为注册商标大量生产枯草芽孢杆菌杀菌剂，随后国际上多家公司相继推出枯草芽孢杆菌杀菌剂，我国近年来也开始有各种枯草芽孢杆菌杀菌剂的规模化生产。枯草芽孢杆菌杀菌剂克服了传统化学农药污染环境、危害人畜、易产生抗性等缺点，具有选择性强、安全、原料简单、易于运输、储存时间长等优点。

5.3.1.2 枯草芽孢杆菌的抑菌机理

枯草芽孢杆菌通过成功定殖至植物根际、体表或体内，同病原菌竞争植物周围的营养、分泌抗菌物质抑制病原菌生长，同时诱导植物防御系统抵御病原菌入侵，从而达到生物防治的目的。枯草芽孢杆菌作用机制主要为拮抗、竞争和诱导抗性三个方面。

（1）拮抗作用

拮抗作用指微生物产生抗菌物质，抑制有害病原菌生长或直接将病原菌杀死。

1952年，Babad首先从枯草芽孢杆菌培养液中分离出抗真菌肽，随后不断有新的拮抗物质被发现。枯草芽孢杆菌抗菌物质合成途径包括核糖体途径和非核糖体途径，非核糖体途径合成的脂肽抗生素在多数菌株中被合成，是拮抗活性作用的主要成分。脂肽抗生素根据其结构上的差异分为Iturin家族(Iturin A、C、D、E, Bacillomycin L、D、F, Mycosubtilin)、Surfactin和Fengycin A、B，以及一些结构未知的环肽抗生素，如*Bacillus subtilis* TG226产生的一种新的抗真菌小肽LP21。其他非核糖体途径合成的抗菌物质有二肽抗生素、环状十三肽Mycobacilin和某些菌株分泌的挥发性抗菌物质(AVFs)等。核糖体途径合成的抗菌物质有Alirin B21等细菌素、Botrycidin AJ1316、几丁质酶及乙酰基氨基葡糖苷酶(NA-Gase)等细胞壁降解酶类。枯草芽孢杆菌产生的抗菌物质主要通过溶解细胞壁或细胞膜，造成原生质泄漏，使菌丝断裂或畸形，同时抑制孢子萌发来发挥作用。有些抗菌物质如

Surfactin 还能在植物的根部形成一层生物膜(Biofilm)，该膜能保护植物根部免受病原菌的入侵。结构不同的抗菌物质抑菌机理也不同，而某些菌株同时分泌多种结构相似的抗菌物质，并表现协同的抑菌效果。

(2)竞争作用

竞争作用是微生物发挥生物防治作用的重要机制之一。微生物竞争作用主要包括营养竞争和位点竞争。枯草芽孢杆菌以位点竞争为主，即在植物体表、体内或根际及土壤中定殖。植物附生或内生芽孢杆菌有很好的繁殖和定殖能力，一般对维管束和土传病害有很好的防效。研究表明枯草芽孢杆菌菌株可通过浸种、灌根和涂叶等接种方法进入多种非自然宿主植物体内定殖。营养竞争只在枯草芽孢杆菌少数菌株中发现，有些菌株通过产生一种铁载体与植物病原菌竞争铁元素，抑制病原菌的生长，从而使枯草芽孢杆菌占据一定的生态位。

(3)诱导植物抗性作用

枯草芽孢杆菌不但能抑制植物病原菌，而且能通过诱发植物自身抗病机制从而增强植物的抗病性能，即诱导植物抗性作用。诱导植物抗性也是枯草芽孢杆菌生物防治作用的重要机制之一。例如，枯草芽孢杆菌产生与植物抗性蛋白合成基因表达相关的信号蛋白，诱导植物抗性，也通过分泌相关蛋白如丝氨酸专性肽链内切酶(serinespecific endopeptidases)直接诱导植物抗性。

5.3.1.3　枯草芽孢杆菌制剂生产工艺

枯草芽孢杆菌菌剂的生产技术关键在于发酵培养。其发酵方式包括液体深层发酵和固体发酵。液体深层发酵便于大规模工业生产和质量控制，但消耗较多的能源。枯草芽孢菌固体发酵培养具有对设备条件要求低、耗能低、发酵周期短、抗菌物质浓度高、干燥分离纯化工序简单等特点，固体发酵后的物质经干燥可以直接用作有机肥料，做到肥效和杀菌效果一体化。

5.3.1.4　枯草芽孢杆菌产品标准化及质量检测

枯草芽孢杆菌产品原药、制剂一般由生产企业建立标准，主要检验外观，含孢量，杂菌率，pH 值范围，干燥减量，细度(通过 45 μm 试验筛)，贮存稳定性。通常外观为灰白色或棕褐色粉状物，由于发酵基质的不同，颜色偶有差异，但应为均匀疏松粉末。采用平板菌落计数法测定的原药含孢量不得少于 1000 亿 cfu/g±50 亿 cfu/g；杂菌率≤2.5%；pH 值范围 5~8，干燥减量≤5%；细度(通过 45 μm 试验筛)≥90%；贮存稳定性≥80%(每 3 个月抽检一次)。

5.3.1.5　枯草芽孢杆菌在生物防治中的应用

枯草芽孢杆菌

通用名称：*Bacillus subtilis*。

制剂：可湿性粉剂(1000 亿孢子/g)。

防治对象：水稻稻瘟病，黄瓜白粉病等。

使用方法：在病害发生初期用药，均匀喷雾。防治水稻稻瘟病制剂用量为 30~40 g/亩；防治黄瓜白粉病制剂用量为 70~84 g/亩。

注意事项：大风或预计 1 h 内降雨请勿施药。每季施药 2~3 次，安全间隔期 7 d。不可与同防治细菌性病害的药剂一起使用。对蜜蜂、家蚕低毒，施药期间应避免对周围蜂群、蜜源作物花期的影响。使用本品时应穿戴防护服和手套，避免吸入药液。施药期间不可吃东西和饮水。施药后应及时洗手和洗脸。用过的容器应妥善处理，不可做他用，也不可随意丢弃。禁止在河塘等水体中清洗施药器具。孕妇和哺乳期妇女避免接触本品。

5.3.2 地衣芽孢杆菌

地衣芽孢杆菌(*Bacillus licheniformis*)也是一种内生芽孢的革兰氏阳性杆菌，是土壤和植物微生态优势种群之一。它也可产生多种抗生素，对多种动植物及人类病原菌起到很好的抑制作用，是植物病害防治中具应用潜力的细菌之一。

5.3.2.1 作用机制

地衣芽孢杆菌防治植物病害的主要机制是地衣芽孢杆菌通过所产生的抗菌物质发挥作用。这些抗菌物质主要有蛋白质类如抗菌蛋白、多肽类、几丁质酶和非蛋白类(如苯乙酸)。地衣芽孢杆菌对病菌除了通过抗菌物质发挥作用外，还具有植物体表定殖竞争能力、诱导植物产生系统抗性能力。

5.3.2.2 地衣芽孢杆菌在生物防治中的应用

地衣芽孢杆菌

通用名称：*Bacillus licheniformis*。

制剂：水剂(80 亿孢子/ mL)。

防治对象：黄瓜(保护地)霜霉病。

使用方法：在黄瓜霜霉病发生初期叶面喷雾，制剂用量为 130~260 mL/亩。

注意事项：本品为低毒制剂，在施药时应戴口罩、手套、穿保护性作业服，严禁吸烟和饮食。施药后应洗手，更换及清洗工作服；包装容器应土埋或烧毁，切勿留作他用。施用本品需要均匀周到，不能与强酸、强碱性的农药等物质混合使用。本品不能用于防治食用菌类病害。本产品如有沉淀属正常现象，使用时摇匀，不会影响药效。避免药液污染水源地。建议与其他作用机制不同的杀菌剂轮换使用，以延缓抗性产生。

5.3.3 假单胞菌

假单胞菌(*Pseudomonas* spp.)为革兰氏阴性杆状细菌，可在 KB 培养基上产生水溶性的黄绿色荧光色素，对人畜无害。该菌大量存在于植物的根围和叶围，土壤中以荧光假单胞杆菌(*Pseudomonas fluorescens*)为主，植物叶表以丁香假单胞菌(*P. syringae*)为主。目前应用的主要种类有荧光假单胞杆菌、洋葱假单胞杆菌(*P. cepecia*)和恶臭假单胞菌(*P. putide*)等。其中对荧光假单胞杆菌的研究最为深入，这类细菌因繁殖速度快，与根围适应性好，因而作为生防菌在世界范围内得到广泛研究和应用。

5.3.3.1 抗病机理

荧光假单胞菌与植物及病原菌之间的相互关系十分复杂，其对植物的保护主要通过活性物质抑制和抗菌作用，另外还有竞争作用和诱导寄主对病原产生抗性作用。

(1)抗生作用

目前研究较多、相对较清楚的是关于生防菌对病原物的抗生作用。荧光假单胞菌通过产生次生代谢物抑制植物病原物的生长，目前已经鉴定了许多抑制病害的抗生素，如2,4-二乙酰藤黄酚（2,4-diacetylphloroglucinol，DAPG）、藤黄绿脓菌素（pyoluteorin，Plt）、吡咯菌素（pyrrolnitrin，Prn）、1-羧基吩嗪（phenazin-e-1-carboxylic acid，PCA）、嗜铁素（siderophores）、卵菌素（Oomycin A）、氢氰酸（HCN）等。这些抗生素对防治植物病害都有很重要的作用。

（2）竞争作用

竞争作用包括营养竞争和位点竞争。在植物根围，荧光假单胞菌可以充分利用大量不同种类碳源、氮源和无机盐等，通过营养竞争占据有利位置，并吸收根系分泌物，从而抑制植物根部病害的发生。荧光假单胞菌在根围定殖和大量繁殖而实现位点竞争以抑制其他菌的生长。习居于植物根际的荧光假单胞菌所产生的嗜铁素受到人们的关注，荧光假单胞菌通过与病原物对铁的竞争而使病原物受到抑制，因为在土壤中可利用的 Fe^+ 浓度低。一般来说，大多数微生物包括细菌和真菌在缺铁条件下会分泌嗜铁素分子，它可以吸附 Fe^+，从而形成稳定的化合物，这些复合物可以通过特殊的膜结合感受器吸入到细胞内。因此，有荧光假单胞菌存在时，通过与病原物竞争铁而达到抑制病原物的效果。

（3）诱导植物系统抗性

一些荧光假单胞菌在根部的定殖能诱导植物对病原菌产生系统抗性（induced systemic resistance，ISR），从而抑制微生物的侵染。水杨酸的积累被认为是重要因素，而脂多糖和嗜铁素也是重要的诱导物质。诱导抗性的可能机制是产生抗微生物的低相对分子质量化学物质（如植物保护素、二聚物、木质素等），并诱导一些水解酶和氧化酶的产生。

5.3.3.2 假单胞菌在生物防治中的应用

沼泽红假单胞菌 PSB-S

通用名称：*Rhodopseudomonas palustris* PSB-S。

制剂：悬浮剂（2 亿 CFU/ mL）。

防治对象：辣椒花叶病、水稻稻瘟病。

使用方法：防治辣椒花叶病：发病前或发病初期喷雾，每季使用 2~3 次，间隔 7~10 d，180~240 mL/亩。防治水稻稻瘟病：发病前或发病初期，应于破口前 7 d 开始施药，喷雾，每季使用 2 次，间隔 7 d 左右，300~600 mL/亩。

注意事项：使用本品应注意安全防护，使用中不可饮水或吃东西。本品属于生物活性菌剂，储存在阴凉通风处，开瓶后如未使用完，应密封保存。禁止在池塘等水体中清洗施药器具。禁止儿童等无关人员接触本品。

5.3.4 蜡状芽孢杆菌

蜡状芽孢杆菌（*Bacillus cereus*）最初分离于苜蓿根围，对苜蓿猝倒病有防效，后经广泛的田间实验证实其对大豆猝倒病和根腐病有可靠的防效，现已在美国环保局登记用作种子处理剂。蜡状芽孢杆菌 R2 和枯草芽孢杆菌 B-908 对水稻纹枯病有较强的抑制作用。

蜡质芽孢杆菌

通用名称：*Bacillus cereus*。

其他名称：蜡状芽孢杆菌。

制剂：可湿性粉剂（20 亿孢子/g）。

防治对象：茄子青枯病、水稻稻曲病、稻瘟病和纹枯病。

使用方法：防治茄子青枯病，苗期使用时，兑水 100 倍蘸根种植；生长期使用时，兑水 100~300 倍灌根，每个作物周期可以使用 3 次。防治水稻稻曲病、稻瘟病和纹枯病时，150~200 g/亩，兑水喷雾使用。

注意事项：本品不能与波尔多液、石硫合剂等强碱性药剂混用，以免分解失效。建议与不同作用机制的杀菌剂轮换使用。本品为生物低毒杀菌剂，对家蚕、鱼为低毒，施药时应远离水产养殖区施药，应避免药液流入河塘等水体中，清洗喷药器械时切忌污染水源。使用过的施药器械，应清洗干净方可用于其他的农药。使用本品时应穿戴防护服和手套，避免吸入药液。施药期间不可吃东西和饮水。施药后应及时冲洗手、脸及裸露部位。丢弃的包装物等废弃物应避免污染水体，建议用控制焚烧法或安全掩埋法处置包装物或废弃物。孕妇及哺乳期妇女禁止接触本品。

5.3.5　解淀粉芽孢杆菌

解淀粉芽孢杆菌制剂主要以微生物菌肥形式提供用于植物病害生物防治，每克产品含芽孢杆菌活菌数不少于 100 亿个。该制剂能够促进植物生长，使农作物增产 5%~20%；具有广谱抗病效果，可抑制多种作物的根腐病、枯萎病、软腐病等病害。其起防治作用过程为：解淀粉芽孢杆菌迅速定殖在植物根部，通过大量快速繁殖，具有与病原菌竞争营养及生存空间，分泌抑菌物质及蛋白酶，激发植物体的抗性免疫机制，促进植物生长等综合作用，形成对土传病害的预防与防治效果。此外，解淀粉芽孢杆菌属菌株的细胞壁表面有一层很厚的网状肽聚糖结构，及其分泌的胞外多糖、类胶原蛋白等具有黏附效应的次生代谢物，使其具有强大的吸附重金属及有机物污染的能力，因此也被应用于重金属污染土壤修复及有机物污染废水处理；在水体除污中，芽孢杆菌主要通过对重金属离子的氧化还原、甲基化和去甲基化作用来修复污染水体。

解淀粉芽孢杆菌 B7900

通用名称：*Bacillus amyloliquefacien*。

制剂：可湿性粉剂（10 亿芽孢/g）。

防治对象：黄瓜角斑病、棉花黄萎病、水稻稻瘟病。

使用方法：防治黄瓜细菌性角斑病发病前或发病初期，75~100 g/亩，叶面喷雾 2~3 次，间隔 7~8 d。防治水稻叶瘟病应于发病初期喷雾施药。防治水稻穗颈瘟病应于水稻破口期喷雾使用，用量为 100~120 g/亩，注意喷雾均匀，视病情发展情况，每间隔 7~10 d 施一次药，可连施 2 次。防治棉花黄萎病发病前或发病初期叶面和根部喷雾 3 次，用量为 100~125 g/亩，间隔 7~10 d。

注意事项：施药时应穿防护服和手套，避免药液接触皮肤，眼睛和吸入药液。不得在现场饮食、饮水、吸烟等。施药后应及时洗脸、手及其他裸露部位，并及时更换衣服。孕妇及哺乳期妇女禁止接触本品。有任何不良反应请及时就医。未用完的药剂应放回原包装内，并于阴凉、干燥处密闭保存。用后的包装物应焚烧或深埋土中。施药器械可用清水或适当的洗涤剂反复清洗 2~3 次，倒置晾干，但须远离鱼塘、河塘及水源地，以免造成污染。本品建议与其他作用机制的杀菌剂农药交替使用，以延缓抗药性产生。用过的容器应妥善处理，不可作他用，也不可随意丢弃。

5.4 细菌农药的遗传改造

5.4.1 细菌农药遗传改造的研究进展

细菌农药遗传改造研究最多的就是苏云金芽孢杆菌杀虫晶体蛋白基因。1981 年，Schnepf 和 Whiteley 首先克隆了苏云金芽孢杆菌杀虫晶体蛋白基因 cry1Aa1。紧接着 Klier 等从苏云金亚种 Berliner1715 中克隆了 2 个杀虫晶体蛋白基因，并将其中之一在大肠杆菌中表达。随后发现了大量苏云金芽孢杆菌杀虫晶体蛋白新基因。苏云金芽孢杆菌野生菌株一般含有多个编码杀虫晶体蛋白的基因，除少数亚种或菌株的杀虫晶体蛋白基因可能定位于染色体上外，绝大部分的杀虫晶体蛋白基因定位于质粒上。苏云金芽孢杆菌的质粒大小范围在 1.5~130 MDa，编码杀虫晶体蛋白药的基因多位于 30 MDa 以上的大质粒上，其中有些质粒上携带有多个杀虫晶体蛋白基因。

在 1995 年国际无脊椎动物病理学会年会上成立的 Cry 基因命名委员会根据晶体蛋而白氨基酸序列的同源性差异，提出了新的基因分类系统，即按氨基酸序列相似性将已知的基因分为 4 个等级。

目前用于基因工程的 Cry 杀虫晶体蛋白基因有以下几种：

(1)鳞翅目昆虫特异性的 cry1Aa、cry1Ab 和 cry1Ac 杀虫晶体蛋白基因

这三个基因主要来自库斯塔克亚种(Bacillus thuringiensis subsp. kurskaki)，在苏云金亚种(B. thuringiensis subsp. thuringiensis)、鲇泽亚种(B. thuringiensis subsp. aizawai)等类群中也存在。目前这三个基因尽管杀虫谱有差异，但杀虫毒力最高，其中基因 cry1Ac 是总体上毒力最高的。在目前大多数用作杀虫剂的 Bt 菌中均含有这三个基因。

(2)杀虫晶体蛋白基因 cry1C

基因 cry1C 是 Bt 杀虫基因中对灰翅夜蛾等害虫毒力最高的，广泛存在于鲇泽亚种中。正因如此，鲇泽亚种也被开发出 Bt 杀虫剂用于防治甜菜夜蛾。

(3)基因 cry9C

该基因的特点是其产物与其他常规杀虫晶体蛋白在中肠上皮细胞膜上具有不同的结合位点，而且具有可观的杀虫活性。为了克服昆虫可能产生的抗性，基因 cry9C 在构建杀虫工程菌和转基因作物上受到人们的广泛重视。

(4)基因 cry3A

主要来自属于 H8ab 的拟步行甲亚种(subsp. tenebrionis)，对鞘翅目昆虫如马铃薯甲虫有特异性毒力，目前开发的防治鞘翅目昆虫的 Bt 杀虫剂主要由该亚种制备。

(5)杀蚊毒素蛋白基因

高毒力的杀蚊 Bt 蛋白基因主要存在于以色列亚种，该亚种至少含有 cry4A、cry4B、cry11A 和 cyt1A 四个杀虫基因，其中 Cyt1A 晶体蛋白对其他基因的产物具有协同杀蚊作用。Cry11A 晶体蛋白的活性最高，其次是 Cry4B、Cry4A 和 Cyt1A 晶体蛋白。

（6）对动植物寄生线虫有毒的基因

目前所报道的这类基因均来自美国 Mycogen 公司的专利文献，它们分别为 cry5、cry6、cry7、cry8、cry12、cry13、cry14 和 cry21，作用的对象分别为植物寄生短体线虫、自由生活的线虫等，另外，还对原生动物、螨类、吸虫、虱等有毒。这些基因有些已开发出杀线虫剂。这些基因还可防治根部寄生线虫，更适合用于转基因植物。

（7）人工基因

在研究 Bt 杀虫晶体蛋白杀虫机制的同时，发现重组基因和诱变基因可提高杀虫活性或扩大杀虫谱。如 cry1Ab/1C、cry1Ac、cry4B、cry3A 和 cry1Ab 等基因的突变产物可提高毒力 2.5~32 倍。

5.4.2 细菌农药遗传改造的方法

苏云金芽孢杆菌作为研究最深入的杀虫细菌，在构建重组菌方面的研究内容也非常丰富，如杀虫基因的选择、宿主的种类、构建的方式等。

（1）基因转移的策略

在构建工程菌时，外源基因的导入方法以及外源基因的存在状态是工程菌是否有应用价值的重要环节，如稳定性和安全性问题。

①质粒转移　在苏云金杆菌中，绝大多数杀虫基因均定位在质粒上，而且大部分定位在可结合转移的大质粒上。通过质粒的结合转移可以实现杀虫基因的重新组合，从而获得所需的重组杀虫菌，如 Cutlass 和 Foil 就分别是将基因 cry1C 和 cry1A 重组在同一个受体菌，以及将基因 cry3A 和 cry1A 重组在同一个受体菌而开发出的产品。通过这种方法构建的工程菌称为第二代工程菌，即细胞水平重组菌，它不能解决所有基因对所有受体菌的重组，其优点在于不用 DNA 水平上的操作，其安全性是可以保障的。

②整合在染色体　这是在 DNA 水平上进行操作的一种方法，导入 DNA 可通过转导和转化，最后通过同源重组或转座子介导而整合在染色体上。如以 Bt 的噬菌体为媒介，将基因 cry1C 整合在库斯塔克亚种中；以插入序列 IS232 和蛋白酶基因为媒介，通过同源重组将基因 cry3A 和 cry1C 插入库斯塔克亚种的基因组中。

还可以通过转换子，用目标杀虫基因替换转座酶基因，并将转座酶基因放置在转座单位之外，将杀虫基因如 cry1Ac10 整合到染色体上。按以上方法构建的重组菌具有较强的稳定性。

③遗传稳定的质粒载体　质粒载体往往具有遗传不稳定性，在无选择压力条件下容易丢失。苏云金杆菌是富含质粒的种群，所含质粒的数量为 2~12 个，大小为 2~200 kb。利用 Bt 自身质粒的复制子构建的质粒载体在 Bt 中于无选择压力的条件下具有 90%~100% 的稳定性。不同来源的质粒复制子在构建多重工程菌时可克服质粒不相容性。

在解决稳定性的同时，还必须考虑工程菌的安全性问题。为了去掉工程菌中来自大肠杆菌的 DNA 片段和抗生素抗性基因，位点特异性重组载体应运而生。利用转座子 Tn4430 和 Tn5401 中的解离位点和解离酶，使重组质粒导入宿主菌后，在解离酶的作用下，在两个解离位点之间发生同源重组，从而将来自大肠杆菌的 DNA 片段和抗生素抗性基因除掉，仅保留来自 Bt 的 DNA 片段，如杀虫基因和质粒复制子。通过上述重建过程，相当于用一个目标杀虫基因替换了 Bt 内源质粒中与质粒复制无关的 DNA 片段。已利用 Tn4430 构建了一类载体系统，用来转移 *cry1Ac10* 和 *cry1C* 等杀虫基因。

（2）苏云金杆菌工程菌

①广谱工程菌　目前商品化的 Bt 杀虫剂主要源自库斯塔克亚种，如 HD-1 及类似菌株。这类菌株的主要杀虫基因为 *cry1Aa*、*cry1Ab* 和 *cry1Ac*。将基因 *cry1C* 导入这类菌株后，可扩充其对甜菜夜蛾等灰翅夜蛾属昆虫的活性。基因 *cry3A* 也被导入库斯塔克亚种，扩充其对鞘翅目昆虫的毒力。

②提高杀虫活性的工程菌　可通过提高杀虫基因的拷贝数、促进转录和翻译以提高晶体蛋白的表达量，从而提高杀虫活性。

a. 转录水平：苏云金芽孢杆菌杀虫晶体蛋白基因绝大多数在芽孢形成期表达，其启动子由 $\delta 35$ 和 $\delta 38$ 因子识别。利用其他类型的启动子，如组成型启动子，则可避免转录水平上对 δ 因子的竞争，达到提高表达量的目的。

b. 转录后水平：除了改变启动子外，采用适当的终止子和 STAB-SD 序列也可以提高 mRNA 的稳定性，从而延长 mRNA 的半衰期。

c. 翻译后水平：利用伴侣蛋白提高晶体蛋白的稳定性和表达量，或在构建工程菌时将宿主菌的蛋白酶基因敲除，从而避免或减少在芽孢形成至成熟过程中蛋白酶对晶体蛋白的降解，以提高菌体内晶体蛋白的表达量和活性。

d. 协同杀虫活性：利用几丁质酶基因增强对小菜蛾和蚊虫的杀虫活性。

③延缓抗性的工程菌　将害虫不易产生抗性的基因转入工程菌，以延缓宿主对工程菌的抗性。

④延长持效期的工程菌　巴斯德研究所构建了颇具新意的工程菌，以含有基因 *cry1Ac* 且 sigk-缺陷的 Bt 菌作受体，一方面具有较高的杀虫活性，另一方面在芽孢形成的晚期受阻，不能完成芽孢形成过程，但并不影响晶体蛋白基因的表达，使得形成的伴孢晶体包裹在细胞内而不能释放出来，可制成生物囊制剂。同时，由于这一时期的菌体不能进行生长，芽孢不能再萌发，相当于在制剂中无活菌存在，从而提高对环境的安全性，并有利于保护菌种专利。

复习思考题

1. 细菌农药有什么特点？
2. 简述苏云金芽孢杆菌的毒素杀虫机制。
3. 简述苏云金杆菌在生物防治中的应用。
4. 简述使用苏云金杆菌防治小菜蛾的使用注意事项。
5. 为什么说苏云金芽孢杆菌是应用最广泛的细菌杀虫剂？
6. 简述球形芽孢杆菌的使用注意事项？
7. 简述球形芽孢杆菌杀虫作用机制。
8. 为什么枯草芽孢杆菌是目前越来越受到重视的细菌杀菌剂？
9. 简述枯草芽孢杆菌的抑菌机理。
10. 简述荧光假单胞菌的抗病机理。

参考文献

李毅，洪华珠，陈振民，等，2017. 生物农药[M]. 2版. 武汉：华中师范大学出版社.

吴云锋，2008. 植物病虫害生物防治学[M]. 北京：中国农业出版社.

胡逸超，孙建生，李季刚，等，2019. 对烟草甲幼虫有毒杀作用的苏云金芽孢杆菌的分离与鉴定[J]. 基因组学与应用生物学，38(11)：5053-5057.

刘忱，郭志红，2016. 苏云金芽孢杆菌SFZZ-03菌株发育过程的电镜观察[J]. 电子显微学报，35(5)：436-439.

（美）戈登（Gordon R E），1983. 芽孢杆菌属[M]. 蔡妙英，译. 北京：农业出版社.

赵修复，1999. 害虫生物防治[M]. 北京：中国农业出版社.

喻子牛，王阶平，何进，2013. 苏云金芽孢杆菌基因组研究[J]. 微生物学杂志(2)：1-6.

第6章

真菌农药

真菌是一类真核微生物，其营养体通常为丝状体，具细胞壁，以吸收为营养方式，通过产生孢子进行繁殖。真菌4亿多年前就已经存在，在环境中分布广泛。在农业生产中，真菌能够引起霜霉病、疫病、白粉病、灰霉病、炭疽病、菌核病、锈病等多种重要病害，历史上大流行的植物病害多数是真菌导致的。虽然，真菌病害给农业带来了巨大的损失，但自然界还有很多真菌（如昆虫致病菌）一直以来都是人们用于防治农业病虫害的生物农药。这类农药称为真菌农药，主要有用于防治害虫的白僵菌、绿僵菌，用于防治病害的木霉，用于防治线虫的淡紫拟青霉等。

6.1 真菌农药概述

6.1.1 真菌的特征

真菌是一个广泛的生物类群，在这个类群中包括了典型的真菌（Fungi）以及黏菌（Slime molds）、卵菌（Oomycetes）、地衣（Lichen）等。由于类群中这些微生物的营养、生长、生理等都有着自己的特征，因此一直很难给真菌做简单的定义。本章所述的真菌，是指典型的真菌。该类真菌具备以下特征：

①有真正的细胞核。

②单细胞或者由多细胞、多核的丝状单倍体菌丝组成。

③不具备如叶绿体等质体。

④细胞壁的主要成分是几丁质和葡聚糖。

⑤线粒体呈扁平椭球状，具有脊，多数真菌都有过氧化物酶体存在。

⑥有高尔基体或潴泡。

⑦进行无性生殖（图6-1 真菌的无性孢子）和有性生殖（图6-2 真菌的有性孢子），有性生殖的二倍体阶段时间短。

除上述特征外，典型的真菌多数没有鞭毛，有的会有游动孢子，但其鞭毛上无鞭茸，这与管毛生物界（Chromista，也称藻界、原藻界、茸鞭生物界）不同；该类真菌通过腐生、

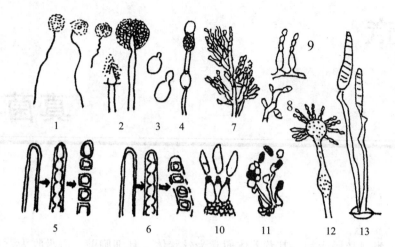

图 6-1　真菌的无性孢子

1. 游动孢子　2. 孢囊孢子　3. 芽孢子　4. 厚垣孢子　5、6. 节孢子　7~13. 分生孢子

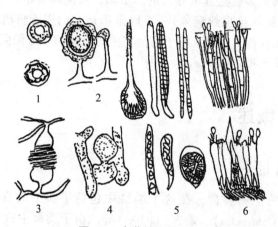

图 6-2　真菌的有性孢子

1. 休眠孢子囊　2. 卵孢子　3、4. 接合孢子　5. 子囊孢子　6. 担孢子

共生或寄生的方式吸收营养而非吞噬营养，不具备变形虫的伪足期，这一特点区别于原生动物界(Protozoa)。

6.1.2　真菌农药的分类

真菌农药主要指以真菌的活体(包括各种孢子和菌丝)制成的农药，包括用白僵菌、绿僵菌等昆虫病原真菌制成的真菌杀虫剂、淡紫拟青霉等制成的杀线虫剂、木霉等以菌寄生真菌以及拮抗性或竞争性真菌制成的真菌杀菌剂和以盘长孢刺盘孢等植物病原真菌制成的真菌除草剂。此外，也有少数具有杀虫或抑菌作用的真菌代谢物被开发为真菌农药。

6.1.3　真菌农药的特点

真菌农药同其他农药一样，具备自身显著的优势，也存在着其应用的局限性。该类农药主要的优点在于：

①持效性好，防治次数少，成本低　真菌活体农药多数可以通过孢子传播，在自然界不仅可以随风力、人力等其他外界因素被动扩散，也可以通过害虫群体传播，引发害虫流行病。

②专一性强，对非靶标无害　如盾壳霉可寄生于核盘菌，能高效防除由核盘菌侵染引起的病害，对植物等非靶标无害。

③环境兼容性好　真菌农药从自然界中获得，不仅自身对环境压力小，而且很多种真菌是有机农药的降解菌。

④生产工艺简单　真菌一般菌丝旺盛，产孢量大，对发酵基料选择性不强，因此真菌易于生产，发酵产量大，并且后续加工的工艺设备也比较简单。

⑤抗性风险低　活体真菌农药在防治有害生物时基本上都要经历附着、侵入、在寄主体内繁殖等一系列复杂的过程，靶标很难产生抗性。

存在的缺点是：

①防治见效慢　活体真菌农药在防治有害生物时基本上都要经历附着、侵入、在寄主体内繁殖等一系列复杂的过程，这些过程很难在短时间内完成。

②受环境因子影响大　真菌农药不管是孢子萌发还是菌丝生长都会受到环境中温度、湿度的影响。除此外，紫外线也容易使真菌失活。

③货架期短　真菌农药尤其是活体真菌农药很难长期保存，即便是有保护剂也会在1年后活力显著降低。因此，真菌农药多数产品货架期都短。

④对助剂选择性强　真菌农药容易受到助剂成分的影响而失活，因此对助剂要求高。

6.1.4　真菌农药的发展历史及研究现状

6.1.4.1　真菌农药的发展历史

利用真菌防治害虫已有百余年的历史，自 1834 年意大利人巴希发现球孢白僵菌（*Beauveria bassiana*）可引起家蚕发生白僵病起，科研工作者便开启了利用真菌防治害虫研究之旅。1879 年，俄国人梅契尼克夫大量生产绿僵菌（*Metarhizium anisopliae*）的孢子用于防治金龟子取得成功，使得绿僵菌成为首批用于生防的真菌微生物，俄国被认为是最早应用真菌防治害虫的国家。1884 年，克拉西尔契克建立小型试验工厂生产金龟子绿僵菌（*Metarhizium anisopliae*）防治甜菜蟓甲，将绿僵菌逐步推向了生物农药工业化生产。除此外，白僵菌制剂的发展历史也较早。1890 年，美国堪萨斯州第一次用白僵菌防治麦长蝽。但由于当时的技术问题没有引起公众的认可，使得美国农业部的这一推广项目在质疑中夭折。此后许多国家如日本、俄国、巴西、英国、美国等也开始尝试应用白僵菌防治害虫，但均没有形成比较成熟的技术。

20 世纪 50 年代，我国在这一领域的研究也取得了显著效果。1954—1959 年，林伯欣、徐庆风和李运帷等先后成功地将白僵菌制剂应用于甘薯蟓甲（*Cylas formicarius*）、大豆食心虫(*Leguminivora glycinivorella*)和马尾松毛虫(*Dendrolimus punctatus*)的防治,但后来我国在白僵菌方面取得的成果并没有得到推广应用。直至 1970 年,南方八省(自治区)关于白僵菌防治松毛虫交流会召开后,白僵菌在农业和林业害虫防治才真正发挥了重要作用,70 年代末,我国白僵菌产量和应用面积已经跃居世界前列。目前仍保持每年 $50×10^4$ hm²,应用面积最高年份达 2000 万亩。

真菌杀虫剂产品登记集中于 20 世纪 70 年代,主要是前苏联、东欧各国和美国的产品。80 年代以来,巴西也有许多登记产品出现。我国自"九五"以来加强了工业化生产的技术,至"十一五"初期已有球孢白僵菌、金龟子绿僵菌小孢变种和金龟子绿僵菌蝗虫变种等 7 种产品登记注册。

6.1.4.2 真菌农药的研究现状

随着微生物源农药研究的深入,被识别和研发的真菌农药种类和数量越来越多,应用范围也越来越广,其在有害生物防治中的作用也越来越大。真菌农药已经广泛应用于农业和林业的杀虫、杀菌、除草及生态环境保护方面。近年来对这方面的研究关注点主要集中在以下几方面:

(1)菌株的遗传改造

真菌活体杀虫剂具有安全性高、环境兼容性好、施用成本低等优点,但这类农药显而易见的缺点也限制了其广泛应用。如真菌农药普遍作用慢,个别真菌农药杀虫谱窄,毒力不够强等。基于该类农药的缺点,采用分子手段,对菌株进行遗传改造是当今研究的一项重要内容。已有研究发现,昆虫病原真菌在侵染寄主时分泌的类枯草杆菌蛋白酶对昆虫表皮具有很强的降解作用,其表达的水平与昆虫病原真菌的毒力关系密切,是重要的毒力因子。因此,它可以作为目的基因用于菌株改造研究。经研究证实,通过基因工程技术超量表达 CDEP-1 蛋白的球孢白僵菌重组工程菌毒力显著提高。这方面的研究主要有通过释放毒力因子、增加毒性基因拷贝数和从其他微生物引入毒性基因来增强菌株毒力或扩大寄主范围等。

(2)发酵工艺研究

对于真菌农药来讲,气生分生孢子是理想型侵染体,目前的菌剂产品多以气生分生孢子作为有效成分。因此,当今生产领域研究的重点是兼顾产品对气生分生孢子的需要和因地制宜利用当地原材料,在保证质量和产量的前提条件下开展多种生产工艺的研究。现在可行的生产工艺有平板机械化生产孢子粉工艺技术、发酵罐浅盘固态发酵生产技术、固液两相深层发酵技术等。固液两相深层发酵技术是绿僵菌迄今国内外气生分生孢子最成熟的生产工艺。除此之外,提高孢子产量的另外重要因素是发酵条件,如发酵的碳源、氮源、培养温度、pH 值、溶氧量等。因此,对培养基的改进(尝试各种碳源、氮源)、微生物发酵影响因子的改变(接种量、培养温度、pH 值、溶氧量)也是当今研究的另一重要内容。正交实验设计、响应曲面设计等数学统计建模的方法是目前微生物发酵工艺优化发酵参数普遍使用的方法。

(3)农药制剂研究

到目前为止,真菌杀虫剂主要剂型有粉剂、可湿性粉剂、干菌丝、微胶囊、颗粒剂等。在生防真菌制剂研究中,除考虑惰性载体(如矿物油、植物油等液状载体油或高岭土等粉状介质)外,还重点考虑了有助于改善制剂理化性能、提高环境稳定性、增强抗逆性及防治效果的各种添加剂，如乳化剂、湿润剂、稳定剂、增效剂及保护剂等。为了延长真菌杀虫剂的菌丝或孢子暴露在环境中的存活时间和增加侵染效果，人们尝试着用可溶性淀粉、明胶、氯化钙等为囊壁材料，对菌丝或孢子进行微胶囊化包被。另外，真菌杀虫剂杀虫速度较慢是其应用受到限制的一个重要因素。为了克服这个缺点，人们将化学杀虫剂、植物源杀虫剂及其他生物杀虫剂与真菌杀虫剂进行混合并制备成制剂可以取得更快的杀虫效果。

6.2　主要真菌杀虫剂品种及应用

在昆虫病原微生物中，由真菌引起的疾病最多，约占昆虫疾病种类的60%以上。当今世界上记载的虫生真菌大约有100属800多种真菌，主要分属于卵菌门、壶菌门、接合菌门、子囊菌门、担子菌门和半知菌门。这些虫生微生物除了卵菌门的大连壶菌外，其余的都是无性型真菌（图6-3）。其中虫霉目的各个属，半知菌丝孢纲的白僵菌属（*Beauveria*）、绿僵菌属（*Metarhizium*）、轮枝孢属（*Verticillium*）、拟青霉属（*Paecilomyces*）、野村菌属（*Nomuraea*），瘤座孢目的镰刀菌属（*Fusarium*），腔孢纲的座壳孢属（*Aschersonia*），束梗孢目的多毛菌属（*Hirsutella*）均可开发为真菌杀虫剂。应用较多的是虫霉属的虫霉，白僵菌属的白僵菌，绿僵菌属的绿僵菌，轮枝孢属的蜡蚧霉（*Lecanicillium lecanii*）。

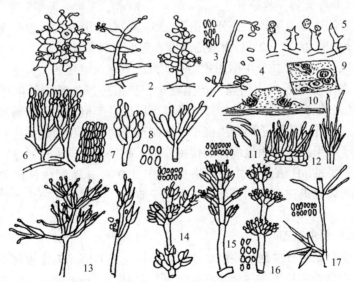

图 6-3　杀虫真菌的无性型（仿李毅等，2017）

1、2. 球孢白僵菌产孢结构　3、4. 布氏白僵菌分生孢子和分生孢子梗　5. 汤姆生被毛孢的分生孢子和分生孢子梗　6、7. 金龟子绿僵菌小孢变种的分生孢子梗和紧密聚集的分生孢子链　8. 金龟子绿僵菌蝗变种分生孢子梗和分生孢子链　9~12. 粉虱座壳在叶片上的子座、子座纵切面、分生孢子器、分生孢子梗和分生孢子链　13. 粉棒束孢分生孢子梗和分生孢子　14. 玫烟色棒束孢分生孢子梗和分生孢子　15. 淡紫拟青霉的分生孢子梗和分生孢子　16. 莱氏野村菌的分生孢子梗和分生孢子　17. 蜡蚧霉的分生孢子梗和分生孢子

6.2.1 白僵菌

6.2.1.1 白僵菌的生物学特性

（1）白僵菌的形态特征

白僵菌菌丝无色透明，有隔膜。分生孢子透明，光滑，球形或者卵圆形，基部有时有小尖突，直径为 1~4 μm，在繁殖、侵染和传播方面发挥主要作用。分生孢子梗多着生在营养菌丝上，横径为 1~2 μm，产孢细胞(瓶梗)浓密簇生于菌丝、分生孢子梗或膨大的泡囊(柄细胞)上，球形或瓶状，颈部具有长 20 μm、横径 1 μm 的产孢轴，轴上有弯曲膝状的小齿突。产孢细胞和囊泡常增生于分生孢子梗或菌丝上，聚成球状或卵圆状的孢子头。依据孢子的形态可将白僵菌分为球孢白僵菌和布氏白僵菌。其中球孢白僵菌产生的分生孢子为球形或者近球形(图 6-3，1、2)，而布氏白僵菌产生的孢子绝大多数为卵圆形或者椭圆形(图 6-3，3、4)。白僵菌菌株菌落粉状，白色，后变为淡黄色。

（2）白僵菌营养条件

白僵菌对碳源要求不严格，其既能够在以蔗糖、葡萄糖、乳糖、果糖、麦芽糖和可溶性淀粉为碳源的培养基上生长，也能够在以各种含有淀粉和糖类的作为碳源的农副产品上生长；对氮源也没有严格的要求。白僵菌很容易在人工培养基上繁殖，但在缺乏碳源或者氮源的合成培养基上不产分生孢子。补充少量的碳源就可以满足其产孢的营养需求，并且产孢的数量和碳源的浓度呈正比。氮源对白僵菌产孢的影响不明显。

（3）白僵菌生长发育的环境条件

白僵菌对温度的适应范围较广，分生孢子在 5~30 ℃ 范围内均可以萌发和生长，较为适宜的温度区间是 18~28 ℃，25 ℃ 为最适温度；湿度对其影响较大，空气湿度在 75% 以上孢子才能够形成，达到 95% 分生孢子才能够萌发。只有在潮湿的条件下，感病虫体内的菌丝才能得以穿透体壁形成气生菌丝，产生孢子，扩散传播；黑暗的条件有利于孢子萌发，菌丝生长稍慢，但菌落的厚度会增加。光照可以促进产孢，孢子数量和光照强度在一定范围内呈正比。紫外线能够杀死分生孢子、抑制孢子的萌发和菌丝的生长，同时也对虫尸上气生菌丝孢子的形成产生明显的抑制作用；孢子萌发和菌丝生长通常以弱酸性条件为宜，但孢子萌发所需的 pH 值区间并不严格，在 pH 3.0~9.4 范围内该菌的孢子均可以萌发；环境中的氧可以促进白僵菌的菌丝生长和孢子萌发，但在氧气缺乏条件下孢子数量反而会增加。

6.2.1.2 白僵菌的杀虫机理

白僵菌的侵染机制是分生孢子接触虫体后，条件适宜的情况下在虫体中萌发，长出芽管，然后以体液为营养大量繁殖并分泌毒素(白僵菌毒素)，影响寄主血液循环，干扰新陈代谢，最后导致寄主死亡。同时，死虫体内的水分很快被菌丝吸尽而干硬，菌丝沿死虫气门间隙或节间膜伸出体外，产生分生孢子，呈白色茸毛状，分生孢子再蔓延传染其他害虫(图 6-4)。每个侵染周期为 7~10 d。具体侵染过程如下：

（1）吸附

吸附过程是非特异性和被动的，这个过程既没有物质的合成，也没有物质的释放。有研究发现，多种病原性真菌的分生孢子表面有一层排列整齐、具有很强疏水性的"小杆"

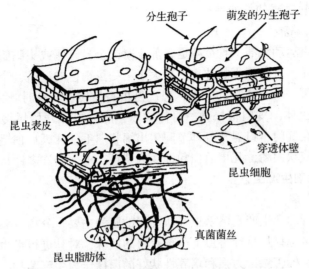

图 6-4　白僵菌侵染机制(仿李毅等，2017)

层，它对酶、多种变性剂、去污剂和有机溶剂有抵抗作用。吸附后，分生孢子会产生一些酶和黏性物质，使其进一步固着在体壁上。

(2)萌发

昆虫的表皮成分不仅提供孢子萌发、生长所需的营养，而且对孢子形成芽管有刺激作用。实验表明，N-乙酰氨基葡萄糖、几丁质、长链脂肪酸等都能刺激分生孢子的萌发，除了体表有充足的营养可满足分生孢子的萌发和菌丝有限生长的需要，还需要克服寄主昆虫表皮中抑制真菌物质的作用。分生孢子萌发后，一般都形成长短各异、分支或不分支的芽管，在适宜的条件下会长出一种能黏附于寄主体壁上的黏性物质——附着胞。

(3)穿透

分生孢子萌发所形成的芽管可直接穿透表皮，在有些情况下也可先形成附着胞。菌丝表面的半乳糖残基能够有效地解除昆虫血球凝集素的活性，从而大大降低白僵菌菌丝对昆虫血淋巴细胞的吞食作用或其他保卫细胞的敏感性。真菌的固有特性和寄主表皮的生理状态会影响穿透的过程，骨化的较难穿透，一般穿透家蚕幼虫表皮约需 16~40 h。

(4)菌丝生长

芽管在穿透表皮后就在血腔内产生虫菌体或延长形成菌丝后再产生虫菌体;昆虫的血细胞有识别、捕获、包囊和破坏外来异物的功能，能够抑制菌丝的生长繁殖。而菌丝以数量取胜，通过大量繁殖，在体内不断增殖，侵入器官，充满体腔，使血细胞失去吞噬作用，使正常的体液循环受到阻碍，造成生理饥饿，并会引起组织细胞的机械破坏。同时，菌丝在生长过程中分泌的毒素和代谢产物(如白僵菌素和草酸盐类等)会使血液的理化性质发生变化，从而使寄主正常的代谢机能和形态结构发生变化，最终导致不能维持正常的生命活动而死亡。

(5)毒素的产生

目前，在白僵菌中已发现了多种毒素，其中最重要的有 3 种:白僵菌素(一种环状的缩羧肽，对多种昆虫包括蚊子等具毒杀作用，会影响离子的运载);白僵交酯(作用于围心细胞的毒素）；球孢交酯（使核变性）。

（6）昆虫僵病的病状

发病初期，昆虫运动呆滞，食欲减退，静止时或全身倾侧或头胸俯状，呈萎靡乏力的状态。皮肤失去光泽，有些病虫的体皮上有大小不一黑褐色的病斑，个别的胸腹足上环绕一条黑色带状的病斑。随着病势的发展，患病昆虫身体转侧，有时吐出黄水或排泄软粪，不久即死。刚死的虫体，皮肉很松弛，身体柔软，随后虫体开始慢慢变硬，常变成粉红色。尸体硬化后先在气门、口器及各环节间生出绵状白毛，几天后白毛布满全身，最后白毛上又逐渐长满石灰状白粉，几周后白粉渐变为黄色，上面出许多针状结晶。

6.2.1.3 白僵菌制剂生产工艺

（1）菌种扩大培养

菌种的选择和管理：生产真菌杀虫剂所使用的菌种主要是分离自僵虫上或土壤中的菌株。一般而言，尽量选择从目标害虫上分离获得的菌株，对其进行毒力生物测定和培养特征测定，筛选出对目标害虫毒力强和培养性状好的菌株作为生产菌种。由于真菌在继代培养中极易因异核现象和异质现象而发生变异，因此，在生产中必须尽量减少菌种传代次数。在菌种活化后，应一次性转接并妥善保存充足的菌种；在生产中传代不要超过4代。生产菌种应采取液氮保存、冻干保存或砂土管保存；常用的斜面冷藏一般保存时间不超过1年。

（2）发酵

分生孢子是白僵菌杀虫剂的主要活性成分，在液体发酵中产生的分生孢子抗逆性较差，在实际生产中的技术路线多采用液态和固态发酵交替进行。液固双相发酵是指经液体深层培养出菌丝或产生孢子后，接入浅盘或其他容器的固体培养基上产生分生孢子的方法。由于物理学、酶学及生物学特性，液固双相发酵是迄今所知国内外气生分生孢子最成熟的生产工艺，由于其经济实用、生产效率高而被广泛采用。液固双相发酵综合了液体发酵和固体发酵的优势：提高培养真菌的竞争力，降低杂菌的污染；提高真菌产分生孢子的速度，降低真菌的培养时间和使用空间；液体培养阶段对可能受杂菌污染种子斜面培养基的做进一步筛选；确保接种菌液对固体颗粒物质的均匀覆盖，使菌体能同步生长。白僵菌具体发酵流程可分为种子发酵和固体发酵两个关键的阶段，种子发酵可受到高度的人为调控。严格地讲，此阶段称为种子扩大培养，白僵菌一般采用三级种子扩大培养，主要以液相培养为主。将获得的三级种子培养物再进行的发酵才是白僵菌真正意义上的发酵，这一阶段主要采用固相发酵。白僵菌发酵具体流程如下：

①三级种子扩大培养　一级种子的扩大培养是将菌种接种于马铃薯葡萄糖琼脂培养基（PDA）、萨氏葡萄糖酵母浸出物琼脂培养基（SDAY）等斜面或者平板进行培养获得的培养物。二级种子的扩大培养是将一级培养获得的种子接种于豆粕、黄豆粉、麸皮等原料蒸煮后的汁液进行摇瓶振荡培养获得的培养物。一般二级培养需要根据培养菌种的需求筛选适宜的培养基配方，必要时添加少量营养粉，如蚕蛹粉或鱼粉等。二级种子培养方式有时也可采用液体发酵罐培养。三级种子的扩大培养是将二级获得的培养物接种于发酵罐进行培养获得的培养物。白僵菌的三级种子扩大培养一般采用空气提升环流式发酵罐，接种量掌握在10%～15%。避免使用搅拌式发酵罐，该种发酵罐培养时需要进行高速的机械搅拌，

搅拌时一方面菌丝可能会裹缠搅拌器的叶轮，另一方面搅拌产生的高剪切力会破坏菌丝，影响其生长。

②固态发酵　固态发酵是白僵菌工业生产采用的主要方式。固态发酵常使用大米、小米、玉米、麦粒、麦片、玉米粉、麸皮、米糠，以及蚕蛹粉和鱼粉等农副产品配制天然培养基。需要注意的是固态发酵原料的细度须保持适中。一般发酵原料颗粒越细，微生物利用率越高，但颗粒过细颗粒间的空隙就会越小，这样会影响发酵通气。因此，很多发酵培养基配方中通过添加稻壳、碎玉米芯或花生壳等填充物料以增加基质间的空隙，确保通气顺畅。固体基质的起始含水量需要控制在 30%~75%，大多在 60% 左右，因发酵设备和工艺不同而异。常用的固体发酵主要有以下几种方式：

浅盘发酵：当前，比较有特色的方法将麦麸培养料装入金属浅盘内，上方覆以半透膜性玻璃纸，然后放入尼龙高压灭菌袋内，灭菌后用注射器向袋内玻璃纸上注射液体菌种，培养两周后可获得不带培养基的纯菌体与分生孢子的混合物，这种方法被称为加拿大的尼龙高压灭菌袋培养法。

发酵床发酵：发酵床反应器具有设计简单，节约劳力优点，而且可以通过采用动力通风来控制发酵环境的温度和湿度等。比较常见的是填充床反应器(图6-5)，典型的填充床反应器是在穿孔板上的静态床，通过穿孔板通入调节空气，或是将穿孔杆插入发酵基质(培养基)中间通气。空气一般从恒温的水浴中通过，以调节发酵过程的温度，补充因通风而降低的发酵基质的含水量。填充床反应器的缺点是真菌在反应器中不同位置产孢不匀。

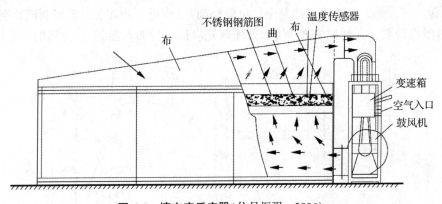

图6-5　填充床反应器(仿吴振强，2006)

固态发酵反应器发酵：近年来固态发酵反应器发展趋势是从开放式发酵转向封闭式发酵，从经验发酵转向控制发酵，从浅盘式发酵转向厚层机械化发酵，从堆积发酵转向流化态发酵。需要指出的是，工业级的固态发酵反应器承载的都是吨位级固体物。

载体吸附固态发酵：固态发酵所用的培养基多为固态的农副产品，微生物很难充分利用这些培养基质，往往产孢量也不理想。为提高菌株产孢量，可采用疏松、多孔的惰性或半惰性材料，如稻壳、蛭石、珍珠岩、工艺厂的下脚软木屑等，作为载体吸附对数期的发酵液，便可产生纯度较高的孢子。产孢结束后可提取高纯孢子用来制备制剂，载体可再度利用。稻壳载体也可粉碎混入剂型。

（3）产品的后处理

以活孢子作为产品的真菌发酵物必须尽快干燥，否则不仅孢子活力会迅速下降，而且迅速发生的杂菌污染甚至有可能造成含孢量很高的产品成为废品。白僵菌发酵物干燥一直都是制剂制备薄弱环节。首先，真菌孢子不耐高温，因此，为了保持真菌的孢子的活力，对发酵物不能使用高温干燥；其次，白僵菌的孢子易随风飞散，干燥过程中也不能使用高速气流或者高速搅拌。一般采用以下3种方法进行干燥：一是采用晒干的办法，这种方法会使得活孢率大幅下降；二是采用冷冻干燥方法，这种方法能较好地保持孢子活力，但成本较高，不适用于大量生产；三是采用真空干燥法，这种方法避免了高温和气流问题，且要求的真空度不是很高，缺点是干燥速度较慢。

生产中，干燥前期可采用各种气流干燥器或旋转快速干燥机（也称旋转闪蒸干燥机），先使初始含水量很大的湿发酵物迅速失水，但必须控制发酵物温度不超过40~45 ℃，否则会杀伤孢子。干燥后期，可使用真空干燥设备，但也要控制温度不超过40~45 ℃。干燥较充分的发酵物的含水量应在8%以下才能用于制剂，否则将影响各种剂型中孢子的生活力和剂型的货架期。

（4）剂型研究

①原粉与粉剂　将微生物固体发酵产品，连同固体培养基一起粉碎，获得的粉碎混合物称为原粉。原粉可以直接使用，也可利用收孢机（图6-6）或旋风分离等分离方法将固体培养基表面生长的真菌孢子分离提纯，得到含孢量很高的高孢粉。高孢粉加入一些填充料（如滑石粉、白炭黑、高岭土、硅藻土、抗紫外剂等）作进一步加工，即可制成粉剂。

②可湿性粉剂、乳剂和油剂　可湿性粉剂是以孢子粉加入湿润剂（常用的为有机硅）和

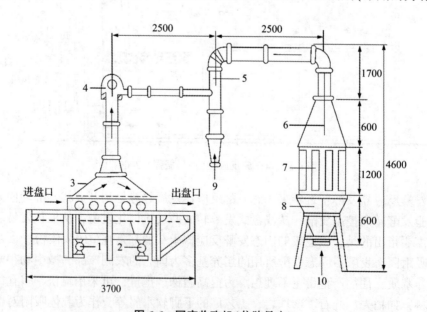

图6-6　国产收孢机（仿陈昌杰）

1、2. 电动机　3. 风罩　4. 引风机　5. 旋风分离器　6. 上贮存桶　7. 袋滤器

8. 下贮存桶　9、10. 放料活动门（单位：mm）

载体(如白炭黑等)混合而成的一种剂型;乳剂是利用乳化剂(常用的有脂肪醇聚氧乙烯类、烷基苯酚聚氧乙烯醚类、磺酸盐类、磺酸酯类、酰胺类等)将分生孢子制成水悬液的一种制剂形式;油剂就是以油为稀释剂。与粉剂相比,可湿性粉剂、乳剂和油剂更有利于孢子的分散与附着,且三者均在使用前才稀释,以确保其稳定性与防治效果。

③微胶囊剂　为了延长白僵菌的菌丝或孢子在暴露的环境中存活时间和增强侵染效果,可将其制备成微胶囊剂。通常囊壁材料可用可溶性淀粉、明胶、氯化钙等材料制备。

④混合剂　1997 年,汤坚等将 20%的紫外保护剂 OF、4%的"灭幼脲 3 号"原粉、25%的凹凸棒及 51%的高孢粉进行混合制成了白僵菌的混合粉剂,同时,他们对产品所要达到的技术指标、包装标准均进行了规定。

⑤干菌丝　1988 年,Rombach 等将白僵菌的液体发酵产物制成干菌丝颗粒,该颗粒在田间应用时可在作物上产孢,侵染害虫。

⑥无纺布菌条　这是日本东电公司发明的一种真菌杀虫剂新剂型,它是以无纺布为培养基的载体,使昆虫病原菌在其上生长,害虫接触上面的孢子后受到侵染,从而达到控制害虫的目的。现在,我国已开始广泛利用无纺布菌条防治各种天牛,并开始尝试无纺布菌条和引诱剂相结合应用于众多林业害虫防治。

6.2.1.4　白僵菌在生物防治中的应用

球孢白僵菌

通用名称:*Beauveria bassiana*。

制剂:可湿性粉剂、粉剂,含活孢子 200 亿/g。白僵菌产品为白色至灰色粉状物。

防治对象:马尾松毛虫(*Dendrolimus punctatus*)、松墨天牛(*Monochamus alternatus*)、玉米螟(*Ostrinia furnacalis*)等。

使用方法:

①马尾松毛虫防治　将白僵菌固态培养物(主要成分为分生孢子)粉碎加入陶土、滑石粉等惰性材料,制成含孢量约为 $5×10^9$ 孢子/g 孢子粉进行马尾松毛虫的防治。淹没式放菌剂量为 $(1.5~3)×10^{13}$ 孢子/hm^2,接种式放菌量为 $(3~5)×10^{12}$ 孢子/hm^2。

②松墨天牛防治　用球孢白僵菌防治松墨天牛时,可以在每个化学引诱剂幼虫点(1 hm^2)使用 5 条 5 cm×50 cm 的无纺布菌条,每条菌条大约带菌量 $2×10^8$ 孢子/cm^2,这样可以诱集高密度的天牛成虫并使之被白僵菌感染,这种方法可以形成无数个流行中心,通过自然流行病抑制虫口。

③玉米螟防治　玉米螟在越冬前需要在农作物秸秆垛中排出体内的游离水;当其越冬后再爬出越冬场所补充水分,进而化成蛹。因此,可以利用玉米螟这一特性,用 100 g(50亿~100 亿孢子/g)或用 1%的孢子悬浊液喷雾,喷雾深度以 0.3 m 为宜,尽量将菌粉喷进秸秆垛内部,这种方法称为白僵菌封垛,是早春防治玉米螟的主要防治方法。对于春夏玉米,新叶期是重点防治时期,这个时期是玉米螟孵化初期至盛期,此时可以将白僵菌颗粒剂(10^9 孢子/g)按照每株 2 g 施入玉米心叶丛中。

注意事项:

①白僵菌对家蚕有很强的致病力,因此要注意家蚕的防护。在养蚕区施用,要注意做到远距离的空间隔离,在放养柞蚕的山区,不宜在附近林区施用白僵菌防治松毛虫。

②在害虫卵乳化盛期施药最佳；白僵菌对高温比较敏感，在 20~28 ℃使用为宜，遇到高温会自然死亡。施药最佳时期为阴天、雨后或早晚湿度大时，并且菌液 2 h 内用完。

③部分杀虫剂、大部分杀菌剂都会损伤白僵菌的孢子活性，因此，与其他药剂混用需要筛选种类和浓度。

④阴凉干燥处贮存。

⑤对有些人皮肤致敏，如出现低烧、皮肤刺痒等症状，使用时应注意防护。

6.2.2 绿僵菌

6.2.2.1 绿僵菌的生物学特性

(1)绿僵菌的形态特征

目前，绿僵菌主要划分为金龟子绿僵菌、黄绿绿僵菌和白色绿僵菌 3 种。其中，金龟子绿僵菌又分 4 个变种；黄绿绿僵菌又分 5 个类群，但得到正式确认有 4 个类群亚种。因此，上述 3 种绿僵菌共分为以下 9 个类群：

①金龟子绿僵菌小孢变种（*Metarhizium anisopliae* var. *anisopliae*） 该类群的绿色孢子一般是柱状(图 6-3, 6、7)，长为 5~7 μm，可在 15~32 ℃范围内生长。

②金龟子绿僵菌大孢变种（*M. anisopliae* var. *majus*） 该类群的孢子长度超过 10 μm，迅速生长的菌落会产生黑绿色的孢子，分布在赤道上的国家的金龟子上可发现此菌。

③金龟子绿僵菌蝗变种（*M. anisopliae* var. *acridum*） 该类群包含所有分离自蝗虫、能内生定殖产孢以及在 37 ℃生长良好的菌株。该类群多数菌株产生的孢子较小，拟卵形(图 6-3, 8)，其他菌株产生的是大的柱状孢子。

④金龟子绿僵菌鳞鳃金龟变种（*M. anisopliae* var. *lepidiotum*） 该类群仅含少数已知菌株，孢子为柱状，孢子大小(7.3~10.6) μm×(3~4.1) μm。培养中可产生过量的绿色孢子层，该类群均分离自澳大利亚昆士兰的金龟子幼虫。

⑤黄绿绿僵菌小孢变种（*M. flavoviride* var. *minus*） 该类群含 2 个菌株，分别分离自菲律宾和所罗门群岛的叶蝉，其中 ARSEF2037 为该变种的模式菌株。该变种的地理分布和寄主范围可能很窄。

⑥黄绿绿僵菌大孢变种（*M. flavovirid* var. *flavoviride*） 该类群包含黄绿绿僵菌的模式菌株（ARSEF2025）和黄绿绿僵菌大孢变种的模式菌株。其特点是：孢子大，部分一端有些膨大，培养中形成绿色的分生孢子垫，该类群所有菌株均分离自土栖甲虫或土壤，它们在低温下生长良好。

⑦黄绿绿僵菌新西兰变种（*M. flavoviride* var. *novazealandicum*） 该类群包含许多来自新西兰和澳大利亚的菌株。其特点是：孢子短柱状，具细腰，在 10 ℃以下生长良好，所有菌株均分离自土壤昆虫或土壤。

⑧黄绿绿僵菌瘿绵蚜变种（*M. flavoviride* var. *pemphogum*） 该类群含 2 个菌株，均分离自英国的根蚜，菌落颜色为亮绿色。该类群的孢子(柱状)和金龟子绿僵菌小孢变种相似，但其低温性可区别于金龟子绿僵菌小孢变种，同时聚类结果也证明该类群应该属于黄绿绿僵菌瘿绵蚜变种。

⑨白色绿僵菌（*M. albun*） 该类群专性侵染叶蝉，分生孢子拟卵形或椭圆形，菌落产

孢前形成由菌丝段(虫菌体)而不是由菌丝体组成的膨大团块，孢子灰棕色。

原先认为拟布里特班克虫草(*Cordyceps brittlebankisoides*)是金龟子绿僵菌大孢变种的有性型，可能是黄绿绿僵菌下的一新变种。绿色野村菌近似种 ITS 序列研究表明，它们的分类地位应属于绿僵菌属。

(2)绿僵菌的营养条件

绿僵菌的生长发育对营养要求并不苛刻，葡萄糖、蔗糖、马铃薯淀粉、乳糖、D-甘露糖、D-果糖和 D-山梨糖均可作为生长的碳源，其中最适宜生长的是 D-甘露糖。D-阿拉伯糖不利于菌株生长。对孢子形成有利的是 *i*-肌醇和甘油。绿僵菌对有机氮的利用能力较强，常用的有机氮源有花生饼粉、豆饼粉、麦麸、鱼粉、蛋白胨和酵母膏。对不同种类有机氮利用能力不同，总体来说蛋白胨作为氮源优于豆粉。色氨酸、谷氨酸和组氨酸对绿僵菌的生长和孢子形成都有利，但含硫的氮源则不利于产孢。绿僵菌对无机氮的利用在不同培养条件下有差异，如绿僵菌大孢变种在以硝态氮为氮源的察氏培养基上只生长菌丝，不形成孢子。

(3)绿僵菌生长发育的环境条件

①温度　绿僵菌在 15~35 ℃范围内均可以生长，较为适宜的温度范围是 25~28 ℃，菌丝生长和孢子形成最适的温度点是 25 ℃。温度低于 10 ℃，菌丝生长受抑制；温度高于 40 ℃和低于 7~8 ℃时，分生孢子不萌发。也有部分绿僵菌具有较好的温度适应性，例如，来源于非洲的 M89 对高温的抵抗力较强，用 40 ℃处理 4 h 和 50 ℃处理 1 h，孢子的发芽率仍保持在 40%以上；在加拿大不同地区分离到的部分菌株可以在 8 ℃的低温条件下正常生长并产生孢子。

②湿度　绿僵菌生长发育要求空气相对湿度在 93%以上，一般相对湿度范围为 95%~100%较为适宜。在离体条件下孢子萌发要求饱和湿度，而孢子形成亦要求相对湿度在 93%以上。孢子在侵染昆虫时能否萌发，与孢子所处微环境中的相对湿度有关，孢子有可能从昆虫节间组织中相对湿度较高处萌发。

③氧气和酸碱度　氧气和酸碱度对绿僵菌的生长发育均有较大的影响，其中氧气对孢子萌发和菌丝生长有促进作用。在开放培养中，氧气对分生孢子的形成显得更加重要。在酸碱度方面，绿僵菌在 pH 4.7~10.0 的环境中均能生长，pH 6.9~7.2 是其较为适宜的生长范围。同时，微碱微酸条件下形成的分生孢子量也多。

④光照　光照的强度和时间的长短均可以影响绿僵菌的孢子萌发和菌丝的生长。一般而言，强光照对绿僵菌分生孢子的萌发和菌丝的生长都有较强的杀伤和抑制作用。在野外自然光照条件下，叶片上孢子的半致死时间为 4~400 h。一般情况下，植物叶面上的孢子，日晒 100 h 后只有 23%萌发，日晒 150 h 后完全失去萌发力。比较不同菌株对紫外线的耐受性，发现黄绿绿僵菌的各个菌株对模拟光的耐受性最高，其次是球孢白僵菌和金龟子绿僵菌，玫烟色拟青霉对模拟光的耐受性最低。另外，紫外线的照射也会抑制孢子的萌发速率。在大量生产绿僵菌时，测试 12 种温度和光周期的组合发现，28 ℃时 14 h 的光照对其孢子的萌发最适合。除此外，阳光对孢子的形成亦有缓阻作用，交替光照对孢子形成最理想。

6.2.2.2　绿僵菌的杀虫机理

同白僵菌一样，绿僵菌作用机理也是分为吸附和固着、萌发、穿透及菌丝生长、毒素产生几个关键步骤。但绿僵菌产生的毒素不同于白僵菌毒素，如金龟子绿僵菌可产生一种具有很高杀虫活性物质——破坏素 A，其会降低试虫的免疫压力，对试虫肌肉产生麻痹功能。另外，发现金龟子绿僵菌还可以产生细胞松弛素，它对哺乳动物有急性毒性，可抑制血细胞的运动，降低血细胞的吞噬能力。

6.2.2.3　绿僵菌制剂

绿僵菌菌种主要来源于对目标害虫毒力强和培养性状好的菌株，也可以根据生产需要进行筛选培育，如筛选耐低温的菌株和培育抗药性强的菌株。目前，国内外绿僵菌发酵的方法与白僵菌相同，主要采用液固双相发酵的方法。绿僵菌制剂为孢子浓缩经吸附剂吸收后制成。其外观颜色因吸附剂种类不同而异，含水率小于5%，分生孢子萌发率90%以上。现有剂型有：可湿性粉剂、乳剂、油剂、干菌丝、微胶囊，其中大面积应用的剂型为粉剂、干菌丝和油剂。研制与应用绿僵菌农药最成功的范例是利用它控制沙漠蝗的国际蝗虫生物防治合作研究项目。该项目首次将绿僵菌制成高浓度孢子油悬浮剂，在施药前用油稀释混合，从而成功地解决了真菌农药在干燥条件下的应用难题，为扩大真菌农药的应用范围提供了新的方法。

6.2.2.4　绿僵菌在生物防治中的应用

绿僵菌

通用名称：金龟子绿僵菌（*Metarhizum anisopoliae*）或黄绿绿僵菌（*M. flavoviride*）。

制剂：孢子 200 亿/g 可湿性粉剂、微颗粒剂，100 亿孢子/mL 油悬浮剂。

防治对象：蝗虫、蛴螬（*Holotrichia diomphalia*）、小菜蛾（*Plutella xylostella*）、菜青虫（*Pieris rapae*）等。

使用方法：

①蝗虫防治　蝗虫具有暴发性、迁徙性，每次暴发均具有很强的毁灭性。曾经和水灾、旱灾并称为农业三大自然灾害。用绿僵菌防治蝗虫可有效防治飞蝗、土蝗、稻蝗、竹蝗等危害。一般每 667 m² 用 100 亿孢子/g 可湿性粉剂 20～30 g，兑水喷雾；也可以每 667 m² 用 100 亿孢子/mL 油悬浮剂 250～500 mL，或 60 亿孢子/mL 油悬浮剂 200～250 mL，用植物油稀释 2～4 倍，进行超低容量喷雾。也可将相同用量的菌剂喷洒在 2～2.5 kg 饵剂上，拌匀后田间撒施。

②蛴螬防治　蛴螬是一类重要的地下害虫，危害多种农作物，以花生受害最重。绿僵菌防治蛴螬包括东北大黑鳃金龟子、暗黑金龟子、铜绿金龟子等多种幼虫，可在花生、大豆等中耕时，采用菌土或菌肥方式撒施。每 667 m² 用 23 亿～28 亿孢子/g 菌粉 2 kg，分别与细土 50 kg 或有机肥 100 kg 混匀后使用。

③蛀干害虫　防治柑橘吉丁虫，在害虫危害柑橘的"吐沫"和"流胶"期，用小刀在"吐沫"处刻几刀，深达形成层，再用 2 亿孢子/mL 菌液涂刷。

④菜蛾和菜青虫　将菌粉加水稀释成 0.05 亿～0.1 亿孢/mL 的菌液喷雾。

⑤天牛防治　防治青杨天牛可喷洒 2 亿孢子/mL 菌液，防治云斑天牛可用 2 亿孢子/mL 菌液注射虫孔。

6.2.3　其他杀虫真菌

6.2.3.1　蜡蚧霉

蜡蚧霉菌落为圆形，白色，菌落中央隆起呈笠状，表面有或无辐射状沟纹，结构致密、扩展，绒毛状至絮状。菌落背面奶油黄色，无可溶性色素。气生菌丝有分支，分生孢子梗透明，基部膨大，向上逐渐变细，锥形；单生、对生或轮生在菌丝上。分生孢子透明，椭圆形、卵形或柱形，分生孢子在分生孢子梗顶端黏结成球形头状体，遇水解体，释放出分生孢子。每个头状体通常含孢子 6~25 个，多的可达 70 个，没有厚垣孢子。来自不同寄主、土壤和采集地点的蜡蚧霉的分生孢子大小从 2.18 ~18.25 μm^3 变化。蜡蚧霉对营养要求不严格，在培养真菌的培养基上都能生长。蜡蚧霉的生长温度范围为 14~32 ℃，较为适宜的生长和繁殖的温度范围是 20~25 ℃，其中最适温度为 25 ℃。蜡蚧霉的应用可以直接应用发酵产物，但多数应用孢子粉，孢子粉生产用固液双相发酵法。蜡蚧霉可用于防治温室白粉虱、蚜虫、防治线虫、蜡蚧等。

6.2.3.2　虫霉

多数虫霉生活史主要包括原生质体、菌丝段、菌丝、分生孢子梗、分生孢子及休眠孢子几个阶段。虫霉分生孢子梗多数分化成直立、粗壮、稍呈棒状、多核，其顶部都由一隔膜形成单核或多核的产孢细胞。产孢细胞上部膨大、缢缩，并产生隔膜将分生孢子梗的原生质体逐步移到上部，形成初生分生孢子，初生分生孢子发芽后产生芽管，芽管(也称次生分生孢子梗)将会像分生孢子梗一样产生次生分生孢子，如图 6-7 所示。休眠孢子是虫霉生活史中具有厚细胞壁且籍以保护整个细胞度过不良环境条件而延续下去的阶段。到目前为止，虫霉应用技术的研究主要针对菌丝和休眠孢子。田间防治应用主要采用接种式、引种定殖及淹没式放菌方式。

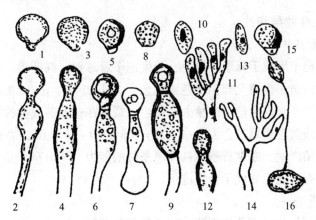

图 6-7　虫霉目分生孢子和分生孢子梗

1、2. 暗孢耳霉　3、4. 块状耳霉　5~7. 蝗噬虫霉　8、9. 蝇虫霉

10~12. 新蚜虫疫霉　13、14. 根虫瘟霉　15、16. 弗氏新接霉

6.2.3.3 玫烟色棒束孢

玫烟色棒束孢（*Isaria fumosorosea*），亦称玫烟色拟青霉。其孢子梗瓶状或者近球形，单生或聚集成孢子梗束。分生孢子单生或轮生于孢子梗上，壁光滑，透明，单胞，多柱形或拟梭形，光滑，透明至肉色，呈链状，无厚垣孢子。温度是影响菌株生长发育繁殖的关键因子。玫烟色棒束孢菌株在 8~32 ℃范围能很好地生长，最适宜温度 24~28 ℃。玫烟色棒束孢对昆虫的致病过程同其他昆虫病原真菌一样，孢子以主动强力弹射或靠气流、水流的运动被动附着于寄主表皮进行侵染，致病侵染过程涉及寄主识别、机械破坏、毒素分泌、代谢干扰等，多种因素的共同作用导致寄主死亡。发酵采用固液双相发酵方式。近年来，玫烟色棒束孢被广泛用于作物害虫的生物防治，据不完全统计，其寄主昆虫超过 25科，其中很多是重要的农业害虫，如小菜蛾、蚜虫、菜青虫、粉虱、柑橘木虱、朱砂叶螨等。

6.3 主要真菌杀菌剂品种及应用

植物病害的生物防治是通过各种生物因素削弱或减少植物病原物的数量与侵染性，促进植物生长发育，从而减轻植物病害的方法。这类真菌主要有木霉属（*Trichoderma*）、盾壳霉属（*Coniothyrium*）、黏帚霉属（*Gliocladium*）、腐霉属（*Pythium*）、假丝酵母属（*Candida*）以及隐球酵母属（*Cryptococcus*）等属众多真菌。应用较多的是木霉属的木霉菌、盾壳霉属的盾壳霉（*Coniothyrium minitans*）、黏帚霉属的黏帚霉等。

6.3.1 木霉属

6.3.1.1 木霉菌的生物学特性

（1）木霉菌的形态特征

木霉菌的分生孢子形成于瓶形小梗上，分生孢子近球形，椭圆形，或短倒卵形，壁光滑或细胞壁上明显而微小粗糙突起，浅色或无色，大小（2~5）μm×（2.4~4）μm。木霉菌常常形成厚垣孢子，在基内菌丝上产量大，间生，或者在营养菌丝侧枝的尖端端生，圆形或椭圆形，无色至浅黄色或绿色，大小（7~12）μm×（10~13）μm，表面光滑或细胞壁有加厚现象，无性生殖产生，通常有耐不良环境条件的能力。厚垣孢子是木霉菌重要的繁殖体形式，在土壤中存活能力要优于分生孢子。

（2）木霉菌营养条件

多种有机物均可作为木霉菌的碳源，较理想的是单糖、双糖、多糖和氨基酸等；胺是木霉菌最易利用的氮源，其他氮源（如氨基酸、尿素、硝酸盐和亚硝酸盐）也能维持其正常生长。天冬酰胺对生长特别有利，能促进孢子形成。无机盐及微量元素对木霉菌的生长很重要，以绿色木霉为例，镁离子能促进其生长，铜离子能促进分生孢子色素形成，铁离子对孢子的形成也很重要。

（3）木霉生长发育的环境条件

木霉菌是一种嗜温真菌，在 6~37 ℃ 范围内均能生长，较为适宜的温度范围是 20~28 ℃，在 48 ℃ 条件下不能生长；木霉生长要求较高湿度，其营养生长的相对湿度要求 92% 以上，孢子的形成需要达到 93%~95%。另外，木霉在潮湿土壤中生命力较强；光照增强可以促进分生孢子的产生，日光或紫外线能诱导产孢，380 mm 和 440 nm 波长的光诱导力最强，254 mm 和 110 nm 波长的光不能诱导繁殖体的产生；木霉的最适 pH 值为 5.0~5.5，在 pH 值为 1.5 或 9.0 的培养基上也能生长，酸性条件比碱性条件下的萌发率更高；在碱性培养基中，高浓度的 CO_2 有利于木霉菌的生长。

6.3.1.2　木霉菌防病机理

木霉菌可用来防治病害或抑制病原的主要机制，通常可归类成五大类，即产生抗生素、营养竞争、重寄生、细胞壁分解酶以及诱导植物产生抗性。一般而言，上述机制虽会因木霉菌种类或菌株的不同而出现主要功能上的差异，但病害防治的整体机制通常会涵盖一种以上。

（1）拮抗作用

①产生抗生素　木霉菌可以产生挥发性或非挥发性抑制病原菌生长的抗生物质，这些物质包括抗生素、绿木霉菌素（viridin）、抗菌肽（antibiotic peptide）、木霉菌素（trichodermin）和胶霉素（gliotoxin）等。

②产毒性蛋白　有些绿色木霉可分泌蛋白质 tricholin，该蛋白是核糖体钝化蛋白，能抑制丝核菌（R. solani）生长与繁殖，其机制是 tricholin 可导致丝核菌的氨基酸吸收与蛋白质合成障碍，减少多聚核糖体的形成，从而减弱菌丝的生长。

（2）营养竞争

利用竞争能力强的微生物，消耗如铁、氮、碳、氧或其他适宜病原菌生长的微量元素，可以限制病原菌的生长、孢子萌发或病菌代谢。在这方面，木霉菌主要是夺取或阻断病原菌所需的养分。由于营养竞争很难用变异菌株加以证明，且添加物质也可能改变病害的发生，以致无法取得强而有力的证据说明防治的机制是与竞争养分有关。目前，有充分证据证明的仅在铁、铜等离子的竞争方面，而这又与能否产生嵌合物质等有关，因为这类物质也会减少病原菌的发芽与生长。

（3）重寄生（微寄生）

以木霉菌的微寄生立枯丝核病菌为例，其过程大约可分成四个步骤。首先是趋化性生长，也就是木霉菌会趋向能产生化学刺激物的病原菌生长。第二步是辨识，这个步骤和病原菌含有的聚血素及拮抗菌表面拥有的碳水化合物接收器有关，这类物质左右了病原菌与拮抗微生物之间作用的专一性。第三步是接触与细胞壁分解。最后是穿刺作用，也就是木霉菌会产生类似附着器的构造，侵入真菌细胞，进而分解与利用病原菌细胞物质（图6-8）。

（4）诱导植物产生抗性

植物的系统性诱导抗病是指植物经第一次接种原或非生物因子刺激后，产生对第二次接种原的抗性。这种抗性的发展，可导致植株对多种病原的感染都会有抵抗性，而非仅限于对原先的诱导病原。目前已有报告显示，植物经木霉菌处理后，可诱导产生特别的酶等物质，其在抑制病害上扮演着重要的角色。由于几丁质与葡聚糖是真菌细胞壁的主要成分

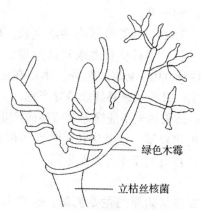

绿色木霉

立枯丝核菌

图 6-8　绿色木霉重寄生作用

（仿邢来君等，1999）

（除卵菌纲外），很多试验显示几丁质分解酶或葡聚糖分解酶，单独或组合使用时可直接分解真菌细胞壁。近来遗传学上也证明，缺乏几丁质分解酶的突变菌株，其抑制病原菌孢子发芽的能力以及病害防治能力都明显降低。试验显示，如果把几丁质分解酶基因引入无病害防治能力的大肠杆菌菌株中，这个转殖菌株可减少大豆白绢病的发生。最近更有很多转殖植物含有来自木霉菌的几丁质分解酶，因而增加了它们对植物病原真菌的抗性。

6.3.1.3　木霉杀菌剂制剂生产工艺

（1）菌株的选育

①木霉菌的筛选　以平板上木霉菌对棉花枯萎病菌的抑制作用为主要的筛选标准和方法，包括重复寄生能力和抗生素产生的测定。一般采用平板对峙培养技术进行，这种方法所得到的结果往往与盆栽试验和大田应用试验的结果不一致，预见性较差。

②菌株改良技术　由于筛选技术的缺陷或自然界中木霉菌本身的不足，难以得到理想的生防菌株，需要对菌株加以改良。目前的手段主要有诱变育种、原生质体融合以及转化。

（2）发酵

木霉菌在其生长周期内可以产生 3 种繁殖体，包括菌丝体、分生孢子和厚垣孢子。这三种类型的繁殖体在生防制剂中都有一定的应用。木霉菌一般采用液体或半固体生产方法，以得到大量的菌丝、厚垣孢子或分生孢子。Lewis 和 Papavizas 发展了相应的加工技术，一是先将麦麸用水打湿，灭菌后接种木霉菌或绿色黏帚霉菌，培养 2~3 d（而非传统的 2~3 周），这种制剂可使生防菌在土壤中迅速生长，杀死或钝化土壤中的病原菌。二是将含有麦麸的蛭石作为培养基使用，接种木霉菌后任其生长，然后予以干燥。在使用前，用稀酸稀释，培养 2 d 使菌丝呈活跃生长状态，然后施于土壤中，这种制剂的形式与加工方法的优点在于储存和活化过程不必保持无菌条件，但使用不方便，储存期短。

6.3.1.4　木霉在生物防治中的应用

哈茨木霉

通用名称：*Trichoderma harzianum*。

制剂：悬乳剂、可湿性粉剂（4 亿孢子/g）、颗粒剂和水分散粒剂（1 亿孢子/g）。

防治对象：麦纹枯病、黄瓜灰霉病、大白菜和黄瓜的霜霉病等。

使用方法：

①防治小麦纹枯病　可以用 1 亿孢子/g 水分散粒剂 25~50 g 顺垄灌根。

②防治灰霉病　可以用 2 亿孢子/g 可湿性粉剂 1875~3750 g/hm² 喷雾防治黄瓜灰霉病；用 2 亿孢子/g 水分散粒剂 1500~1875 g/hm² 喷雾防治番茄灰霉病。

③防治霜霉病　可以用 1.5 亿孢子/g 可湿性粉剂 3000~40 000 g/hm² 喷雾防治大白菜和黄瓜的霜霉病。

注意事项：

利用木霉制剂防治病原菌，必须考虑环境因素的影响，包括温度、水势、pH 值、杀菌剂、金属离子和抑制性细菌，这些因素都会影响木霉制剂的防效。土壤温度和水势直接影响孢子的萌发、芽管伸长、菌丝生长、腐生能力以及非挥发性代谢物质的分泌。pH 值影响木霉产生胞外酶的种类。有些杀菌剂(如苯并咪唑类)、重金属离子(如铜、锌、镍和钴的离子)和土壤细菌对木霉有较大毒害作用，不宜混合使用。利用木霉制剂进行综合防治，可通过突变体育种、原生质融合和转基因等技术筛选培育出耐低温、耐化学药剂、耐水分胁迫、耐细菌抑制、耐重金属元素的木霉菌，使木霉能够更好地适应环境条件的变化。

6.3.2　盾壳霉

6.3.2.1　盾壳霉的生物学特性

盾壳霉在自然界中分布广泛，它在自然界一般寄生在油菜核盘菌(*Sclerotinia sclerotiorum*)、三叶草核盘菌(*S. trifoliorum*)、小核盘菌(*S. minor*)和洋葱小核盘菌(*S. cepivorum*)菌核。多数盾壳霉菌株在 PDA 培养基上 20~42 ℃范围内均能生长，在 20~25 ℃时生长最快，正常萌发、生长和产孢的 pH 值为 3~8。孢子萌发所需的相对湿度为 90%或更高，感染核盘菌菌核的最适相对湿度为 95%或更高。在土壤中盾壳霉的分生孢子器、孢子和菌丝在寄主菌核内可存活两年以上。土温对其存活有影响，高于 25 ℃其存活时间短于 6 个月。盾壳霉在土壤中有长期存活的特性，在自然条件下可自发诱导抑制菌核病。在土壤中，盾壳霉通过水流迅速扩散，土壤中的一些弹尾目昆虫、螨类也可传带盾壳霉。

6.3.2.2　盾壳霉防病机理

(1)重寄生作用

盾壳霉可在核盘菌的子囊孢子侵染植物叶片后，寄生茎秆内部及表面的菌丝和菌核。盾壳霉菌丝顶端不形成特殊结构(如附着胞等)就可以直接侵入寄主菌丝的细胞壁。盾壳霉单个孢子寄生菌核时，盾壳霉可在菌核组织的胞内或胞间生长。在侵入点细胞壁有蚀刻，表明盾壳霉侵入皮层组织细胞壁时有化学作用发生。被侵染的菌核髓组织发生质壁分离、胞质聚集、液泡化和细胞壁的降解。后期，盾壳霉可在菌核内大量生长并在菌核表面、紧贴皮层处或偶尔在髓部形成分生孢子器。在此阶段，菌核扁平、发软并开始分解。在盾壳霉侵染菌核后期，处于菌核皮层细胞内的盾壳霉菌丝体逐渐分解，这可能是寄主中营养物质的耗尽、有毒代谢物质的积累等原因导致。盾壳霉寄生菌核后最终影响到菌核萌发。盾壳霉在寄生菌核和菌丝体过程中，存在着机械压力和酶解两种作用途径。

(2)抗生作用

近几年发现盾壳霉也可产生拮抗真菌的物质。目前，已从盾壳霉培养滤液中鉴定出至少 3 类代谢物质：3(2H)-苯并呋喃酮类、色烷类和 macrosphelide A。其中，macrosphelide A 是最主要的代谢物质。

（3）溶菌作用

核盘菌细胞壁中含有 β-1,3-葡聚糖和几丁质，盾壳霉可分泌 β-1,3-葡聚糖酶和几丁质酶，可降解核盘菌的活细胞、离体菌丝及菌核拟薄壁组织细胞的细胞壁。人们研究发现，盾壳霉培养液中外切 β-1,3-葡聚糖酶活性最强，但必须在内切 β-1,3-葡聚糖酶协助下才可使葡聚糖彻底分解。

6.3.2.3 盾壳霉杀菌剂制剂生产工艺

（1）菌种分离

盾壳霉主要从土壤中和菌核上采用稀释平板法和菌核诱捕法进行分离。以加乳酸、抗生素或 TritonX 等的培养基为半选择培养基或采用乳酸、低温双重选择法分离。常规分离法经常由于其他微生物的干扰而影响盾壳霉分离，因此，利用生物技术手段进行分离鉴定非常关键。20 世纪初，检测盾壳霉菌株的 PCR 方法就已经建立，检测限可达每克灭菌土 1×10^2 个盾壳霉孢子。

（2）菌株改良

盾壳霉菌种改良通常以生长快、寄生致腐菌核能力高、抗药能力强或产抗生物质和分泌胞外酶能力强等特性为改良目标。改良的手段主要采用紫外诱变法，通过该方法不仅可以获得拮抗核盘菌菌丝生长能力的菌株，也可以获得 β 葡聚糖酶活性提高的菌株。一般而言，生长快、寄生致腐菌核能力高、抗药能力强、产抗生物质、分泌胞外酶能力强等是菌株基因改良的目标。

（3）盾壳霉发酵

盾壳霉的规模化生产可采用固体发酵、液体发酵以及固液发酵。已有报道指出，用于盾壳霉的固体发酵方法有：在容量为 15 L 的 Packed-bed 反应器中，用葡萄糖、酵母膏的溶液浸泡大麻，再接种盾壳霉培养 18 d 进行发酵；使用燕麦做发酵料，放进转鼓式固体发酵容器中，发酵 18 d；也可以将玉米粉和珍珠岩进行混合，作为固体基质，用来进行盾壳霉发酵；或者用油菜秸秆作为发酵料，并在其中添加可溶性淀粉和酵母粉进行发酵。在液体发酵方面，我国在 2003 年首次报道，实现了在 10 L 发酵罐中发酵出盾壳霉分生孢子。固液双相发酵法结合了液体和固体发酵两者的优点，所采用的流程是，首先将菌种于蔗糖为碳源、pH 值为 4 的液体基质中培养，然后再接种到麸皮 42%、玉米粉 37%、稻壳 21%、含水量 85%的固体基质中发酵 15 d。

6.3.2.4 盾壳霉在生物防治中的应用

人们利用盾壳霉防治菌核病已有几十年历史了。1997 年，在欧洲市场上出现了两种盾壳霉商品，分别为 Contans 和 KONl。Contans 是小盾壳霉的水分散粒剂，由德国 Prophyta Biologischer Pflanzenschutz GmbH 公司生产，该水分散性粒剂以葡萄糖为载体；KONl 是匈牙利 Bioved Ltd. 公司生产，有两种剂型：颗粒剂和可湿性粉剂。二者的有效成分均为活性分生孢子，制剂的活孢率在 70%以上，其中每克颗粒剂含 7×10^7 个分生孢子；每克可湿性粉剂含 $5 \times 10^9 \sim 10 \times 10^9$ 个分生孢子，无载体或以珍珠石为载体。Contans 和 KONl 都具有很好的防效，而且持效期长、价格适中，这使得它们与化学产品相比具有非常强竞争力。

Contans 主要登记为土壤使用后防治由 *Sclerotinia sclerotiorium* 和 *S. minor* 引起的病害，使用时可兑水稀释 200~1000 倍。已有的研究表明，严格按照标签说明使用，对人的健康和环境均无有害影响。Contans 已在欧洲一些国家登记。它必须在病害症状出现前 2~3 个月施于土壤，最好在前作收获时用于作物残体上。这段时间有助于其定殖菌核。KONI 颗粒剂使用剂量为 150 kg/hm²，使用时直接撒播在土壤表面；KONI 可湿性粉剂使用剂量为 1~2 kg/hm²，使用时先摇匀，再兑水稀释进行喷雾。可用于莴苣、黄瓜、红辣椒、万寿菊和矮牵牛花菌核病的防治。

6.3.3　黏帚霉

6.3.3.1　黏帚霉的生物学特性

（1）黏帚霉形态特征

黏帚霉是常见的生防真菌之一，目前共发现有 30 多个种，其中以绿黏帚菌（*Gliocladium virens*）、粉红黏帚菌（*G. roscum*）较为常见。前者顶端小梗轮状分枝 3~4 次，分生孢子早期形成黏孢团，易散，近椭圆形、圆柱形或卵形，大小为(2.9~4.4) μm×(4.4~6.6) μm；厚垣孢子球形，大小为 8.7~13.1 μm；后者菌落初呈白色，后成块地变为暗绿色；分生孢子大小为(4~7.5) μm×(3~4) μm。菌落生长快，淡绿色转灰绿色。

（2）黏帚霉营养条件

将黏帚霉在马铃薯葡萄糖琼脂（PDA）的培养基上培养时，其菌落呈白色，在光照条件下逐渐变成粉红色，可利用多种氮源、碳源生长，对营养条件没有特殊要求。光照会影响菌丝体的生长及孢子萌发，产生的孢子稳定性也比较差。

6.3.3.2　黏帚霉防病机理

（1）竞争作用

竞争作用指生防微生物及病原微生物为了共同生存而在空间、营养或有限的能源、生长因子等方面发生的争夺现象。而粉红黏帚霉广泛存在于植物表面和土壤中，这说明它是空间和营养源的有利竞争者。有研究发现，将粉红黏帚霉和核盘菌对峙培养后粉红黏帚霉生长速度较快，在粉红黏帚霉与核盘菌接触后，粉红黏帚霉菌可继续生长并覆盖核盘菌，进而抑制核盘菌菌核的形成，最终核盘菌停止生长或逐渐死亡。

（2）溶菌作用

在粉红黏帚霉培养液中可检测到丝氨酸蛋白酶、1,3-葡聚糖酶等，同时粉红黏帚霉还能产生几丁质酶，该几丁质酶具有广谱的抗菌活性，且效果优于动物、植物及细菌来源的几丁质酶；它能有效抑制病原菌的扩展生长，甚至能杀死植物寄生性线虫及病原菌。

（3）重寄生作用

有研究发现，粉红黏帚霉菌株能够缠绕在立枯丝核菌菌丝上穿过菌丝生长，可分泌葡聚糖酶和几丁质酶，使核盘菌菌核软化腐烂。

（4）抗生作用

粉红黏帚霉代谢可产生拮抗性化学物质，它们能损害病原菌并杀死线虫。在一株粉红黏帚霉发酵液中分离出的物质能抑制植物病原真菌（*Magnaporthe grisea*）侵染结构附着孢的形成。另有研究者发现粉红黏帚霉分泌的次生代谢产物对秀丽隐杆线虫及全齿复合线虫均有一定的杀伤作用。

（5）促生作用

粉红黏帚霉菌中含有一些具有促生功能的化合物，如有研究发现粉红黏帚霉对金线莲有明显促生作用。

6.3.3.3 黏帚霉在生物防治中的应用

自30年代发现绿色黏帚霉能防治植物猝倒病，其拮抗作用得到充分的肯定以来，对它的生防研究已持续了70多年。它不仅能抑制真菌，还对细菌具有拮抗作用，尤其对土传病害的防治作用相当好。有研究证明，将菌株接种于油菜田，6个月后，可使土壤中的菌核腐烂率达77.50%；用绿色黏帚霉T4菌株的孢子悬液浸果处理采收后的柑橘果实，贮藏3个月后对青绿霉菌引起的腐烂病的防效达92.6%以上。目前，国际上已有公司将绿色黏帚霉G20菌株开发为生防制剂产品，商品名称为Glioard。

除绿色黏帚霉广泛被应用外，粉红黏帚霉在生物防治领域备受重视。粉红黏帚霉最早被用来防治灰霉病。Sutton等（1990）研究证明，在室内以10^7孢子/mL接种离体及活体草莓的叶、花时，粉红黏帚霉对灰霉的抑制率高达98%；田间以10^6孢子/mL的浓度在傍晚对草莓进行喷雾，每周1次可使草莓花和果实的灰霉发病率分别下降79%~93%和48%~76%。另外，粉红黏帚霉对覆盆子、玫瑰、番茄等的灰霉病以及对大丽轮枝菌（*Verticillium dahliae*）也有很好的抑制作用。目前已经有商品化的粉红黏帚霉制剂Prestop被登记并用来防治灰霉、根腐病等。

6.3.4 寡雄腐霉

6.3.4.1 寡雄腐霉的生物学特性

寡雄腐霉（*Pythium oligandrum*）菌丝体发达；孢子囊圆筒形、近球形或不规则形，有分枝，生于菌丝顶端或在中部串珠式发生。孢子囊萌发时产生泡囊，原生质先注入泡囊中，在其中形成游动孢子，泡囊破裂放出。该菌雄器罕见，（7.7~20.5）μm×（3.8~13）μm；藏卵器壁厚，2~3个成链，直径18~35μm，具高2.6~7.7μm的密集突起物；孢子囊由多个球状和丝状物组成复合体；卵孢子直径15~29μm，壁厚0.9~3.1μm。

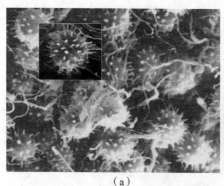
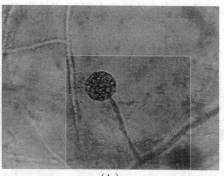

（a）　　　　　　　　　　　（b）

图6-9　寡雄腐霉卵孢子及孢子囊（引自百度百科）

（a）寡雄腐霉卵孢子　（b）寡雄腐霉孢子囊

6.3.4.2 寡雄腐霉防病机理

（1）重寄生作用

寡雄腐霉防病的直接作用主要是对寄主菌的重寄生作用。其过程包括吸附、缠绕和穿透。不同寄主菌对寡雄腐霉菌丝体的穿透有不同的反应：一是寄主菌的原生质膜和细胞质膜完全收缩或破裂、细胞质凝结、细胞器减少、空腔增多、原生质释放，最后菌丝干瘪坏死，如寡雄腐霉对终极腐霉或瓜果腐霉；二是寄主菌细胞器破裂，细胞质降解，原生质流出，菌丝体成空壳，最后整个细胞破碎、死亡，如寡雄腐霉对尖孢镰刀菌或大丽轮枝孢；三是寄主菌细胞壁扭曲、细胞质降解，原生质释放，且两者的菌丝体都受到损害，类似相互拮抗机制，如寡雄腐霉对茄丝核菌（Rhizoctonia solani）。同时，寡雄腐霉在穿透过程中，还能产生蛋白酶、脂肪酶、β-1,3-葡聚糖酶、纤维素酶和几丁质酶，这些胞外溶解酶和水解酶在寡雄腐霉的穿透过程中起了主要作用。另外，有研究发现寡雄腐霉与茄丝核菌菌丝接触初期，寄主细胞壁上会形成大量不定形的类似细胞壁的物质沉积，但寡雄腐霉能避开这层屏障，产生大量分枝而进入寄主菌。

（2）抗生作用

通常认为寡雄腐霉的抗生机制是由于寡雄腐霉产生大量的纤维素酶和胞外溶解酶如β-1,3-葡聚糖酶、酯酶和蛋白酶所致，而非抗生素。寡雄腐霉产生大量的纤维素酶可能与寡雄腐霉释放β-1,3-葡聚糖酶激发子有关。

（3）诱导防卫反应

寡雄腐霉菌丝体进入番茄根系但不损害根细胞，同时能诱导根部形成含酚化合物的胼胝质沉积物，重新形成结构屏障与生化屏障。当引起番茄枯萎病的土传病原菌尖孢镰刀菌羽扇豆—番茄枯萎病菌（Fusarium oxysporum）侵入番茄根部时，根部细胞会产生一系列不利于病原菌侵入的防卫反应，病原菌被限制在第一层表皮组织中，从而显著降低番茄枯萎病的发病率。

寡雄腐霉能产生一种拟激发素，该物质与诱导抗性相关，称为寡雄蛋白（oligandrin），其能诱导成熟番茄叶片筛管分子腔中积累丝状 P 蛋白（phloem protein，韧皮部蛋白），该蛋白与胼胝质一起形成 P 蛋白塞而阻塞孔点，阻止植原体（phytoplasma）在番茄叶脉中移动，并能有效抑制植原体在番茄筛管分子中发展。除了拟激发素寡雄蛋白外，寡雄腐霉还能产生对甜菜和小麦具激发子活性的 D 型和 S 型细胞壁蛋白（CWPs），D 型或 S 型都能增强甜菜根部苯丙氨酸解氨酶和几丁质酶的活性，前者还能使甜菜中酚类化合物阿魏酸（ferulic acid）明显提高，从而减轻发病率。

（4）促生作用

研究发现，寡雄腐霉能够促进植株对氮、磷等营养元素的吸收，产生大量植物生长素前体色胺，进而合成生长激素如吲哚乙酸（IAA）促进植物生长。除此之外，寡雄腐霉还能通过茉莉酸（JA）、乙烯（ET）等与其他激素的偶联信号互相作用，促进植物生长，影响植物的发育与抗病性（图 6-10）。

（5）与病原菌的营养和空间竞争

寡雄腐霉菌丝体进入番茄根部后，还可以通过与病原菌竞争营养与空间的方式抵制病原菌对植物的侵害（图 6-10）。

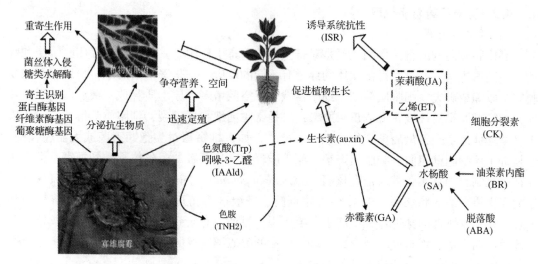

图 6-10 寡雄腐霉作用机理(引自姜一鸣等，2017)

6.3.4.3 寡雄腐霉杀菌剂制剂生产工艺

（1）菌种分离

通常是用玉米琼脂培养基（CMA）或选择性培养基 VP3 分离和纯化寡雄腐霉，用马唐草或胡萝卜片或大麻种子诱导其有性器官形成，在显微镜下观察藏卵器、雄器和卵孢子等的形态特征或者用预先接上黄色镰刀菌、灰葡萄孢或黄绿木霉等不同寄主菌菌丝块的琼脂玻片埋入土壤中，约 1 周后取出镜检，观察是否有寡雄腐霉的卵孢子，再在选择性培养基上进行分离、纯化，该方法成功率较高。

（2）原药生产工艺

将纯原菌种孢子接种到琼脂培养基上，产生出新鲜孢子用作固体状态培养的接种。然后在密闭的无菌系统中以粮食与菌种接种进行发酵，得到发酵液，经浓缩、干燥，得到含有孢子和粮食培养基的干粉末原药。

6.3.4.4 寡雄腐霉在生物防治中的应用

多利维生-寡雄腐霉

通用名称：*Pythium oligandrum*。

制剂：可湿性粉剂（孢子 100 亿/g）。

防治对象：寡雄腐霉能够在多种重要农作物根围定殖，迄今为止，未见寡雄腐霉引起作物病害的报道。寡雄腐霉能拮抗或寄生双孢蘑菇（*Agaricus bisporus*）、黄色镰刀菌（*Fusarium culmorum*）、尖孢镰刀菌（*F. oxysporum*）、尖孢镰刀菌羽扇豆-番茄枯萎病菌（*F. oxysporum* f. sp.）、茄镰刀菌豌豆专化型（*F. solani* f. sp.）、终极腐霉（*Pythium ultimum*）、刺腐霉（*P. spinosum*）、瓜果腐霉（*P. aphanidermatum*）、畸雌腐霉（*P. irregulare*）、大雄疫霉（*Phytophthora megasperma*）、寄生疫霉（*Ph. parasitica*）、甜菜猝倒丝囊霉（*Aphanomyces cochlioides*）、灰葡萄孢（*Botrytis cinerea*）、禾顶囊壳（*Gaeumannomyces graminis*）、豌豆生球腔菌（*Mycoosphaerella pinodes*）、茄丝核菌（*Rhizoctonia solani*）、黄绿木霉（*Trichoderma aureovirid*）、黑白轮枝孢（*Verticillium albo-atrum*）、大丽轮枝孢（*V. dahliae*）、苜蓿茎点霉

（*Phoma medicaginis*）、核盘菌（*Sclerotinia sclerotiorum*）等 16 属中的 20 多种真菌和其他卵菌，除双孢蘑菇（*A. bisporus*）外，其余均为重要的植物病原菌。

使用方法：

①拌种　作物播种前，取"多利维生–寡雄腐霉" 1 g 兑水 1 kg，一般可拌种 20 kg，将待拌的种子放入大容器中，用喷雾器将稀释液均匀喷洒到种子上，边喷边搅拌使种子表面全部湿润，拌匀晾干后即可播种。拌种能够杀灭种皮内的病原菌及孢子，减少病害侵入。

②浸种　播种前根据种子实际用量，将"多利维生–寡雄腐霉"稀释为 10 000 倍液（取寡雄腐霉 1 g，加水 10 kg，依此类推），以浸没种子为宜。根据种子种皮的厚薄、干湿程度掌握好浸种时间，然后播种。浸种时间因种皮厚薄、吸胀能力强弱和气温差异而有所不同。蔬菜、小麦等种子浸泡 5~10 h，水稻、棉花等硬壳种子需浸 24 h 以上。浸种能促进种子发芽率，增强幼苗发根能力，培养壮苗，减少病害侵入。

③苗床及土壤喷施　将"多利维生—寡雄腐霉"稀释 10 000 倍浓度液进行苗床及土壤喷施，可以有效防治猝倒病、立枯病、炭疽病等多种苗期病害发生，还可提高苗床土壤内有益菌活性，促进幼苗根系发育，培养壮苗。

④灌根　作物大田定植后使用"多利维生—寡雄腐霉" 10 000 倍稀释浓度液灌根 2~3 次，每次间隔 7 d 左右，可有效杀灭作物根系土壤内的病原真菌，预防立枯病、炭疽病、枯萎病等苗期病害的发生。

⑤喷施　将"多利维生–寡雄腐霉"稀释 7500~10 000 倍浓度液从作物花期开始叶片喷施，能有效预防白粉病、灰霉病、霜霉病等多种真菌性病害，还能促使作物提高系统抗性，增强抵御病害的能力；另外，作物病害发生初期，使用"多利维生—寡雄腐霉" 7500 倍稀释浓度液喷施，可以有效防治病害，控制病情蔓延。

6.3.5　酵母杀菌剂

6.3.5.1　假丝酵母

假丝酵母细胞圆形、卵形或长形，多边出芽繁殖，能形成假菌丝。在麦芽汁琼脂培养基上菌落为乳白色，平滑，有光泽，边缘整齐或菌丝状。作为生防酵母开发利用的有齐藤假丝酵母（*Candida saitoana*）、橄榄假丝酵母（*C. oleophila*）、季也蒙假丝酵母（*C. guilliermondii*）、间型假丝酵母（*C. intermedia*）等。假丝酵母的生防机理主要包括营养或空间竞争、分泌产生抗菌素、重寄生作用。其应用主要以干粉制剂为主，制备活性酵母干粉的关键步骤是尽可能提高细胞在干粉中的存活率以及细胞密度。酵母干粉的应用也比较方便，按照一定比例配成溶液即可。假丝酵母主要应用于果实上发生的病害及采后病害的防治，如假丝酵母对灰葡萄孢霉（*Botrytis cinerea*）和黑曲霉（*Aspergillus niger*）所引起的葡萄果实腐烂现象具有明显的抑制作用；季也蒙假丝酵母对发生在成熟的桃果实上的软腐病菌有很好的抑菌活性；间型假丝酵母对苹果青霉病以及洋葱黑曲霉病的防治效果都非常明显；清酒假丝酵母（*Cryptococcus sake*）对苹果采后青霉病、灰霉病及根霉腐病有理想的防效。

6.3.5.2　隐球酵母

隐球酵母出芽细胞圆形或卵形，多边生，外有荚膜，在酸性培养基上产生淀粉状物质。有的有假菌丝，产生类淀粉类物质，无发酵作用，有的同化硝酸盐。无性繁殖为芽殖，无有性繁殖。作为生防酵母开发利用主要有罗伦隐球酵母(*Cryptococcus laurentii*)、浅白隐球酵母(*C. albidus*)、*C. infirmo-miniatus*、土生隐球酵母(*C. humicola*)、大隐球酵母等。有研究指出罗伦隐球酵母在不利于细菌生长的环境下仍能在苹果果实伤口上大量繁殖，防治苹果采后腐烂变质。因此，适应能力强的隐球酵母可以从果蔬伤口部位及果蔬表皮自然生长的微生物群落筛选获得。隐球酵母属中，罗伦隐球酵母的生防效果较好且比较稳定，是目前该酵母属中研究最多的拮抗酵母，主要用于梨、苹果、草莓、冬枣、柑橘和杧果采后青霉病、灰霉病、黑斑病、绿霉病和炭疽病的防治；浅白隐球酵母，主要用于苹果和草莓采后青霉病和灰霉病的防治，在南非，浅白隐球酵母已经商业化生产，其商品命名为 Yield Plus；*C. infirmo-miniatus* 主要用于樱桃和梨采后褐腐病和青霉病的防治；土生隐球酵母被用于控制苹果采后灰霉病的发生；大隐球酵母(*C. magnus*)用于木瓜采后炭疽病的防治。

能够通过特化的菌丝结构捕杀原生动物及小型的线虫的真菌称为线虫真菌(*Nematophagous fungi*)。它们主要分布在结合菌门的捕虫霉目和无性型真菌的丛梗孢目。捕虫霉目真菌是专性捕食菌，很难人工培养；丛梗孢目是兼性捕食菌，可以在缺乏被捕食的动物的土壤中营腐生生活。当今研究比较成熟的是丛梗孢目丛梗孢科拟青霉属的淡紫拟青霉。

6.4 主要真菌杀线虫剂品种及应用

6.4.1 淡紫拟青霉的生物学特性

(1)淡紫拟青霉的形态特征

淡紫拟青霉(*Paecilomyces lilacinus*)的分生孢子梗末端膨大。分生孢子为单细胞，椭圆形至纺锤形，呈链状、平滑、无色至黄色，2~4 μm 宽，孢梗上具有瓶颈状不规则的分枝或轮生分枝，瓶梗基部较宽。轮生分枝由圆柱形的部分组成，有时分枝向远离主轴方向弯曲(图 6-3, 15)。在 28 ℃，黑暗条件下，PDA 平板培养 3 d 后长出白色菌落，产孢后逐渐变成浅粉红色，培养 7 d 后，菌落呈紫红色，圆形、隆起、粉状，表面没有分泌物，产孢量越多，菌落颜色越深。

(2)淡紫拟青霉生长发育的环境条件

淡紫拟青霉的生长、发育及致病力受到多种环境因素的影响，其中温度和湿度最为关键。淡紫拟青霉 8~38 ℃可以生长，15~30 ℃生长良好，最佳生长和产孢温度为 25~30 ℃；最适萌发的空气相对湿度为 80%~100%；完全黑暗条件下生长最佳。生长 pH 值为 2~12，最佳生长 pH 值为 6~9，产孢最佳 pH 值为 4~6。

6.4.2 淡紫拟青霉防病机理

(1)寄生作用

淡紫拟青霉对根结线虫的抑制机理是淡紫拟青霉与线虫卵囊接触后，在黏性基质中，生防菌菌丝包围整个卵，菌丝末端变粗。由于外源性代谢物和真菌几丁质酶的活动使卵壳表层破裂，随后真菌侵入并取而代之。同时，淡紫拟青霉也能分泌毒素对线虫起毒杀作用。

(2)通过机械压力和分泌的胞外酶联合作用

淡紫拟青霉与线虫孢囊或卵接触后，在黏性基质中生长菌丝，并缠卷整个卵，菌丝末端变粗，由于外源性代谢和真菌几丁质酶的活动结果，在卵壳中发生了一系列超微结构变化，使卵壳表皮破裂，随之真菌穿入并寄生于早期胚胎发育阶段的卵，影响其正常发育。

(3)促生作用

在淡紫拟青霉的培养过程中，特别是在特殊培养基与深层发酵培养过程中，该菌能产生丰富的衍生物，其一是类似吲哚乙酸产物，它最显著的生理功效是低浓度时促进植物根系与植株的生长，因此在植物根系施菌不仅能明显抑制线虫侵染，而且也能促进植株营养器官的生长，同时对种子的萌发与生长也有促进作用。

(4)拮抗作用

近年来，很多学者都在致力于探究菌物间的拮抗作用。有发现，淡紫拟青霉能产生抑菌代谢产物，对玉米小斑病、水稻纹枯病、柑橘青霉病菌、柑橘绿霉菌、黄瓜炭疽病菌、小麦赤霉病、棉花枯萎病、水稻恶苗病等多种植物病原菌有拮抗活性。淡紫拟青霉的次生代谢产物对靶标菌菌丝生长与孢子的萌发有明显的抑制作用，表现为孢子萌发率降低、萌发畸形、菌丝扭曲分节与分枝明显增多、菌落生长不均匀、菌丝减少等局变现象。

6.4.3　淡紫拟青霉杀菌剂制剂生产工艺

(1)菌种培养

用 PDA 和 CMA 培养基常规保存和繁殖，由试管用接种针移到克氏瓶，培养 5 d 后，孢子长成粉红色，在无菌室内用无菌水，用棉签把孢子洗入接种瓶内，利用压差法把孢子洗脱液接入种子罐。

(2)液体发酵工艺条件控制

①接种　用压差法把接种瓶内的种子接入发酵种子中，培养温度控制在 28 ℃ ± 1 ℃；罐压为 0.01~0.05 MPa；转速为 200~250 r/min；通风量 1:0.5；培养 24~48 h 左右。

②培养　当种子培养成熟后，依据种子转罐条件，利用压差法把种子罐内发酵液一次压入发酵罐中培养，培养条件与种子培养相同。

③取样时间　每隔 6 h 取样一次。

④转罐及下罐条件　种子罐发酵，根据镜检无杂菌，菌丝大面积联网，生物量达 12%‰以下；发酵罐培养时间 62~72 h，残糖过低，不消耗，指标在 0.5 mg/mL。

⑤发酵质控指标　生产中一级发酵及二级发酵的温度均为 28 ℃，压力均为 0.05 MPa，通气量均为 1:0.5，转速均为 250 r/min，发酵时间分别为 48 h 和 62 h。

⑥收获连片、粗壮、色均的菌丝。

(3)固体发酵

①称取固体发酵培养基，倒入容器内，然后向其注入清水，使固体发酵培养基完全浸

没在清水中，浸泡 4~8 h，使固体发酵培养基完全吸饱水分。

②将定量(8~10 kg)浸泡后的固体发酵培养基均匀地平摊在清洁的方盘内，其高度为方盘的 1/3。

③将装有固体发酵培养基的方盘整齐地摆放在消毒车上，推送至蒸汽消毒间中，进行高压蒸煮 30 min，保压 0.1~0.15 MPa，121 ℃。

④消毒蒸煮后的固体发酵培养基迅速降温到 40 ℃，移至消毒后的发酵间内，准备接种。

⑤当方盘内的固体发酵培养基温度降到 28 ℃时接种，在无菌的条件下操作，用无菌的 1000 mL 烧杯接取 800~1000 mL 液体种子，均匀地淋在方盘内的固体发酵培养基上，用铁耙将其混匀后，再用蒸汽消毒过的双层纱布平摊在固体发酵培养基上面，放到铁架上。

⑥发酵间内保持温度为 28 ℃±2 ℃，接种后 3 d 内湿度保持为 70%~80%，从第 4 天起，不必加湿，保持正常环境下的湿度。培养 1~2 d 形成菌块，翻盘一次，3~4 d 可喷洒无菌水保湿。

(4)孢子的提取

把完成发酵后的固体培养基运至成品间，移至振动筛内，通过振动来提取孢子粉，再经真空干燥，与细砂混配，成品包装。

6.4.4　淡紫拟青霉在生物防治中的应用

淡紫拟青霉菌

通用名称：*Paecilomyces lilacinus*。

制剂：可溶性粉剂(100 亿孢子/g)。

防治对象：根结线虫。

使用方法：

①拌种　按种子量 1%的用量进行拌种，拌种后堆闷 2~3 h，阴干后即可播种。或在移栽定植时可将该菌剂兑水和成泥浆状蘸根使用，或拌土使用，菌土离种子或根系越近越好。

②苗床使用　将该菌剂与适量基质混匀后撒入苗床，然后播种、覆土。一般每千克菌剂处理 30~40 m² 苗床。或在营养钵育苗时，可将该菌剂拌营养土使用，将 1 kg 菌剂均匀拌入 2~3 m³ 营养基质中，装入育苗营养器中。

③穴施或条施　在播种前或移栽前，每亩用菌剂 0.5~1 kg 可与 5~10 kg 豆饼等有机肥料混合均匀，将其穴施或条施在种子或幼苗根系周围，施药深度 10 cm 左右。

④灌根或冲施　在作物生长苗期或生长前期可将菌剂兑水灌根使用。也可用水稀释制成菌剂液随水冲施，或与冲施肥混合冲施使用，一般每亩用量为 1~1.5 kg，兑水 50~75 kg 灌根或冲施即可。

6.5　主要真菌除草剂品种及应用

利用真菌研制的生物除草剂称之为真菌除草剂(Mycoherbicide)，其主要成分是真菌孢子。该类真菌多数来源于杂草的致病菌，基于对植物和其他非目标植物安全性考虑，用于生产应用的真菌除草剂都是致病力和专化性较强的植物病原菌，如胶孢炭疽菌菟丝子专化型(*Colletotrichum gloeosporioides* f. sp. *cuscutae*)、盘孢状刺盘孢锦葵专化型(*C. gloeosporaoades* f. sp. *mulvue*)等。

6.5.1　盘长孢刺盘孢菟丝子专化型(鲁保一号)

6.5.1.1　盘长孢刺盘孢菟丝子专化型生物学特性

胶孢炭疽菌菟丝子专化型，菌丝有分隔，真菌孢子为单孢、无色、长椭圆形，用 PDA 培养基培养生长温度为 25~28 ℃。

6.5.1.2　盘长孢刺盘孢菟丝子专化型除草机理

当菌种孢子附着于菟丝子藤上之后，在温度适宜、空气潮湿或有露水时，孢子萌发出芽管(孢子萌发率 95%以上)，侵入菟丝子体内使其发生炭疽病，病斑椭圆形，凹陷呈水渍状，6~7 d 后，长出橘红色孢子，菟丝子逐渐死亡。

6.5.1.3　盘长孢刺盘孢菟丝子专化型在生物防治中的应用

鲁保一号

通用名称：*Colletotrichum gloeosporides*。

制剂：粉剂(40 亿~60 亿孢子/g)。

防治对象：菟丝子。

使用方法：本剂适合在菟丝子萌芽后喷洒。其适用于园地、大田、亚麻田、瓜田等地区防治菟丝子、田野菟丝子等。在田间菟丝子出现初期，开始喷雾施药，将制剂稀释成 100~200 倍液，充分搅拌，使其含 2000 万~3000 万孢子/mL，并用纱布过滤后进行喷雾。注意，喷雾时只对菟丝子进行喷药，喷药时间应该在早晨、傍晚或阴天条件下进行。喷药时最好先对菟丝子进行抽打，造成伤口，再喷药，可提高药效。一般 10 d 后菟丝子死亡率过半，15 d 可达 90%以上。

6.5.2　胶孢炭疽菌合萌专化型(collego)

1981 年后不久，Collego 在美国获得登记。该种微生物除草剂 Collego 为美国阿肯色大学和 Upjohn 公司开发的 1 种盘长孢状刺盘孢合萌专化型(*C. gloeosporaoades* f. sp. *aeschynomene*)制剂。该制剂可用于防除水稻及大豆田中的弗吉尼亚合萌等杂草。它的应用、储藏和施用方式与一般苗后茎叶处理除草剂类似。1982—1991 年期间，该种微生物除草剂在美国稻田每年使用面积达 5000~10 000 hm^2。

6.5.3 胶孢炭疽菌锦葵专化型

Biomal 是由加拿大农业调查研究所开发，Philom BioS 公司于 1992 年商品化的 1 种盘孢状刺盘孢锦葵专化型(*Colletotrachum gloeosporaoades* f. sp. *mulvue*)干粉剂。该种微生物除草剂可用于防除圆叶锦葵、苘麻等杂草。

6.5.4 棕榈疫霉

Devine 于 1981 年在美国获得登记注册。该种微生物除草剂 Devine 为棕榈疫霉(*Phytophthora palmivora*)制剂。用该制剂对柑橘园进行土壤处理可防除莫伦藤。棕榈疫霉是 1972 年从佛罗里达州 Orange 郡感病死亡的莫伦藤植株上首次分离得到的，将其用于田间试验，处理 10 周后，对莫伦藤防效达 96%。1978、1980 年使用过 Devine 的橘园，6 年后对莫伦藤的防效仍能保持在 95%~100%

6.5.5 纵沟柄锈菌

纵沟柄锈菌(*Puccinia canaliculata*)的真菌除草剂用于玉米、花生、蔬菜等一些作物的田间防除莎草，防效 90%~98%。

复习思考题

1. 简述真菌的特征。
2. 比较昆虫病原真菌与植物病原真菌的主要区别。
3. 列举主要杀虫真菌的作用机理，并比较异同。
4. 你认为当前应用较多的虫生真菌有哪些？试举例说明。
5. 主要真菌杀菌剂品种有哪些？是如何应用的？
6. 列举真菌杀菌剂的作用机理.
7. 食线虫真菌主要有哪些？作用方式是什么？
8. 真菌除草剂主要应用种类包括哪些？
9. 拟从昆虫僵虫体表分离纯化真菌菌株，请制定样品采集、菌株分离、鉴定、保存以及生物活性测定等环节的基本方法和操作流程。
10. 列举你知道的真菌杀菌剂种类。

参考文献

蔡孟轩, 邓丽莉, 姚世响, 等, 2018. 真空冷冻干燥橄榄假丝酵母的制备及其对苹果青霉病的防治[J]. 食品科学, 39(22): 160-165.

董锦艳, 李铷, 周艳, 等, 2006. 粉红黏帚霉 1A 毒杀线虫活性代谢物的研究[J]. 中国抗生素杂志, 31(4): 232-236.

巩亭云, 2014. 丝肭口腔崩解片的药学研究 2. 黏帚霉孢子可湿性粉剂的研究[D]. 青岛: 青岛科技大学.

胡浩，2016. 西藏罗伦隐球酵母对水果采后病害的防治效果及相关机理研究[D]. 杭州：浙江大学.

胡琼波，董廷艳，姜艳芳，2015. 一种玫烟色棒束孢菌分生孢子可湿性粉剂及其应用[P]. 中国：
    104642392A，2015-05-27.

姜一鸣，黄海鹰，陈勇，2017. 寡雄腐霉生防机理及应用研究进展[J]. 中国生物防治学报，33(3)：
    401-407.

雷妍圆，何余容，吕利华，2011. 玫烟色棒束孢侵染小菜蛾的透射电镜观察[J]. 应用昆虫学报，48(2)：
    319-323.

李勇，2005. 绿色黏帚霉对柑橘绿霉（*Penicillium digitatum*）病的生物防治研究[D]. 雅安：四川农业
    大学.

梁丽，田晶，马瑞燕，等，2013. 玫烟色棒束孢研究进展[J]. 山西农业大学学报(自然科学版)，33
    (4)：362-368.

楼兵干，张炳欣，2005. 无致病性腐霉的生防作用和诱导防卫反应[J]. 植物保护学报，32(1)：93-96.

马德良，2006. 球孢白僵菌原生质体遗传转化研究及其杀虫相关基因的分离[D]. 长春：吉林农业大学.

毛成利，马国奇，孙新宇，2004. 淡紫拟青霉的研究开发[J]. 化学工程师(7)：63-64.

王成，陈万浩，韩燕峰，2016. 重要昆虫病原真菌玫烟色棒束孢的研究进展[J]. 贵州农业科学，44
    (10)：74-76.

王春兰，张集慧，郭顺星，等，2001. 粉红粘帚霉化学成分的研究[J]. 微生物学通报(4)：24-27.

王英超，2005. 核盘菌重寄生菌盾壳霉的固体发酵及分生孢子菌剂制备的研究[D]. 武汉：华中农业
    大学.

王瑶，姜冬梅，王刘庆，等，2018. 拮抗酵母控制果蔬采后真菌病害研究进展[J]. 食品工业科技，39
    (8)：309-317.

杨恒友，刘杰，张剑，2010. 微生物除草剂研究发展及开发展望[J]. 中国植保导刊(7)：14-17.

张永杰，高俊明，韩巨才，等，2004. 植病生防菌盾壳霉的研究进展[J]. 中国生物工程杂志，24(11)：
    18-21.

Jackson A M，Whipps J M，Lynch J M，1991. Effects of ternperature，pH and water potential on growth of four
    fungi with disease biocontrol potential[J]. World J. Microbiol Biotechnol，7：494-501.

Pachenari A，Dix N J，1980. Production of toxins and wall degrading enzymes by Gliocladium roseum[J]. Trans-
    actions of the British Mycological Society，74(3)：560-566.

Sutton，John C，1990. Epidemiology and management of botrytis leaf blight of onion and gray mold of strawberry：
    a comparative analysis[J]. Canadian Journal of Plant Pathology，12(1)：100-110.

第 7 章

微生物源农药剂型加工

7.1 概述

尽管微生物源农药在剂型上有其特点，但总的说来其剂型加工仍符合一般农药剂型加工的规律。农药剂型是指具有各种特定物理化学性能、形态、组成及规格的农药分散体。农药剂型加工是研究农药剂型或制剂的配制理论、助剂配方、加工工艺、质量控制、生物效果、包装、设备及成本等项内容的综合性应用技术。

7.1.1 农药原药(母药)

由于大多数原药本身没有表面活性，在稀释时难以很好地分散，在植物表面也不易润湿、展着，制约了活性成分药效的充分发挥。为了改善上述性能，需要加入一定量特定规格的表面活性剂及其他助剂。大多数原药由于药效高、用量少，直接稀释或使用不容易达到均匀分散状态，且容易产生药害或毒性，限制了其使用。必须利用其他的助剂、载体或介质进行稀释、分散，使之能够均匀地分布到靶标的表面上起保护或治疗作用。早期的农药由于活性相对较差、用量大，不存在这方面的问题，但随着科学技术的进步，越来越多的高活性农药被开发出来。从用量大的低效农药向着低用量、高效、超高效方向发展。例如，杜邦公司开发的磺酰脲类除草剂，每公顷用药量以克计，属于"超高效"农药品种，如果直接使用，几乎是不可能均匀分散到靶标上，必须利用其他的助剂、载体或介质将其均匀分散，改善其使用性能，方便在田间使用。因此，通常农药原药不能直接使用，绝大多数农药原药必须加工成农药剂型才能出售给农户使用。

在农药合成和制造过程中得到的有效成分与副产物杂质所形成的最终工业产物，称为原药(或母药)。农药中有效成分含量(纯度)高的称为原药，有效成分含量一般在80%以上。

母药，是指在生产过程中得到的由有效成分及有关杂质促成的产品，可能有少量必需的添加剂(如稳定剂)和适当的稀释剂。有效成分含量较原药低(主要是一些高纯度原药难以制备的农药品种，在制备过程中只能得到母药)。对于大部分微生物源农药，其有效成分含量较化学合成原药要低得多，称为母药较为确切。

原药的获取可通过化学、生物化学、植物提取、矿物提取等方法。按形态，传统上原药有固态、液态、半固态(蜡状或膏状)和气态等，但随着时代的发展，近些年来，生物体(如天敌昆虫、抗病抗虫作物等)也被定义为了农药。有些有效成分是固体结晶体，但由于杂质的存在，其表观上看起来呈膏状物。用两者分别配制的制剂，其助剂组分有所不同，加工出来的产品理化性质、田间、药效表现也有所不同。例如，用阿维菌素油膏制备的乳油外观是深棕色的黏稠液体，而用阿维菌素原药配制的乳油外观为具流动性的无色油状液体。在田间的药效表现油膏配制的乳油好于原药配制的产品，但由于阿维菌素油膏的副产物成分复杂，所含的相关物质具有潜在致癌性。根据我国《农药登记资料要求》，不仅对于原药中的有效成分有相关资料要求，且对非活性成分也要提供全成分分析报告等，且厂家应具有农药生产资质。除了气态原药及少数挥发性大的如熏蒸剂可以直接使用外，绝大多数原药必须加工成各种剂型后方可使用。

7.1.2　农药制剂和剂型

通过一定的物理或物理化学手段，在农药原药或母药中加入合适的助剂，制备成便于使用的形态，该过程称为农药剂型加工。剂型加工一般无化学变化。

(1)农药制剂

加工后经过简单的稀释或可直接使用的农药产品称为制剂，具有一定的形态、组分和技术指标。根据需要、经济及技术可行性、一种有效成分可以加工成不同规格和不同用途的多种制剂。

(2)农药剂型

制剂的形态称为剂型，农药商品均是以各种各样的剂型形态存在的。

(3)农药剂型的组成

绝大多数的农药原药不能直接使用，需要加工成一定的农药剂型。不同的农药剂型取决于其加工手段和组成。液态农药剂型一般由原药、表面活性剂(起到润湿和分散的作用)、溶剂(有机溶剂、水或其混合物)组成；固态剂型一般由原药、润湿剂、分散剂和填料(载体)组成。原药有时可不加任何辅助剂直接使用，如熏蒸剂等。

微生物源农药制剂的研究，不仅要考虑活性成分的物理化学性质，同时在很大程度上还要兼顾其光稳定性、生物降解性等特点。由于多数微生物源农药活性成分的纯化技术经济可行性差，故所含杂质(或非活性成分)较多，甚至大部分都是非活性成分，其物理化学上的不均一性给制剂研究也带来很大的困难，这是目前制约微生物农药研究的主要因素之一。

7.1.3　影响农药剂型加工的因素

原药的物理化学性质和使用方式决定了农药制剂的配方设计和加工工艺。在制剂加工中，合理地运用原药的理化性质和生物活性、作用方式，可以使农药制剂达到最好的使用效果。农药品种有上千种，作物也以千计，有害生物更是多种多样；每种原药又有多种特性，作物有不同生长期，有害生物有不同生态期；加之气候、土壤条件各异。综合这些因素，合理的剂型设计是一个需要综合考量的问题，但根据原药或母药的理化性质，可以初步确定其适配的剂型。

设计和选择农药剂型要考虑很多因素。

（1）农药原药或母药的理化性质

形态、熔点、溶解度、挥发性、水解稳定性、热稳定性等物理化学性质，是决定农药剂型设计的最重要因素。如某些抗生素、多糖、小分子蛋白类微生物农药水溶性较好，可加工成水剂，但如果有效成分在水中稳定性差，则应考虑其他剂型，可加工成固体剂型或油基剂型，也可以加入稳定剂，提高其在水相中的稳定性。

（2）农药活性物质的生物活性和作用方式

农药的加工剂型要和该活性成分的作用机理和作用方式相协调，以提高生物活性。对于抗生素类微生物源农药，其加工方式与化学农药类似，且很多抗生素在有机相中的溶解度可观，对于杀虫剂还能提高有效成分对靶标害虫的渗透性，加工成油性制剂效果较好，如阿维菌素乳油。

（3）靶标生物的生物特性

每种有害生物都有其本身的生物特性。每种原药可以加工成多种剂型用来防治某一有害生物，但是其中必有一种优选剂型。例如，防治柑橘蚧壳虫，以渗透性强的油剂或者乳油效果最好；而麦田除草剂，加工成悬浮剂更能发挥其效能。

（4）使用技术的要求

使用方式、使用目的、使用环境的不同要求，决定了不同的剂型。如防治园林害虫，加工成高浓度的液体注干剂使用更为方便，且对环境影响小。

（5）剂型的安全性、环保性和剂量转移的问题

要成功推出一个农药产品还要考虑剂型加工成本、市场竞争力、以及产品寿命等众多因素。因此，农药活性物质的剂型选择及配方设计是一个多学科相关联的问题，应经过各方面研究和实验得出。在决定农药加工剂型的众多因素中，首先考虑的是活性成分的物理和化学性质。

根据原药的溶解性及物态，可初步确定的农药剂型。农药原药与农药剂型的适配性见表 7-1。

表 7-1　不同理化性能的农药原（母）药与剂型的适配性

剂型名称	油溶性原药		水溶性原药		油水不溶原药		备　注
	固态	液态	固态	液态	固态	液态	
乳油（EC）	√	√	×	×	×	×	非极性溶剂
油剂（OL）	√	√	×	×	×	×	高沸点溶剂
水乳剂（EW）	√	√	×	×	×	×	熔点<60 ℃
微乳剂（ME）	√	√	×	×	×	×	
悬浮剂（SC）	√	×	×	×	√	×	熔点>60 ℃
粉剂（DP）	√	√	√	√	√	√	
可湿粉剂（WP）	√	√	√	√	√	√	
水分散粒剂（WG）	√	√	√	√	√	√	
颗粒剂（GR）	√	√	√	√	√	√	

在原药或母药生产过程中，由于不同企业采用的工艺路线、原材料以及生产管理的差异，不同厂家的原药虽然在有效成分含量上差别不大，但是其中的杂质可能会有很大不同，而某些特殊剂型对原药要求较高，仅少数几家企业生产的原药能够符合要求，使用其他厂家的原药加工的产品则有可能出现分层、结固现象。以甲维盐水乳剂及微球剂型为例，少数几个企业生产的甲维盐原药能加工出合格产品，而使用其他厂家的原药，有可能会导致水乳剂不稳定、分层，微球产品的包埋率下降等后果。所以，在制剂工艺研发过程中，要针对不同来源的原药做工艺验证性试验，当工艺稳定后才能规模化生产。而原药以及助剂的来源也往往成为各个制剂厂家的核心商业机密。

7.1.4　农药剂型的选择原则

在农药原药的理化性能与剂型的适配性的基础上，特别对微生物活体还应考虑活体特点，通过剂型加工延长其保质期。

7.1.4.1　适宜制备乳剂的品种

由于乳剂中非极性有机溶剂的存在，其在使用时，含有活性成分的小液滴在非极性的作用对象表面能够迅速铺展，原药以接近分子状态分配到防治对象上，可达到较大程度的分散，是各种剂型中药效发挥得较充分的一种。从生物活性角度考量，具有触杀、胃毒、熏蒸、内吸、渗透传导型杀虫剂、触杀型除草剂、非内吸性杀菌剂以及从加工角度考虑，水不溶的液态品种，应首先考虑制成乳剂。

7.1.4.2　适宜制备可湿性粉剂的品种

在药效上，可湿性粉剂也能达到良好的分散度。其优越性在于，以无毒的矿物载体代替了环境不友好的有机溶剂，包装简便，贮运作业安全。因此，固态或找不到合适溶剂的液态品种，可考虑制成可湿性粉剂。从加工的角度，熔点高、热稳定性好的品种加工成该剂型较方便；对于一些熔点不高的固体农药，可采用气流粉碎的工艺加工成该剂型。由于大多数杀菌剂为固体，制备可湿性粉剂不仅工艺上方便，而且防治效果好（能全面覆盖植株，使药剂有充分的机会与病源接触），在很长一段时间内，都以该剂型为主流。

7.1.4.3　适宜制备颗粒剂的品种

粉剂最大的缺点是在撒施时容易飘散，于是出现了微粒剂和颗粒剂。该剂型可用于土表、沟垄的撒施或拌种。在物化性能上，具有水溶，根部内吸、向上传导、熏蒸等特点的药剂可制备成颗粒剂。在使用方式上，用于防治植株上的病、虫害的药剂，传导型的除草剂，利用时差或位差的触杀性除草剂也可制备成该类剂型。像玉米心叶防治玉米螟的触杀和直接胃毒型的杀虫剂等制成颗粒剂最合适。既方便于使用，克服了飘散，降低了接触毒性，又不降低药效。对某些品种还有延长残效期、提高药效、扩大防治对象等好处。

微生物源的农药活性成分，要么（如蛋白结晶活性成分、菌类孢子、菌体等）难以找到合适的溶剂制备成水剂或油溶性的均相制剂，要么虽然活性成分可溶但纯化成本高，难以满足液体制剂的一些要求，此时制备成固体制剂便成为一个良好选择。这也是目前微生物农药固体制剂占有很大比例的原因。由于颗粒剂的特点，决定了在现有技术条件下，难以使用现代植保机械，如无人机进行喷洒作业。

7.1.4.4 适宜加工成水剂的品种

水剂，用水稀释后为真溶液，喷洒时能最均匀地分布到靶标上，或溶于土壤中的水中，被植物根部吸收，由蒸腾作用传输到植株体内。因此，无需借助于溶剂、只需加入润湿剂以及渗透剂，以利于在靶标上的铺展。例如，从大型真菌中提取的香菇多糖、云芝多糖等有效成分，如水溶性好，制备成水剂，无论从成本考虑，还是从环保的角度，制备成水剂都是较为理想的。

7.2 农药加工中的物理化学原理

7.2.1 乳化作用原理

乳状液在农药的加工和应用中占据着很重要的地位。在农药乳油和微乳剂的应用过程中需要形成的乳液足够稳定，从而达到均匀分散的目的。稳定的乳状液体系中，需要有表面活性剂作为乳化剂提供乳化作用。因此，表面活性剂对乳状液的应用开发极其重要。如果乳化性能达不到要求，就会出现糊化(creaming)、沉淀(sedimentation)、絮凝(flocculation)、聚集(coalescence)、分层等不良后果(图7-1)。

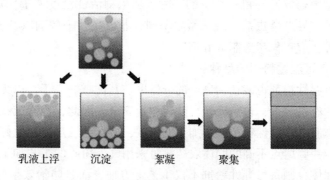

乳液上浮　　　沉淀　　　絮凝　　　聚集

图7-1　乳化性能不良的四种情况

7.2.1.1 乳化作用的概念和乳状液的形成

乳液是由两种互不相溶的液体组成的分散体系，其中内相以液滴的形式分散于外相液体中。乳化作用是指利用乳化剂使不相溶的油、水两相分散形成相对稳定的乳状液的过程。形成乳状液所用的乳化剂是表面活性剂，由亲水基和疏水基两部分构成，能在油/水界面形成薄膜从而降低其表面张力。在上述过程中，由于表面活性剂的存在使得非极性憎水油滴变成了带电荷的胶粒，增大了表面积和表面能。由于极性和表面能的作用，带电荷的油滴吸附水中的反离子或极性水分子形成胶体双电层，阻止油滴间的相互碰撞，使油滴能较长时间稳定存在于水中(图7-2)。

7.2.1.2 乳液的基本性质

乳状液的基本性质体现为粒径、流变性和界面电势等。乳状液液滴粒径的大小可用相对平均液滴直径来表示，还可用不同液滴累积的体积分数所对应的液滴粒径分布来评价乳状液液滴粒径分布。乳状液液滴粒径测定可用显微统计法、激光散射法、超声波法和超速离心机法，近年来应用最广的是激光散射法。在低浓度下，乳状液的黏度主要由分散介质

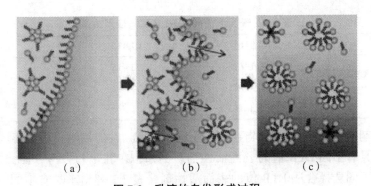

图 7-2 乳液的自发形成过程
(a)油水相接触 (b)开始乳化 (c)液滴自发形成

决定，并且与乳状液液滴的大小和分布情况、乳化剂形成界面膜的流动性及所带电荷等有关。乳状液的黏度可作为其稳定性的评价指标，乳状液分散相液滴粒径越大，剪切速率越大，其黏度越小，稳定性越差。当乳状液的液滴由于电离、吸附和摩擦而带有电荷时，在电场中会定向运动，其表面带有的电荷会形成双电层结构。

7.2.1.3 乳液的分类和鉴定方法

乳状液可分为水包油(O/W) 型、油包水(W/O) 型和多重乳状液。内相为水、外相为油的乳状液为 W/O 型乳状液；内相为油、外相为水的乳状液为 O/W 型乳状液。多重乳液也有两种类型，即 W/O/W 型和 O/W/O 型。W/O/W 型是含有分散水珠的油相悬浮在水相中，O/W/O 型是含有分散油珠的水相悬浮在油相中。乳状液的类型可用外观法、稀释法、染色法、滤纸润湿法和电导法等进行鉴别，具体见表 7-2。

表 7-2 乳液类型的鉴别

鉴别方法	O/W 型乳状液	W/O 型乳状液
外观法	一般为乳白色	接近油的颜色
稀释法	可用水稀释	可用油稀释
水溶性染料法	外相染色	—
油溶性染料法	—	外相染色
电导法	导电	几乎不导电

7.2.1.4 乳化剂的选择方法

表面活性剂分子是同时具有亲水基和亲油基的两亲分子，不同类型的表面活性剂的亲水基和亲油基是不同的，其亲水亲油性便不同。最常用的乳化剂的表面活性剂的选择方法是亲水亲油平衡(Hydrophile and Lipophile Balance values，HLB)值法。HLB 值概念首先由 Griffin 提出，后来 Shinoda 提出了 HLB 温度概念，使 HLB 理论向前发展了一大步。通过研究表面活性剂的各种物理化学性质与 HLB 值之间的关系，可将表面活性剂的 HLB 值与其物理化学性质及其用途之间建立相互关系。

亲水亲油平衡值用来衡量表面活性剂的亲水性，HLB 值是表示表面活性剂亲水性大小的相对数值，HLB 值越大，则亲水性越强；HLB 值越小，则亲水性越弱，亲油性越强。

表 7-3　表面活性剂的 HLB 值与应用关系

HLB 值	适用场合	HLB 值	适用场合
3~6	W/O 型乳化剂	13~15	洗涤剂
7~9	润湿、渗透剂	15~18	增溶剂
8~15	O/W 乳化剂	—	—

　　表面活性剂的 HLB 值直接影响到它的性质和应用。在应用时，根据不同的应用领域、应用对象选择具有不同 HLB 值的表面活性剂。例如，在乳化和去污方面，按照油或污的极性、温度的不同选择合适 HLB 值的表面活性剂。表 7-3 列出了具有不同 HLB 值表面活性剂的适用场合。

　　不同类型的表面活性剂，HLB 值可能不同，根据应用的需要，可以通过改变表面活性剂的分子结构得到不同 HLB 值的产品。对于离子型表面活性剂，可以通过亲油基碳数的增减或亲水基的种类的变化来调节 HLB 值；对于非离子型表面活性剂，则可以采取一定亲油基上连接的环氧乙烷链长或烃基数目的增减来细微地调节 HLB 值。表面活性剂的 HLB 值可以由计算得到，也可以测定得出。常见的表面活性剂的 HLB 值可以从有关手册或著作中查得。

7.2.2　表面活性剂的增溶原理

（1）增溶作用

　　在溶剂中完全不溶或者微溶的物质，借助于添加第三种成分——表面活性剂而得到溶解，并成为热力学上稳定的、各向同性的溶液，这种现象称为增溶作用。表面活性剂是由非极性的亲油基团和极性的亲水基团组成的，由于其具有特殊的结构而引起溶质增溶作用。

　　胶束的增溶作用主要通过 4 种方式实现：增溶于胶束的内核；排列在胶束的表面活性剂分子之间，形成栅栏结构；吸附于胶束表面，通常是一些高分子物质、甘油、某些染料以及某些小分子极性有机化合物；增溶于胶束的极性头基之间。由于胶束的特殊结构，从疏水内核到水相提供了从非极性到极性环境的全过渡，物质的溶解要求其与溶剂有相近的极性，因此，各类难溶有机物都可以在胶束溶液中找到合适的"容身之所"，如图 7-3 所示。

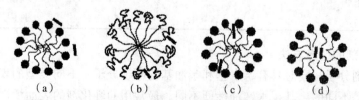

（a）　　　　　（b）　　　　　（c）　　　　　（d）

图 7-3　胶束的增溶方式

　　当表面活性剂在水中形成胶束时，可以增大难溶性药物的溶解度。胶束具有内部非极性、外部极性的性质，因此，非极性农药或药物分子可插入胶束内部非极性中心区；对于极性分子，其分子被吸附于胶束表面的亲水基而达到增溶；对于既有极性部分又有非极性部分的半极性分子，其分子中非极性部分能插入胶束的非极性中心区内，极性部分则伸入到表面活性剂的亲水基之间而被增溶。

（2）影响增溶的影响因素

表面活性剂作为增溶剂，影响增溶的因素有增溶剂种类、各种成分加入的顺序及增溶剂的用量等。

①增溶剂的种类　阳离子表面活性剂适用 pH3～7 的介质；阴离子表面活性剂适用 pH 值大于 7 的介质；而非离子表面活性剂则具有很宽的适应性（pH3～10）。通常不采用阳离子型表面活性剂作为增溶剂，因为农药稀释用水一般为井水或河水，pH 值很少出现酸性的情况。增溶剂的 HLB 值一般在 15～18 之间较佳，此时增溶量较大、性质稳定。

②各种成分的加入顺序　分为加水法和加剂法：将增溶剂和被增溶剂混合均匀后再加水稀释的方法为加水法；向增溶剂中加水稀释然后再加被增溶剂的成分的方法为加剂法。一般，对溶解速度非常缓慢的化合物来说，适合用加剂法增溶。

③增溶剂的用量　用量不足，达不到增溶目的；用量太多，影响有效成分的吸收同时造成浪费，还有可能产生毒副作用。可通过实验制作增溶剂、增溶质和溶剂的三元相图来确定较佳用量。

随着表面活性剂在药物制剂中的应用，药物制剂的透明度和稳定性有了很大的提高。采用表面活性剂作为药物增溶剂具有以下优点：防止或减少被增溶化合物的氧化，原因是化合物被增溶在胶束中，与氧隔绝；对于多数农药分子来说，加入增溶剂后可以增加对药物的吸收，增强生理活性。随着近几年"绿色化学"观念越来越强烈，研究开发安全、温和、无毒、易生物降解的表面活性剂成为一种趋势，表面活性剂将在农药领域仍有广阔的开发空间。

7.2.3　农药的润湿原理

从一定程度上来说，农药制剂学就是表面化学，主要涉及表面活性剂的作用原理，并利用这些原理和表面活性剂的性能来调节配方，从而使有效成分在靶标上发挥药效，降低对非靶标生物和人的副作用和对环境的影响。表面活性剂的作用原理涉及润湿原理、分散原理、乳化原理、增溶原理以及缓控释原理等。

固体表面上的原子或分子的价键力是未饱和的，与内部原子或分子比较有多余的能量。所以，固体表面与液体接触时，其表面能往往会减小。润湿是指固体表面吸附的气体被水或水溶液等液体所取代，即原来的气/固界面消失，形成新的固/液界面，因此润湿作用实质上是一种表面变化过程。通常，暴露在空气中的固体表面积会吸附气体，当它与液体接触时，气体如被推斥而离开表面，则固体与液体直接接触，这种现象称为润湿。农药加工、固体农药制剂对水和农药稀释液喷洒到靶标生物的过程中，表面活性剂的润湿作用是一种极为重要和普遍的物理化学现象。例如，悬浮剂在加工过程中加入润湿剂，使水溶性很小的固体原药先润湿，以便在水相中研磨，并形成微细粒径的固体原药均匀分散和悬浮于液体的悬浮剂；可湿性粉剂在对水喷雾的使用过程中也涉及润湿现象。其中，一是可湿性粉剂固体微粒表面被水润湿，形成较为稳定的悬浮液；二是悬浮液对昆虫或植物等靶标生物表面的润湿。农药与靶标接触后，首先将靶标润湿，再慢慢扩散到靶标内，继而发挥药效。

润湿一般分为 3 类：接触润湿，即沾湿（adhesion），指液体与固体接触时原有气/液和气/固界面被固/液界面所取代[图 7-4(a)]；浸入润湿，即浸湿(immersion)，指固体浸入液体时气/固界面被固/液界面所取代[图 7-4(b)]；铺展润湿，即铺展(spreading)，指液体在固体表面铺展时气/固界面被固/液界面所取代，同时气/液界面得到扩展[图 7-4(c)]。

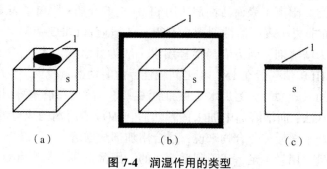

图 7-4　润湿作用的类型

(a)沾湿　(b)浸湿　(c)铺展

润湿过程的实质是界面性质和界面能量的变化，表面自由能降低时可以自发进行，即由自由能较低的固/液界面替代原有自由能较高的气/固界面。表面活性剂可以在液体和固体表面进行吸附，具有降低表面自由能和表(界)面张力的能力，因而表现出促进润湿过程发生的能力。润湿作用是表面活性剂最基本的性质之一。

一般液体的表面张力均在 0.1 N/m 以下，以此为界将固体表面进行分类：表面张力大于 0.1 N/m 的固体为高能表面固体，例如，金属及其氧化物、硫化物、无机盐等无机固体；反之为低能表面固体，例如，有机固体、覆盖有蜡质层表面的植物叶片等。当液体与高能表面固体接触时，一般能在固体表面展开，即高能表面固体可被润湿，反之低能表面固体不能被润湿或难以被润湿。表面活性剂的加入可以改变固体表面的润湿性。

在液体中加入少量表面活性剂，一方面表面活性剂在低能表面固体的表面形成定向吸附层，疏水基朝向固体表面，亲水基朝外，改变了固体表面的性质；另一方面表面活性剂降低了液体的表面张力，润湿能力增强。因此，在表面活性剂的作用下，固体表面更容易被润湿，甚至低能表面固体也可被润湿。

以上润湿原理使得在农药使用上，定量预测、设计针对特定植物的配方成为可能，从而使农药制剂研发工作更加理性。在农药的施用过程中，要求溶液能很好地润湿植物或虫体的表面，但农作物叶茎表面、害虫体表常有一层疏水性很强的蜡质，有的靶标生物表面甚至会覆有一层绒毛或其他微结构，不易被水润湿。因此，在农药的生产和使用过程中需要加入表面活性剂作为润湿剂，以降低植物或虫体表面与溶液间的界面张力和接触角，使其铺展性提高，增加农药在表面的滞留量和滞留时间，从而提高农药的生物活性，减少农药的用量。

7.2.4　表面活性剂的分散作用

分散作用从广义上讲是指固体物质粉碎并分散于固体、液体和气体等介质中的作用。农药用表面活性剂的分散作用是指使不溶或难溶于水的固态或膏状物原药以细小微粒均匀分散于水或其他液体中，形成具有一定稳定性的乳状液或悬浮液的过程。分散体系由于具有很大的相界面和界面能，因而有自动减小界面、粒子相互聚结的趋势，即为热力学不稳定体系。为获得良好的分散体系，需要采取适当的方法将物体分散成粒子，降低其界面张力，以提高分散体系的稳定性。通常采用的物理化学方法是使用分散剂。分散剂可分为无机分散剂、低相对分子质量有机分散剂和高分子化合物等。一般而言，低相对量有机分散剂和部分高分子化合物都属于表面活性剂。

农药分散过程主要是通过表面活性剂在液/液和固/液界面上的各种吸附作用，使被分散粒子带上电荷，并在溶剂化条件下形成静电场，使带同种电荷的粒子互相排斥；同时，表面活性剂牢固地吸附在分散微粒表面构成位阻效应。这两种因素都可以减少絮凝和沉降，增加分散体系的稳定性。农药悬浮剂是将难溶性固体药物以微粒形式分散在液体介质中所形成的非均相分散体系。分散剂可作为助悬剂，是保持悬浮剂物理稳定性的重要辅料之一。分散剂在两相界面形成溶剂化膜和相同电荷，使悬浮剂微粒稳定；同时还能降低分散相和溶剂间的界面张力，有利于疏水性成分的润湿和分散。

7.3　主要微生物源农药剂型

7.3.1　微生物农药剂型加工的特点

微生物农药剂型加工是把活性成分用稀释剂进行适当稀释，加工成易使用形态的产品，即为微生物农药剂型产品。为提供给用户方便、安全、获得最大生物活性并能在长时间内不分解和保持性能稳定的农药剂型产品，在为某种活性成分选择剂型时需要考虑的因素包括以下方面：①活性成分的物理、化学性质；②活性成分的生物活性和作用方式；③使用的方法如喷雾、涂抹或撒播等；④人体和环境的安全性；⑤加工成本；⑥市场的需求。这些因素决定了剂型的设计，同时也确定了剂型加工使用的助剂，包括表面活性剂和其他添加剂。

虽然品种上跟化学农药无法相比，但微生物农药的剂型种类也很丰富，化学农药所涉及的剂型在微生物农药中几乎都有涉及，微生物农药的剂型加工技术多来源于化学农药，只有少部分比如 Bt 淀粉胶囊剂、杀线虫凝胶剂等为微生物农药所特有。影响微生物农药剂型选择的因素很多，主要有微生物的生理生化特性，有害生物的生理特性，使用技术及目的，加工成本及市场竞争力，环境保护的要求等。与化学农药相比，生物农药的剂型加工需要克服更多困难，尤其是活体微生物农药。首先，作为一种生物体，微生物是不溶于水的，其颗粒大小可以从不足 0.15 μm 的病毒颗粒到 1000 μm 以上的线虫虫体，这种颗粒性的亲水性、疏水性直接影响制剂的润湿性、分散性和悬浮性等物理性能。其次，作为生物体，微生物对外界环境因素如温度、光照、湿度和环境微生物等比较敏感，制剂贮存稳定性差，作用速度慢，持效期短，因此在选择助剂时除需考虑制剂的理化性能要求外，还要考虑选择一些针对生物农药的特殊助剂，如防光剂、增效剂等。第三，微生物作为活体，与各种助剂的相容性一般比化学农药差，某些助剂可能完全不能使用，因此选择助剂时要试验与活体微生物的相容性。

微生物农药制剂加工用于改善理化性能的其他助剂与化学农药大致相同。由于微生物农药的不稳定性，需要加入特有的保护剂，以延长其储存时间。微生物农药保护剂主要有两类：一类在贮存过程中防止微生物体受到损伤，如防止 Bt 晶体蛋白免遭分解，防止真菌孢子萌发，防止线虫死亡等。该类保护剂研究较少，目前主要靠选择适当的剂型来达此目的。另一类是保护微生物农药施用到田间后免受不利环境的影响的保护剂，如防光剂。由于环境中紫外线对微生物或天然产物破坏作用最为突出，所以 Bt 杀虫剂和病毒杀虫剂的保护剂主要是针对紫外线（UV）的防护剂。按照波长范围，阳光中的紫外线可以分成两组，UV-B（280~310 nm）和 UV-A（320~400 nm）。这两种紫外线对昆虫病原微生物均有钝化作用。

目前在日化等其他行业里使用的各种 UV 防护剂、染料对 Bt 和病毒有保护作用。荧光增白剂对病毒有保护作用。研究认为，对 UV-A 吸收能力强的染料对核多角体病毒（NPV）的保护能力强。有效的荧光增白剂多属于二苯乙烯类物质。关于荧光增白剂的研究，目前得到的研究结论是：①只有部分二苯乙烯类荧光增白剂对病毒具有保护和增效双重作用；②荧光增白剂对病毒不能有不良影响；③病毒—荧光增白剂复合物必须能够被昆虫消化；④荧光增白剂可扩大病毒的杀虫谱；⑤荧光增白剂作用于昆虫中肠。二苯乙烯类荧光增白剂的增效作用已得到田间试验的证实。

在微生物农药制剂开发中常用的抗紫外线剂分为光屏蔽剂、紫外线吸收剂及自由基捕获剂等。光屏蔽剂是一类能够遮蔽或反射紫外线的物质，使光不能透入到达活性分子，在农药研发中采用的该类物质有：纳米 SO_2、碳黑、氧化钛等无机物和酞菁蓝、酞菁绿等有机颜料等。紫外线吸收剂能有效地吸收波长为 290~410 nm 的紫外线，其本身具有良好的热稳定性和光稳定性。从化学结构可以分为：邻羟基二苯甲酮类、苯并三唑类、水杨酸酯类、三嗪类、取代丙烯腈类等；如：UV-531（2-羟基-4-正辛氧基二苯甲酮）、UV-234｛2-[2'-羟基-3',5'双（a,a-二甲基苄基）苯基]苯并三唑｝、UV-1164｛2-[4,6-双（2,4-二甲基苯基）-1,3,5-三嗪-2-基]-5-辛氧基酚｝等。

自由基捕获剂是一类具有空间位阻效应的哌啶衍生物类光稳定剂，主要为受阻胺类，其稳定效能比上述的光稳定剂高，是公认的高效光稳定剂。例如，HA-10[双（2,2,6,6-四甲基-4-哌啶基）癸二酸酯]等。

光稳定剂的选用一般可遵循以下原则：

①根据农药活性成分的最大敏感波长，选用在此波长范围内尽可能提高吸收系数的品种。

②必须考虑其他添加剂，如分散剂、乳化剂、载体以及母药本身对光稳定剂效能的影响，不应使其降低光稳定剂的效果。

③在选择光稳定剂时，需要重点考虑其环境毒性以及对作物的药害等。

在配方优化过程中可采用化学分析或者生物活性测试的方法评价光稳定剂的效果，使其在货架期内以及使用过程中达到理想的效果。

7.3.2　微生物源农药的常用剂型

国际上使用的农药剂型约有 90 种，其用量较大的仅有 10 余种。微生物源农药剂型的主要考虑因素是其物理化学性质。通常对水溶的活性成分一般加工成可溶性液剂（包括水剂)；对水不溶的液体活性成分，乳油为其首选；对在水中和烃类中不易溶的活性成分，可选择粉剂类、成悬浮剂、水分散粒剂等非均相剂型；另外，还有直接使用的颗粒剂和种子处理剂。农药微胶囊剂等缓释类农药剂型是当今农药剂型发展的主要方向之一，但鉴于微生物源农药的特点，大部分生物体类农药不太适合于该类技术。

　　微生物源农药的剂型加工好坏或制剂化程度的高低，已成为微生物源农药的研发瓶颈，目前我国已商品化的一些生物农药品种及其剂型见表7-4。

表 7-4　我国商品化的微生物源农药品种及剂型

名　称	剂型种类	名　称	剂型种类
地衣芽孢杆菌	SL	绿僵菌	WP
类产碱假单胞菌	WP	厚孢轮枝菌	WP
荧光假单胞杆菌	WP、WG	春雷霉素	WP、SL
蜡质芽孢杆菌	WP、SG	多抗霉素	WP、SL
苏云金芽孢杆菌	WP、WG、SC	井冈霉素	WP、SL、WS
棉铃虫核型	WPSG	赤霉酸	WP、EC、WSG
多角体病毒	—	硫酸链霉素	WP、SL
斜纹夜蛾核型	WP	中生霉素	WP、SL
多角体病毒	—	宁南霉素	SL
苜蓿银纹夜蛾核型	SE	嘧啶核苷类抗菌素	WP、SL
多角体病毒	—	武夷霉素	SL
小菜蛾颗粒体病毒	WP	土霉素	WP
枯草芽孢杆菌	WP、FS	阿维菌素	WP、EC、ME
木霉菌	WP	浏阳霉素	EC
耳霉菌	SC	白僵菌	WP

7.3.3　可湿性粉剂(WP)

7.3.3.1　可湿性粉剂组成及主要质量控制指标

　　可湿性粉剂是用原药和惰性填料及一定量的湿润剂等助剂制成。该类剂型有效成分含量一般为50%~80%，载体填料含量为15%~45%，分散剂占1%~10%，加上3%~5%湿润剂。载体通常要求具有较好的亲水性，其成分通常含有硅胶成分，在加工过程中易碎且不宜结快。但硅胶的缺点是易磨损加工设备。可湿性粉剂的优点是在作物上的黏附性强，防治效果好；缺点是容易出现在水中分散不均匀、堵塞喷头、造成喷雾不匀等状况。该剂型正逐步被悬浮剂、水分散粒剂所取代。

　　农药可湿性粉剂的产品性能指标有流动性、润湿性、分散性、悬浮性、质量悬浮率、细度、水分、起泡性和储存稳定性等。

　　①流动性　好的流动性便于生产过程中的输送、包装，以及易称量、易倾倒。影响流动性的主要因素是载体的吸附能以及原药的含量和黏度等。流动性以坡度角或流动数来表示，坡度角大或流动数高，流动性差；反之，则流动性好。

　　②润湿性　是指药粉倒入水中能自然润湿下降，以及药剂的稀释悬浮液对植株、虫体及其他防治对象表面的润湿能力。由于植株、虫体等表面上有一层蜡质，如果润湿性不

好，则药剂不能均匀地覆盖在使用作物和防治对象上，造成药液的流失。可以通过润湿剂的筛选提高药液的润湿性。

③分散性　是指药粒悬浮于水介质中，保持成细微个体粒子的能力。分散性与悬浮性有直接关系，分散性好，悬浮率就高；反之，悬浮率就低。可湿性粉剂要求粉体细度高和相对均匀，颗粒越小，则表面自由能就愈大，愈容易发生团聚现象，从而降低悬浮能力。要提高细微粒子在悬浮液中的分散性，就必须克服团聚现象。影响分散性的主要因素是原药和载体的表面性质以及分散剂的种类、用量等。分散剂选择适当、用量合理，就可以阻止药粒之间的凝聚，从而获得好的分散性。

④悬浮性　是指分散的药粒在悬浮液中保持一定时间悬浮的能力。悬浮性好的制剂，在兑水使用时，可使所有的药粒均匀的悬浮在水中，并从喷雾器械中均匀喷出，才能有好的防治效果。可湿性粉剂的悬浮率分为有效悬浮率和质量悬浮率两种。这两种悬浮率在联合国粮食及农业组织（FAO）标准中都有相应的测定方法。一般有效悬浮率和质量悬浮率应该一致，即质量悬浮率高，有效悬浮率也高。最理想情况下，两个悬浮率的值应该相等。实际上，由于加工混合的不均匀性及不同大小粒子吸附原药的数量不等，大粒子总是先沉降，这样就导致有效悬浮率和质量悬浮率的值不等。可湿性粉剂要求两种悬浮率都要高，才能避免喷雾不均匀和堵塞喷头的现象发生。

通过提高药剂颗粒的细度、加入增稠剂增加药液的黏度、以及提高分散性等方法，防止颗粒团聚，可以提高悬浮率。细度的提高受设备加工能力的制约，一般要求粒径控制在 $0.5 \sim 50 \ \mu m$ 之间。在生产过程中，堆积密度（$0.5 \sim 0.6 \ g/cm^3$）和流动性也是重要的控制参数。在使用过程中，较小的颗粒聚集在目标表面，较大的颗粒脱落并缺乏黏性。通常使用黏附剂增加对靶标的黏附性，通过控制水分含量以及加入干燥剂的方式可防止结块。

7.3.3.2　可湿性粉剂的配方研究方法

根据微生物源的活性成分的不同，配方组成及研究方法略有差异。能够分离纯化的抗生素类的研发方法跟其他化学合成农药类似，而对于以菌体或孢子为活性成分的制剂配方，由于是生物组织，难以达到分子级分散，同时还要兼顾生物活性的保持，故具有自己的特点。

（1）生物相容性测定

将以定量的助剂（包括载体、润湿剂、分散剂等）与合适的培养基（一般为葡萄糖琼脂培养基）混合后，以空白培养基为对照，用离体生长速率法，分别接种不同含量菌体或孢子悬浮液，一定时间后（一般为 24 h）通过菌落计数法计算助剂对微生物生长的影响情况。所有载体中硅藻土对菌落生长影响较小。

（2）润湿、分散剂筛选

由于润湿剂和分散剂系协同作用，故一般同时筛选。首先将润湿剂、分散剂、载体和有效成分经混合、粉碎加工成母粉，按照相关行业标准（NY/T 2293.2—2012）测定润湿时间，通常要求润湿时间小于 180 s。

通过 GB/T 14825—2006 测定悬浮率的方式筛选分散剂。将加工好的母粉加入水中目测其分散情况，可分 3 个等级：一级为放入水中呈雾状分散，无肉眼可见的颗粒下沉；二级为在水中自动分散，有颗粒下沉但搅动后可分散；三级在水中以下沉为主，分散效果差，搅动后有少量溶解。选择一、二级分散剂进行悬浮率测定，确定最佳分散剂。在农药加工中常用的分散剂及润湿剂种类有：木质素磺酸盐(木质素磺酸钠、木质素磺酸钙)、二丁基萘磺酸盐和二异丙基萘磺酸盐(如拉开粉)、甲酚磺酸、萘酚磺酸甲醛缩合物钠盐(分散剂 S)、烷基硫酸盐(K12)、烷基苯磺酸盐(500#十二烷基苯磺酸钙)等。

7.3.3.3　可湿性粉剂的加工方法

可湿性粉剂的加工一般流程如图 7-5 所示。将活性成分(如抗生素、菌体、孢子等，通常情况下要初步粉碎)、助剂与部分填料混合后在气流粉碎机内粉碎到所需控制的细度，然后再补加剩余的填料，继续混合，经检验合格、包装后得到产品。

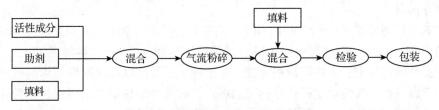

图 7-5　可湿性粉剂加工的一般流程

由于大部分生物源农药成分复杂且纯度较低，适合被加工成可湿性粉剂，如多抗霉素、春雷霉素、井冈霉素、阿维菌素等抗生素，枯草芽孢杆菌、白僵菌、绿僵菌、粉红黏帚菌、多黏芽孢杆菌、发光杆菌、解淀粉芽孢杆菌、里氏木霉、海洋芽孢杆菌、极细链格孢菌等菌体，以及木霉厚垣孢子、绿色木霉孢子等孢子。

7.3.4　水分散粒剂(WG)

水分散粒剂是农药有效成分、各种助剂和填料经混合和造粒工艺而制成的一种粒状制剂。合格的制剂崩解性、分散性、悬浮性好，有效成分含量高，流动性好，计量和使用方便，不会造成粉尘污染，贮运化学物理性状稳定，包装费用低。成为可替代可湿性粉剂和悬浮剂的安全、环保剂型。该类剂型的开发和完善在于研发新型助剂，以提高水分散粒剂使用性能和药效，以及加工造粒工艺技术和设备的不断改进。目前能够商品化的品种和数量还不多，具有较好的开发潜力。关键多个产品已申请专利，包括阿维菌素和高效氯氰菊酯混配水分散粒剂、甲氨基阿维菌素苯甲酸盐水分散粒剂以及苏云金芽孢杆菌分散颗粒剂等。

该类剂型颗粒的生产工艺包括喷雾改造法，挤压造粒法和流化床造粒法等。颗粒剂通常由原药(母药)以及黏土、淀粉聚合物、干肥料和地面植物残渣等载体配制而成。有效成分含量最高可达 90%，分散剂黏附剂加入量范围为 5%~20%，润湿剂加入量为 1%~4%，加工过程中消泡剂、稳定剂等加入量最高为 4%，载体和崩解剂添加量为 5%~90% 不等。颗粒有 3 种类型：①外部颗粒微生物通过黏附剂附着在载体的外表面；②外部颗粒—无黏附剂；③将所有成分混合成糊状，从基质中分离出来，然后经过造粒、筛分到所需大小。通常，它们用于农作物，如卷心菜、玉米等。喷雾干燥法流程包括：有效成分及助剂混合料浆的制备、喷雾造粒、干燥。挤压造粒法是通过将有效成分和助剂混合后，加水调节其流化性能，最后通过造粒模具挤压、干燥得到产品。流化床法流程为：将配方混合和研磨成粉末后置于流化床内，然后向其中喷洒湿润剂的水溶液。通入热空气使床层流态化，从而使得制剂颗粒在成型的同时被干燥。需要调剂的工艺参数包括喷水量、喷水流量和空气温度。这种工艺制备的颗粒形状和大小不规则（在0.5~2mm之间），更适合小规模生产。

7.3.4.1 水分散粒剂组成及主要质量控制指标

水分散粒剂是指一种干的、有一定强度和细度、很少起尘、能自由流动、均匀粒子组成的粒剂；在水中可迅速崩解、分散得到粒径分布接近于起始粉或悬浮液制造时粒径（约1~10μm）的喷雾悬浮液制剂。它在商业上比WP和SC（悬浮剂）更有吸引力，原因是安全，有很好的外观，无粉尘，易计量，不沾壁，包装简单，有效成分含量高，稳定性好和使用方便等优点。

典型的WG剂型组成（重量%计）如下：有效成分50%~90%；润湿剂1%~5%；分散剂和黏结剂5%~20%；崩解剂0%~15%；其他添加剂0%~2%；填料加至100%。

在主要性能指标上，生物活性稳定性、分散性、悬浮性以及润湿性要求与可湿性粉剂类似。对于颗粒剂，其性能指标还包括可崩解性。故需要添加崩解剂以加快颗粒在水中崩解速率，使其可完全分散成设计的粒度大小。其作用机制是靠分子吸收水后膨胀成较大的粒度，或膨胀成弯曲形状并伸直，直至WG颗粒被分散成较小的粒子。崩解剂一般选择无机电解质，如铵盐、硫胺、食盐、钙和铝的氯化物等。

流动性也是水分散粒剂的控制指标。保持流动性可使物料能够混合均匀，减少运输中的黏结现象，还可防止产品在包装后颗粒结块，容易从容器中倒出等。提高流动性的措施是在生产中给颗粒包上一层很薄的细粒防止大颗粒相互黏结。其作用机制如表面加一薄层滚珠，使得颗粒之间容易滑动，而且不加任何外力（如振动）就可以流动。防结块剂（隔离剂）最常用的是硅胶，根据细度分为两类：一种是研磨的无定形硅胶，粒度在2~100μm之间；另一种是气溶硅胶，制备方法是先使二氧化硅熔融，升华，然后收集其烟雾制成，粒度比其他方法制得的细度更小，约在0.005~0.02μm之间。后者表面积大，遮盖力强。

质量合格的水分散粒剂倒入水中能迅速崩解，有良好的分散性；优良的悬浮性，只需稍加搅拌即可形成均匀悬浮液，其悬浮率可高达90%；良好的再分散性，未使用完的悬浮液再次使用时只要再搅拌即可重新形成均匀的悬浮液，且不影响药效；没有溶剂，降低了对环境的污染，对作业者安全；有一定的硬度和强度，较难产生粉尘；贮存稳定性好。

7.3.4.2 可分散粒剂的配方研究方法

对于生物源农药，填料可选择膨润土、高岭土、白炭黑、硅藻土等无机填料，也可以选择玉米淀粉等生物源填料。

①润湿剂　可选择十二烷基苯磺酸钠、脂肪醇聚氧乙烯醚、拉开粉BX等，分别以5%的用量加工成制剂进行润湿性测定。

②分散剂　可选择木质素磺酸钠、萘磺酸钠甲醛缩合物、丙烯酸均聚物钠盐、月桂醇聚氧乙烯醚等，分别以5%的用量加工成制剂进行分散率、悬浮率测定。

③崩解剂及增稠剂　尿素、硫酸铵、碳酸钠、可溶性淀粉、乙酸乙酯、丙烯酸胺和丙烯酸酯的共聚物、PO-EO嵌段聚醚中筛选，分别加入崩解剂和悬浮剂各1%进行筛选，测定悬浮率、崩解性。

④黏结剂　以聚乙烯醇、聚乙二醇，分别以1%的用量加工成制剂进行分散率、悬浮

率测定。

可设计不同的试验方案，通过测试润湿时间、悬浮率以及活性抑制率等指标，对配方进行优化。配方优化的方法有：单因素法和正交实验法。优化后的配方还可以采用单因素法、二分法、黄金分割法等数学方法进行添加量的优化。值得注意的是，对于微生物菌体或孢子，每个配方都需要进行活性的验证，验证方法是，将所得的配方按一定浓度加入培养基中，与空白培养基接种后在一定条件下培养，测量并计算抑制率。也可以通过产孢量评价助剂对活性成分的影响：称取 1 g 培养物或添加不同助剂的母药，用含 0.1% 吐温-80 的无菌水稀释 100 倍，磁力搅拌或摇瓶培养 20 min 后过滤，用血球计数板统计分生孢子的数量。

①孢子萌发率测定　用标准的 PDB 溶液将添加不同助剂的微生物母药稀释成浓度为 10^6 cfu/g 的孢子悬浮液。以用 PDA 培养基所培养的分生孢子为对照，采用悬滴法测定，将 0.1 mL 稀释好的孢子悬浮液置于盖玻片上，迅速将其翻转，盖于有凹面的载玻片上，放入铺有湿润滤纸的培养皿中，于 28 ℃下暗培养 12~24 h，在显微镜下测定孢子萌发率。每个处理统计 100 个左右孢子，3 次重复。

②载体筛选　设置总量为 100 g 的水分散粒剂配方：活性成分 50 g、湿润剂 5 g、分散剂 5 g，分别以凹凸棒土、煅烧高岭土、硅藻土、膨润土、淀粉作为载体补足 100 g 并挤压造粒。比较各组合润湿时间、黏度、吸附性、崩解速率以及造粒难度，并由此确定最佳载体。

③紫外保护剂的筛选　称取 10 g 微生物菌体（或孢子）母药，分别添加炭黑、β-环糊精、抗坏血酸和羧甲基纤维素各 0.05 g，搅拌均匀，置于波长 254 nm 紫外灯（20 W）下 40 cm 处照射 5 min，于 28 ℃ 培养箱中暗培养 4 d，分别测定其产孢量及其孢子萌发率。

④黏结剂与崩解剂的筛选　崩解剂评价指标是崩解时间，指样品投入水中直至完全崩解所需时间，时间越短说明载体的崩解性越好，合格标准为小于等于 90 s。

⑤湿润剂与分散剂筛选　在上述载体筛选的基础上，分别加入定量（比如 5 g）备选润湿剂，在其他助剂不变的条件下，以所得最佳载体补足总量至 100 g，将各配方组合经气流粉碎及鼓风干燥后加工为可湿性粉剂粉末，比较润湿时间及悬浮率，以确定最佳湿润剂种类，通常悬浮率是指样品经充分溶解静置后悬浮在水中的有效成分量占样品中总有效成分量的百分率，其值越大，制剂有效成分在水中的悬浮性就越好，合格标准为大于等于 70%。在湿润剂及载体筛选的基础上，参照上述方法筛选并确定最佳分散剂种类。湿润剂和分散剂的使用比例对制剂湿润时间及悬浮率有很大影响，可以在湿润剂和分散剂总用量固定的条件下，改变比例，对比各组合润湿时间及悬浮率，确定最佳比例；将湿润剂和分散剂按最佳比例混合，用等差法、二分法或其他数学方法确定最佳加入量，加入其他组分后并以最佳载体补足 100 g，对比各组合润湿时间及悬浮率，确定最佳比例下的总用量。

⑥黏结剂与崩解剂筛选　在以上助剂筛选的基础上预设配方，将有效成分为 50 g，湿润剂及分散剂按上述所得最佳比例及用量添加，然后加入定量的不同崩解剂（如三氯化铝、可溶性淀粉、硫酸铵、氯化钠、尿素等）与黏结剂（如明胶、环糊精、PVP、淀粉、CMC-Na）等，设置不同组合并分别制备可湿性粉末，将所得各组可湿性粉末通过挤压法造粒，测定颗粒硬度、崩解时间以及沉降速率，分析比较筛选出最适黏结剂与崩解剂种类。

7.3.4.3　可分散粒剂的加工方法

先将活性成分、各助剂及填料按配方比例吸附混合、初粉碎后再进气流粉碎机，得到超细可湿性粉剂，然后将此可湿性粉剂与水以质量比 5 : 2 的比例同时加入捏合机中捏合，制成可塑形的物料，再将此物料送进挤压造粒机进行造粒，通过干燥、筛分得到产品。工艺流程如图 7-6 所示。同 WP 相比，水分散粒剂区别在于涉及造粒工艺。造粒工艺总体上分为干法和湿法。湿法工艺是将原药、助剂、填料等在水为载体的状态下，经研磨（通常用砂磨机)达到一定细度后，再经喷雾干燥后形成的小颗粒。这也是过去常说的干悬浮剂（DF）。干法工艺是目前国内外采用较多的加工手段，其首先将原药、助剂、填料等混合后，经气流粉碎，再经造粒而成。具体的造粒方法有多种，其对应的配方、设备及最终产品都有较大的不同。

①喷雾造粒　有 2 种形式(图 7-7)：压力喷雾和离心喷雾。在农药的生产中常用压力喷雾方式，此为较早期的水分散粒剂的造粒方式，需砂磨机配套生产。该工艺的最大优点

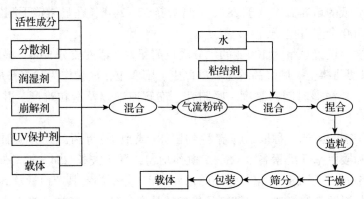

图 7-6　微生物菌体水分散粒剂加工工艺流程

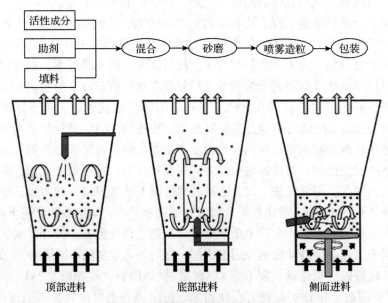

图 7-7　喷雾造粒流程及造粒原理

是连续化程度较高，生产过程中清洁性好，产量较大；适合大吨位单一品种的生产；但由于浆料中含大量的水需要去除，其单位能耗高。由于湿法造粒工艺涉及高温喷雾干燥，对于病毒等温度敏感活性成分具有局限性。

②转盘式造粒　为最初始的干法造粒方法，将气流粉碎过的粉体放入有一定倾角的旋转圆盘中，加入水及少量黏结剂，通过物料的流动及颗粒的相互黏合，形成一定的颗粒，再经干燥后形成产品。此方法加工过程简单，设备投资较小，但生产时间较长，颗粒均匀度无法把握，产量很低。目前因产品品质难以控制基本被淘汰。

③流化床造粒(图7-8)　是干法制粒的一工艺过程：经气流粉碎过的粉体，投入沸腾床中，在经沸腾床上方的喷枪喷出雾化的水及黏结剂，由于粉体经气流的沸腾作用，在均匀接触到水和黏结剂后，会随着沸腾床壁滚落自然形成球体，达到造粒的效果。由于气固两相表面积充分接触，实现了快速的质热传递，缩短了干燥时间。但该方法存在工艺缺陷：a. 生产过程粉尘较大，操作环境较差；b. 产品的成品率较低，由于物料是在流动中自然形成球体，常常形成大量假性颗粒，成品率一般只有60%~70%左右。劳动强度大，产量较低。

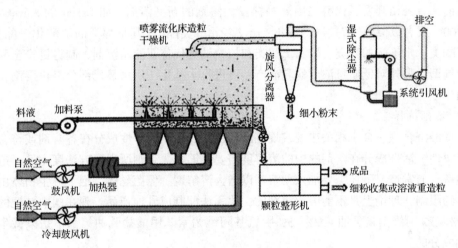

图7-8　流化床造粒流程

④挤压造粒　此种加工方式也是干法制粒的一种，但挤压方式有多种选择。挤压造粒作为目前国内外最主要的一种加工手段而被广泛采用。挤压造粒最初是借鉴农产品加工工艺开发的。其优点是生产设备简单、产量较大、能耗低、便于掌握、产品美观；弊端是对配方及助剂的要求较高，必须有与该工艺生产匹配的配方，才能生产出理想的产品。

7.3.5　可溶性液剂(SL)

可溶性液剂(包括水剂)虽是一种传统剂型，农药活性成分在介质中呈分子或离子状态分散，是分散度最高的真溶液。该剂型易加工、药害低、毒性小、易于稀释、加工成本低、使用安全和方便，并可达到良好的生物活性。但该剂型受农药活性成分在水(或有机溶剂)中溶解度和水解稳定性所限制。生物源农药水剂国内也有登记和生产，如井冈霉素水剂、赤霉酸水剂、春雷霉素水剂等。生物体类水剂，如枯草芽孢杆菌水剂等，虽被登记为水剂，但从物理化学意义上来说，这些剂型中的有效成分实际上是呈悬浮态存在的。不同的助剂对芽孢的的存活有很大的影响，在添加不同助剂的条件下存放一年后，芽孢的存活率从8%到0.02%不等。而芽孢在昆虫的致病作用中占有重要地位，芽孢和晶体1：1的配比能发挥出最高毒力。对于某些昆虫的毒杀效果，芽孢则是必不可缺少的。助剂对晶体也存在一定影响，而且同一种助剂对芽孢和晶体影响效应也不是一致的。所以，在研发该类剂型时，除了调节剂型的物理化学性能之外，对芽孢和晶体的影响也是配方优化中很重要的指标。

7.3.6 乳油（EC）

乳油是农药活性成分溶解在非极性碳氢化合物溶剂中，使用表面活性剂（乳化剂）加工而成的油基液体制剂。该剂型一般有较宽的贮存温度，有好的化学稳定性，高的药效，易计量，制造相对简单。乳油是最重要的农药剂型，曾在农药市场占据重要地位。目前我国乳油所使用的溶剂主要是易挥发轻芳烃，具有毒性较高、易燃、半衰期长，对环境影响大等缺点。如果能找到毒性较低、安全性较高的溶剂，乳油仍然不失为一种好的剂型。

目前，有公司开发了代替二甲苯等挥发性溶剂的新型溶剂，如Exxon的Solvesso100、150、200，或者以"绿色溶剂"，例如，开发多元醇类酯（尤其是醇类的磷酸化三酯类）、醚类、酮类、水不溶的醇类、聚乙二醇类和植物油类代替石油基溶剂，制得更安全和环保的乳油剂型；另外对低质量浓度的乳油产品可进行水基化，用水替代部分有机溶剂，例如微乳剂。

（1）溶剂选择

选择经济合理、合乎相关法规或规范的溶剂，然后测试活性成分在各溶剂或符合溶剂中的溶解性。活性成分在溶剂的中的溶解度需要足够大，否则所得配方浓度太低，造成溶剂的浪费。通常情况下还需要加入助溶剂以增大溶解度。像菌丝体、孢子等生物体由于物化性质的限制，理论上是不能溶于溶剂的，故无法配制成乳油产品。现在国内登记的产品有0.5%~5%阿维菌素乳油，1%~5%甲氨基阿维菌素苯甲酸盐乳油等都不是以微生物作为活性成分的。

通常情况下不能选择与水互溶的溶剂，如二甲基亚砜、乙醇等，否则在使用时加水稀释时难以形成乳液。对于有些溶剂国家规定了限量标准。对传统乳油常用的溶剂如：苯、甲苯、萘等质量分数不能超过1%，N,N-二甲基甲酰胺、乙苯不能超过2%，甲醇不能超过5%。此外，在其他一些剂型中还使用较多的毒性较高或具有致癌性的溶剂，如二氯乙烷等也有严格的限量标准。

2010年4月苏州行业环保制剂会议，工信部明确政策导向"乳油产品需要使用植物油及直链烷烃类环保溶剂"。而重芳烃（馏程为165~290℃、碳数范围为C9~C16的芳烃）则被确定为安全性较高的溶剂。对于以天然产物为原材料，经过分离、纯化、改性、调配可用于化工用途的生物质溶剂，如溶剂本身有相关的资料证明对人、动物和环境是安全的，也在推荐之列。目前有企业采用木焦油、木醋液作为溶剂制备农药乳油产品。

（2）乳化剂品种选择

一般选择HLB在8~18之间的表面活性剂作为乳化剂，其他还要考虑经济型、环保性等因素。目前的主要乳化剂品种有：农乳 500#（十二烷基苯磺酸钙）、农乳 600#（三苯乙基苯酚聚氧乙烯醚磷酸酯）、农乳 700#（烷基酚甲醛树脂聚氧乙烯醚 ）、NP-10（壬基酚聚氧乙烯醚）等品种。为了达到更好的乳化效果，也可对乳化剂进行复配。通过观察所配制的乳油的外观和乳液稳定性[《农药乳液稳定性测定方法》（GB/T 1603—2001）]进行初步判断，合格的再进行冷热贮藏稳定性等其他性能指标的测试。

乳油的生产工艺较为简单，在调制釜内将活性成分溶于溶剂后，再加上乳化剂混合均匀即可。

7.3.7　悬浮剂（SC）

悬浮剂，又称水悬浮剂、胶悬剂、浓缩悬浮剂，是代表当代农药制剂技术发展方向的一类重要剂型。其基本原理是在表面活性剂和其他助剂作用下，将不溶或难溶于水的原药分散到水中，形成均匀稳定的粗悬浮体系。悬浮剂主要由农药原药、润湿剂、分散剂、增稠剂、防冻剂、pH 调整剂、消泡剂和水等组成。由于其分散介质是水，所以悬浮剂具有成本低，生产、贮运和使用安全等特点，而且可以与水以任意比例混合，不受水质、水温影响，使用方便，与以有机溶剂为介质的农药剂型相比，具有对环境影响小和药害轻等优点。

根据物理性状，悬浮剂可以分为两类：①浓缩悬浮剂（SC），由不溶于水的固体原药分散在水中制成，是最常见的悬浮剂品种；②悬乳剂（SE），分散相由两类原药组成，一个是事先以有机溶剂溶解并乳化了的原油或不溶于水的固体原药，另一个是可直接悬浮，不需有机溶剂溶解的固体原药，共同分散在水中，制成具有油相、固相和连续水相的多悬浮体系。此外，近年来发展起来的微胶囊悬浮剂和水基悬浮种衣剂等，虽然名称不同，但从其分散原理看，也属于悬浮剂的范畴，只是前者分散相为微胶囊，后者是在悬浮剂的基础上因引入了成膜剂而具有在种子表面成膜的功能。

在生物农药中，悬浮剂是苏云金芽孢杆菌的主要水基化剂型之一。苏云金芽孢杆菌悬浮剂贮藏稳定性差一直是困扰生产的一大难题，在室温下贮存时间一般不宜超过半年。与化学农药相比，苏云金杆菌制剂安全性增强，但产品的稳定性差，残效期短，杀虫速率慢，而且受使用环境影响大。解决上述这些问题除了使用合适的剂型外，还需要添加一些助剂，达到增加田间残效目的。目前使用的辅助剂包括吸附剂（作为载体将液态发酵产品吸附在上面提高其成型性能）、湿润剂（提高菌剂在叶片表面的展着性能）、防腐剂（抑制其他不需要的微生物生长，防止芽孢在使用前萌发）、引诱剂（增加昆虫对菌剂的摄入量，提高杀虫效率）、保护剂（防止紫外线对芽孢产生破坏），其他添加物还包括黏着剂（防止药剂在靶标上脱落）、乳化剂和增效剂等。芽孢在昆虫致病中也占有重要地位，各种助剂的加入不仅要保护晶体，也不能杀死或抑制芽孢，还不应影响昆虫取食。

①水溶性防紫外线剂　其溶液液滴与疏水性表面的接触角较大，当溶液挥发完后，有效成分分散性差。但水基型液滴由于密度效应，抗漂移性最好。

②油溶性防紫外线剂　油性液滴与疏水性表面接触角较小，能够在上面铺展，有效成分将会随着油性溶剂的铺展而达到较高的分散水平。

③将防紫外线剂的水溶液进行包囊，可延长其持效期（推荐方案）。

7.3.7.1 悬浮剂的配方研究方法

（1）润湿剂与分散剂的筛选

目前，在农药水悬浮剂制剂研发时一般采用流点法选择润湿分散剂，流点值越低，该润湿分散剂活性越高、用量越少。采用流点法初步选择润湿分散剂的种类，具体操作步骤如下：

①配制质量分数为5%润湿剂和分散剂的水溶液。

②准确称取活性成分 m_0 于载玻片上，活性成分和载玻片的称重为 m_1。

③逐滴加入配好的润湿分散剂水溶液，边加边在显微镜下观察，当活性成分为黏稠物刚刚流动时，称量二者的总质量为 m_2。

④流点计算公式：流点值 = $(m_2-m_1)/m_0$，同一润湿、分散剂分别测试3次，测试后取平均值。

⑤根据流点法初步选择出的润湿剂和分散剂，将不同用量的润湿剂和分散剂与1 g活性成分混合，加水至50 g，以氧化锆珠（或玻璃珠）为介质，在砂磨机中研磨至粒径不再变化，制得试样。分别以悬浮率、分散性为指标确定润湿剂和分散剂的最佳配比和用量。

（2）增稠剂的选择与黏度的调节

增稠剂是农药悬乳剂不可缺少的主要成分之一。合适的增稠剂能调节悬乳剂的黏度，有效地阻止粒子聚集。符合要求的增稠剂须具备以下3个条件：①用量少，增稠作用强；②制剂稀释时能自动分散，其黏度不应随温度和聚合物溶液老化而变化；③价格适中而易得。增稠剂用量同样需要筛选，增稠剂用量少，可能会导致悬乳剂体系稳定性差；而增稠剂用量过多则会导致悬乳剂体系黏度很大，不易倾倒，甚至结块。增稠剂最大用量一般不超过3%，常用量为0.2%～5%。增稠剂的加入量要以黏度为指标，根据增稠剂的不同，一般要求将黏度控制在100～500 mPa·s。

（3）防冻剂的筛选

农药悬乳剂中有大量的水存在，贮藏和运输过程中因受冷有可能理化性能被破坏，为提高制剂的低温贮藏性能，通常在配方中加入防冻剂。防冻剂通常选用乙二醇，根据冰点的需要，用量一般不超过10%，常用量为5%左右。

此外，农药悬乳剂在加工过程中不可避免地会产生大量气泡，这些气泡会对制剂加工、计量、包装和使用带来严重影响，因此还需在配方中加入消泡剂。同时，在配方筛选的基础上也要进行生物相容性的评价。

7.3.7.2 悬浮剂的加工工艺及设备

该类剂型的加工如图7-9所示，将初步研磨的活性成分、分散剂、润湿剂、水、消泡剂（一般是分多次加入）、部分增稠剂在均质机内或胶体磨内混合后，加入砂磨机中进行精细研磨。通常情况下砂磨机为三台串联，分别加入大、小研磨球，以达到最好的研磨效果。砂磨完毕，经粒径检测合格后经过过滤加入调制设备，再补加增稠剂、水、防腐剂、防冻剂、消泡剂等进行最终调和。检测合格后得到产品。

悬浮剂加工的关键设备为砂磨机。砂磨机的研磨介质的选择至关重要。根据不同的要求选择不同的研磨介质。目前国内研磨介质有玻璃球、氧化铝球、硅酸锆、氧化锆球等，

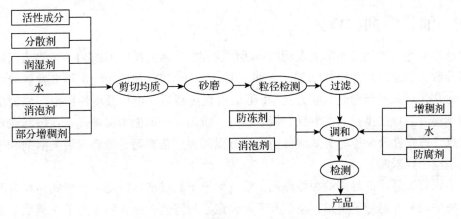

图 7-9　悬浮剂生产工艺流程示意

其中玻璃球的耐磨性比较差、体积大，一般研磨要求较粗的物料；而氧化锆球体积小、耐磨性强，适用于研磨要求较细的物料。研磨球采用何种介质要根据被研磨物料的分散性、细度和黏度来进行选择，主要原则是：物料越硬应随之选用较硬的介质，产品要求越细，介质粒径越细，且装填量相应增加；被研磨物料粒径较粗，选用介质粒径应越大。一般在生产悬浮剂时选用的研磨介质为 1.5~2 mm。

7.3.8　微胶囊悬浮剂(CS)

农药微胶囊悬浮剂是当前农药新剂型中技术含量最高、最具开发前景的新剂型之一。微胶囊技术是一种用成膜材料把固体或液体包覆形成微小粒子的技术，大小一般在微米级范围(1~400 μm)。农药微胶囊悬浮剂具有以下优点：抑制了由于环境因素(如光、热、空气、雨水、土壤、微生物等)和其他化学物质等造成农药的分解和流失，提高了药剂本身的稳定性，有利于生态和环境保护，具有控制释放功能，提高农药的利用率，延长其持效期，从而可减少施药的数量和频率，改善农药对环境的压力。

截至目前，苏云金芽孢杆菌微胶囊制剂已开发了 3 种类型：第一种是喷洒性制剂，水稀释后可直接用常规喷雾器喷洒；第二种是传统颗粒剂，经过喷洒、蒸发过程后颗粒仍保持分散；第三种是黏着性颗粒剂，与水接触后会发生溶胀，喷洒于靶标后经干燥仍可黏附在作物叶片上。20 世纪 80 年代以后，苏云金芽孢杆菌微囊剂的研究日趋活跃，其中淀粉微囊剂近年来研究较多。采用淀粉或面粉基质、无机盐为水分散剂，包裹苏云金芽孢杆菌。配方中加入交联剂或预糊化淀粉，有利于淀粉在制备过程中絮凝和沉淀。其制备工艺为：将 α-淀粉、苏云金芽孢杆菌原粉和紫外线防护剂均匀混合，加入适量溶剂溶解并交联，40 ℃固化 2 h，室温风干，过筛制得淀粉包囊制剂，持效期明显高于未处理原粉。将苏云金芽孢杆菌半成品用甲基纤维素包囊后在乙醇中沉淀，加入紫外光防护剂即得到微囊悬液。如不加保护剂直接离心脱水，则得到 400~500 μm 的微囊颗粒。除了淀粉包囊剂外，多价聚合物、生物降解材料等也可以用于制备苏云金芽孢杆菌包囊剂。

7.3.9　油悬浮剂(OF)

油悬浮剂是一种油类不溶的农药固体活性成分在非水介质(即油类)中依靠表面活性剂形成高分散、稳定的悬浮液体制剂。其加工制备与悬浮剂相似,近10年来发展较快。油悬浮剂通常针对某些新型微量喷雾技术(不加水直接喷雾,可加或不加助剂,或加少量水的ULV喷雾)。该剂型具有黏着性和展着性好、抗雨水冲刷能力强等优点;但其在环境毒性、闪点、挥发性及黏度、有效成分稳定性方面需要严格控制,低沸程烃类溶剂和轻芳烃类的使用应予以限制。

生物农药油悬浮剂是以油为稀释剂,将分生孢子制成孢悬液的一种形式,相对湿度很低的环境中利于抑制孢子萌发,高温利于延长孢子的寿命,还有利于孢子在疏水靶标,如昆虫体壁或植物表面上的吸附。将苏云金芽孢杆菌原粉悬浮于矿物油中可制备出油悬剂。寻找环境友好的溶剂油对于该类剂型的研究至关重要,溶剂不仅关系到环境安全性,对于发挥药效也起到很大的作用。Moore等研究了溶剂油对黄绿绿僵菌(*Metarhizium flavoviride*)对分生孢子活性的影响,结果表明,菜籽油、花生油或色拉油是较好的溶剂,制成的油剂(添加有抗氧化剂)在17 ℃下贮藏127周后的孢子萌发率仍达到60%。研究还发现以向日葵油为溶剂油的绿僵菌制剂对温室白粉虱(*Trialeurodes vaporariorum*)取得了100%的防治效果。

7.3.10　漂浮剂

漂浮剂是针对水田环境而研发的,利用辅助材料使得制剂漂浮在水面上,或吸附于水稻等作物的茎秆上。中国农业科学院植物保护研究所针对稻水象甲(*Lissorhoptrus oryzophilus*)研制了绿僵菌漂浮剂,在辽宁省盘锦市应用时取得了超过80%的防治效果。

总之,生物农药剂型应当起到如下几个方面的作用:能够使产品在生产、储运和使用过程中保持稳定;方便使用;在使用后使有效成分最大程度地输送到靶点,使其发挥出最大效用或起到增效作用;产品在使用过程中对使用者和环境友好、安全;在配方研究的基础上,还要研发相应的技术经济上可行的剂型加工工艺。

在其研发过程中的原则是,要保证所使用的助剂(如表面活性剂、溶剂、载体、黏合剂、填料、润湿剂、防腐剂、防光解剂等)与有效成分不发生相互作用。对于非生物体有效成分,剂型选择上可参考以下原则:水溶性活性成分可加工成水剂或水溶性颗粒剂;如果需要加工成液体剂型,脂溶性活性成分可加工成乳油、水乳剂或微乳剂;在室温下呈固态的生物原药或母药可加工成水悬浮剂、颗粒剂或可湿性粉剂。如果对细度有要求,需要考虑加工过程中的热效应,如球磨等粉碎固体研磨的加工方式就不如气流粉碎的方式适合;水不稳定的固体成分可加工成油悬剂;对于不稳定或者需要控制释放的有效成分可考虑加工成微胶囊悬浮剂。

以生物体为主要有效成分的原药或母药,其加工有很大的特点。对于菌体类微生物农药,剂型设计的重要目标之一就是保证菌体在制剂的加工、储运过程中保持休眠状态,而在使用时又能够活化、繁殖。否则,在制剂状态下微生物如果生长、繁殖,就会消耗制剂中的其他成分,直到死亡,使得制剂失去效用甚至发臭。要达到这个目的,最简单的方式是在剂型加工时将尽量降低制剂的含水量。制剂加工前，可通过喷雾干燥或冻干等不破坏生物体的方式除去水分，然后将微生物干体加上助剂加工成低含水量的颗粒或粉末类剂型。另外，为了保证在使用时微生物能够快速复活、生长，制剂内需要添加碳水化合物等营养成分。当然，在选择其他助剂时也要考虑与微生物的相容性，不能使生物体失活。微胶囊技术可用于在加工、储运和使用后实现对微生物的保护，使其免受紫外线等环境因素的影响。

微生物与常规化学合成或其他生物活性成分兼容性差一直是制剂工程师面对的挑战，除此之外，还存在紫外线不稳定以及将微生物传递到靶标等问题。相对于化学合成农药，生物农药的制剂研究发展较晚，相对于新活性成分的研究，制剂研发投入过低，体系不成熟，很大程度上限制了生物农药的推广和应用。对绝大多数生物农药原药品种来说，其原药或母药由于成分的复杂性，给制剂研发增加了难度。由于生物农药的特点，如稳定性较差，对紫外线、温度、pH 值、水分等环境因素较为敏感的特性，其制剂研究虽然从很多方面可以借鉴化学合成农药，但更应该建立自己的研发体系和评价标准。

复习思考题

1. 熔点较低的杀虫剂原药适合加工成哪几种剂型？
2. 水溶性活性成分在加工成水剂时，需不需要加入表面活性剂？试说明原因。
3. 同化学农药相比，活体微生物农药制剂需要加入哪几种特殊助剂？
4. HLB 的意义及应用？
5. 哪些微生物农药有效成分适于加工成漂浮剂？
6. 微生物源农药水分散颗粒剂的湿法造粒工艺对含有哪几类成分的配方不适合？
7. 为什么活体微生物农药难以加工成乳油、水剂等均相剂型？试说明原因。
8. 活体微生物加工成悬浮剂的限制因素有哪些？
9. 苏云金芽孢杆菌微囊剂的常用囊材有哪些？

参考文献

胡英，杨凤琼，2010. 生物药物制剂技术[M]. 北京：化学工业出版社.

裴瑾，2015. 生物药物制剂学[M]. 北京：科学出版社.

苏德森，王思玲，2004. 物理药剂学[M]. 北京：化学工业出版社.

陈福良，2015. 农药新剂型加工与应用[M]. 北京：化学工业出版社.

陈福良，2018. 农药剂型加工新进展[M]. 北京：化学工业出版社.

赵应征，2011. 生物药物制剂学[M]. 杭州：浙江大学出版社.

王志法，1979. 原药性质与剂型加工的关系——兼评我国目前应用的几个制剂[J]. 浙江化工(5)：57-62.

刘萍萍，闫艳春，2005. 微生物农药研究进展[J]. 山东农业科学(2)：83-85.

傅献彩，沈文霞，姚天杨，等，2006. 物理化学(下册)[M]. 5 版. 北京：高等教育出版社.

华乃震，2008. 农药剂型的进展和动向(中)[J]. 农药 (3)：5-8.

申继忠，1998. 微生物农药剂型加工研究进展[J]. 中国生物防治学报，14(3)：129-133.

明亮，陈志谊，储西平，等，2012. 生物农药剂型研究进展[J]. 江苏农业科学 (9)：137-140.

喻子牛，1993. 苏云金芽胞杆菌制剂 [M]. 北京：农业出版社：66-105.

朱玮，赵兵，王晓东，2004. 生物农药苏云金芽胞杆菌的研究进展[J]. 过程工程学报 (3)：91-97.

冯涛，彭宇，2011. 三类生物农药研究现状及应用[J]. 江汉大学学报(自然科学版)，39(2)：105-108.

戴权，2010. 水分散粒剂生产工艺及设备优化[J]. 农药，49(12)：865-868.

吴学民，冯建国，2014. 农药制剂加工实验[M]. 2版. 北京：化学工业出版社.

周燚，王中康，2006. 微生物农药研发与应用[M]. 北京：化学工业出版社.

谭婷婷，郝姗姗，赵莉，等，2015. 表面活性剂的性能与应用(ⅪⅤ)——表面活性剂的润湿作用及其应用[J]. 日用化学工业，45(2)：72-75，89.

Rangel Yagui C O, Pessoa Jr A, Tavares L C, et al., 2005. Micellar solubilization of drugs[J]. Journal of Pharmacy & Pharmaceutical Sciences, 8(2)：147-163.

Yingchoncharoen P, Kalinowski D S, Richardson D R, et al., 2016. Lipid-based drug delivery systems in cancer therapy：what is available and what is yet to come[J]. Pharmacological Reviews, 68(3)：701-787.

McClements D J, 2011. Edible nanoemulsions：fabrication, properties, and functional performance[J]. Soft Matter, 7(6)：2297-2316.

Oumar B, Claverie J P, Lemoyne P, et al., 2016. Controlled-release of Bacillus thurigiensis formulations encapsulated in light-resistant colloidosomal microcapsules for the management of lepidopteran pests of Brassica crops [J]. Peer J, 4(10)：6.

Robert Behle, James Kenar, David Shapiro-Ilan, et al., 2011. Improving formulations for biopesticides：enhanced UV protection for beneficial microbes[J]. ASTM Special Technical Publication, 1527：137-157.

Lindsay, A David, Zollinger, Richard, 2011. Pesticide formulations and delivery systems, 30th volume：regulations and innovation[M]. West Conshohocken, PA：ASTM international.

第8章

我国微生物源农药的
管理与登记要求

8.1 我国微生物源农药登记资料要求

我国农药登记管理相对于欧美发达国家起步较晚，但经过40多年的努力建设和发展，现已建立了相对较完善的农药登记管理制度及其配套技术体系，农药管理已由过去只注重"质量和药效"转向"质量与安全并重"。尤其是2017年6月1日起，新修订的《农药管理条例》（以下简称《条例》）正式施行，再次提高了农药登记安全性管理门槛，突出绿色发展理念，鼓励高效低风险生物源农药发展。

在欧盟、美国、加拿大、澳大利亚、日本等地区和国家，其农药登记管理中均对生物农药（biopesticide）给予了明确的定义和范畴，但在我国的《条例》和《农药登记资料要求》（以下简称《要求》）中，均没有对生物农药进行明确定义。在现行的《要求》中，将农药的登记种类按来源进行了分类，分别为化学农药、生物化学农药、微生物农药、植物源农药，其中后面3类属于生物源农药。对于农用抗生素，是通过微生物发酵生产的，也属于微生物源或生物源农药，但其登记资料要求基本等同于化学农药，因此在《要求》中未单独列出。此外，《要求》中还按照农药的用途针对不同来源的农药又按原（母）药和制剂分别进行规定。原（母药）和制剂的登记资料要求均包括一般性要求和专业性资料要求，其中一般性要求为申请表、申请人证明文件、申请人声明、产品概述、标签和说明、其他与登记相关证明材料、产品安全数据单、参考资料等；原（母）药登记的专业性资料为产品化学、毒理学和环境影响3类，制剂登记的专业性资料为产品化学、毒理学、药效、残留和环境影响5部分。下面重点列举农用抗生素和微生物两类微生物源农药原（母）药和制剂登记的专业性资料要求。

8.1.1 原（母）药登记资料要求

原（母）药均是农药制剂加工的基本原材料，其中原药是指在农药生产过程中得到的由有效成分及有关杂质组成的产品，必要时可加入少量的添加剂；母药是指在生产过程中得到的由有效成分及有关杂质组成的产品，可能含有少量必需的添加剂和适当的稀释剂。总体来说，原药产品中农药有效成分的含量和纯度较高，而母药产品中农药有效成分的含量和纯度则偏低。微生物源农药在生产过程中，常常由于技术和生产成本的原因，通常只能得到纯度较低的母药产品，如活的微生物农药母药，少数农用抗生素通过提纯手段也可得到类似化学农药的纯度较高的原药产品。

8.1.1.1 农用抗生素原(母)药

(1)产品化学

①有效成分和安全剂、稳定剂、增效剂等其他限制性组分的识别 有效成分和安全剂、稳定剂、增效剂等其他限制性组分的通用名称、国际标准化组织(ISO)批准的名称和其他国际组织及国家通用名称、化学名称、美国化学文摘登录号(CAS号)、国际农药分析协作委员会(CIPAC)数字代码、开发号、分子式、结构式、异构体组成、相对分子质量或分子质量范围(注明计算所用国际相对原子质量表的发布时间)。

②生产工艺 原材料描述(描述用于发酵生产该农用抗生素的菌种、发酵基质及其他相关原料)；生产工艺说明(按照实际生产作业单元依次描述)；生产工艺说明；生产工艺流程图(描述农用抗生素的生产发酵工艺)；生产装置工艺流程图及描述(描述生产发酵装置)；生产过程中质量控制措施描述(生产发酵过程中对污染、产品质量稳定性等方面的控制措施)。

③理化性质

a. 有效成分理化性质：包括外观(颜色、物态、气味)、熔点/熔程、沸点、水中溶解度、有机溶剂(极性、非极性、芳香族)中溶解度、密度、正辛醇/水分配系数(适用非极性有机物)、饱和蒸气压(不适用盐类化合物)、水中电离常数(适用弱酸、弱碱化合物)、水解、水中光解、紫外/可见光吸收、比旋光度等。根据化合物特点，按照《农药理化性质测定试验导则》规定，提供相关理化性质的检测报告或查询资料。

b. 原药(母药)理化性质：包括外观(颜色、物态、气味)、熔点/熔程、沸点、稳定性(热、金属和金属离子)、爆炸性、燃烧性、氧化/还原性、对包装材料腐蚀性、比旋光度等。根据化合物特点，按照《农药理化性质测定试验导则》规定，提供相关理化性质检测报告，如原药含量不低于98%，可引用有效成分理化性质数据。

④全组分分析 全组分分析试验报告(按照《农药登记原药全组分分析试验指南》规定执行，全组分分析试验应根据生产发酵工艺对可能存在的这些杂质进行定性定量分析，对无法开展全组分分析的产品应提供相关说明和证明材料)；杂质形式分析(从化学理论、原材料、生产工艺等方面对分析检测到的和推测可能存在的杂质的形成原因进行分析)；有效成分含量及杂质限量(规定原药的最低含量、母药的标明含量和杂质的最高含量。对限量的建立依据需提供统计学说明)。

⑤产品质量规格

a. 外观：准确描述产品的颜色、物态、气味等。

b. 有效成分含量：原药应规定有效成分最低含量(以质量分数表示)，不设分级，一般不得小于90%，通常取5批次有代表性的样品，测定其有效成分含量，计算平均值和标准偏差，根据所得结果，确定有效成分最低含量，并提供所用的统计方法；母药含量由标明含量和允许波动范围组成，标明含量通常取 5 批次有代表性的样品检测结果的平均值，允许波动范围参照制剂要求；有效成分存在异构体时，若通用名称对其进行了定义，则不需要在控制项目中重复规定异构体比例；若通用名称未对申请登记的混合物进行定义，则需规定异构体比例；若有效成分以某种盐的形式存在时，产品名称、质量分数以实际存在形式表示，同时标注有效部分和配对反离子含量。

c. 相关杂质含量：含相关杂质的产品应规定其最高含量，以质量分数表示。

d. 其他限制性组分含量：含安全剂、稳定剂、增效剂等其他限制性组分的产品，其含量应由标明含量和允许波动范围组成，允许波动范围参照化学农药制剂要求。

e. 酸度、碱度或 pH 值范围：酸度或碱度以硫酸或氢氧化钠质量分数表示，不考虑其实际存在形式。

f. 不溶物：规定最大允许量，以质量分数(%)表示。

g. 水分或加热减量：规定最大允许量，以质量分数(%)表示。

⑥与产品质量控制项目相对应的检测方法和方法确认

a. 产品中有效成分的鉴别试验方法：至少应用一种试验方法对有效成分进行鉴别。采用化学法鉴别时，至少应提供 2 种鉴别试验方法。当有效成分以某种盐的形式存在，鉴别试验方法应能鉴别盐的种类。

b. 有效成分、相关杂质和安全剂、稳定剂、增效剂等其他限制性组分的检测方法和方法确认：i. 检测方法。应提供完整的检测方法，检测方法通常包括方法提要、原理、样品信息、标样信息、仪器、试剂、溶液配制、操作条件、测定步骤、结果计算、统计方法、允许差等内容。ii. 方法确认。按照《农药产品质量分析方法确认指南》规定执行。

c. 有效成分、相关杂质和安全剂、稳定剂、增效剂等其他限制性组分的检测方法和方法确认。

⑦产品质量规格确定说明　对技术指标的制定依据和合理性做出必要的解释。

⑧产品质量检测报告与检测方法验证报告　产品质量检测报告应包括产品质量规格中规定的所有项目；有效成分、相关杂质和安全剂、稳定剂、增效剂等其他限制性组分含量的检测方法，应由出具产品质量检测报告的登记试验单位进行验证，并出具检测方法验证报告，其他控制项目的检测方法可不进行方法验证；检测方法验证报告包括：委托方提供的试验条件、登记试验单位采用的试验条件(如色谱条件、样品制备等)及改变情况的说明，平行测定的所有结果及标准偏差、典型图谱(包括标样和样品)，并对方法可行性进行评价。

⑨包装(材料、形状、尺寸、净含量)、储运(运输和储存)、安全警示等　包装和储运：申请人应结合产品的危险性分类，选择正确的包装材料、包装物尺寸和运输工具，并根据国家有关安全生产、储运等法律法规、标准等编写运输和储存注意事项；安全警示：根据产品理化性质数据，按照化学品危险性分类标准，对产品的危险性程度进行评价、分类，并以标签、安全数据单(MSDS)等形式公开。

(2)毒理学

①急性毒性　急性经口毒性试验资料、急性经皮毒性试验资料、急性吸入毒性试验资

料、眼睛刺激性试验资料、皮肤刺激性试验资料、皮肤致敏性试验资料。

②急性神经毒性试验资料。

③迟发性神经毒性试验资料　适用于有机磷类农药、或化学结构与迟发性神经毒性阳性物质结构相似的农药。

④亚慢(急)性毒性试验资料　亚慢性经口毒性试验资料(90 d 经口毒性试验)；亚慢(急)性经皮毒性试验资料(28 d 或 90 d 经皮毒性试验)；亚慢(急)性吸入毒性试验资料(28 d 或 90 d 吸入毒性试验)。

⑤致突变性试验资料

a. 致突变组合试验(鼠伤寒沙门氏菌/回复突变试验)。

b. 体外哺乳动物细胞基因突变试验。

c. 体外哺乳动物细胞染色体畸变试验；体内哺乳动物骨髓细胞微核试验。如 a～c 项试验任何一项出现阳性结果，d 项为阴性，则应当增加另一项体内试验(如体内哺乳动物细胞 UDS 试验等)，如 a～c 项试验均为阴性结果，而 d 项为阳性，则应当增加体内哺乳动物生殖细胞染色体畸变试验或显性致死试验。

⑥生殖毒性试验资料。

⑦致畸性试验资料　两种哺乳动物的致畸性试验资料，首选大鼠和家兔。

⑧慢性毒性和致癌性试验资料　致癌性试验资料需提供两种啮齿类动物的试验资料，首选大鼠和小鼠。

⑨代谢和毒物动力学试验资料。

⑩内分泌干扰作用试验资料　如亚慢性毒性、生殖毒性试验等表明产品对内分泌系统有毒性，则需提交内分泌干扰作用试验报告。

⑪人群接触情况调查资料。

⑫相关杂质和主要代谢/降解物毒性资料。

⑬每日允许摄入量(ADI)和急性参考剂量(ARfD)资料。

⑭中毒症状、急救及治疗措施资料。

(3)环境影响

①环境归趋试验

a. 水解试验资料：原(母)药在 25 ℃，pH 4、7、9 缓冲溶液中的水解试验资料。

b. 水中光解试验资料：原(母)药在纯水或缓冲溶液中的光解试验资料。

c. 土壤表面光解试验资料：原(母)药在至少 1 种土壤的表面光解试验资料。

d. 土壤好氧代谢试验资料：有效成分的放射性标记物在至少 4 种不同代表性土壤中的好氧代谢试验。主要代谢物应至少得出 3 种不同代表性土壤中的降解速率；如以主要代谢物为供试物进行试验，仅需进行降解速率的试验。如试验结果或相关资料表明该农药在土壤中的代谢途径或代谢速率取决于土壤 pH 值，则 4 种不同代表性供试土壤中应包括红壤土和一种 pH 值较高的土壤(如黑土、潮土或褐土)或类似土壤。

e. 土壤厌氧代谢试验资料：有效成分的放射性标记物在至少 1 种土壤中的厌氧代谢试验资料。若厌氧试验的试验结果显示试验土壤的代谢途径和代谢速率与好氧试验不一致，则应对至少 4 种不同代表性土壤进行试验(不包括厌氧条件下 DT_{50} >180 d 的情况)。

f. 水—沉积物系统好氧代谢试验资料：有效成分的放射性标记物在至少 2 种不同代表性水—沉积物系统中的好氧代谢试验资料。

g. 土壤吸附(淋溶)试验资料：原药和主要代谢物的土壤吸附(批平衡法)的试验资料，当农药母体或其主要代谢物无法以批平衡法进行土壤吸附试验时，进行该土壤的柱淋溶试验，批平衡法和柱淋溶法应提供有效成分在至少 4 种不同代表性土壤(其中至少一种有机质含量<1%)、主要代谢物在至少 3 种不同代表性土壤中(其中至少一种有机质含量<1%)的土壤吸附系数；当有效成分或其主要代谢物在土壤—氯化钙水溶液体系中不稳定或在水中难溶解时提供土壤吸附(高效液相色谱法)的试验资料。如试验结果或相关资料表明该农药在土壤中的吸附取决于土壤 pH 值，则 4 种不同代表性供试土壤中应包括红壤土和一种 pH 值较高的土壤(如黑土、潮土或褐土)或类似土壤。

h. 在水中的分析方法及验证：提供有效成分和主要代谢物在水中的分析方法及方法验证报告。分析方法最低定量限(LOQ)应不高于 0.1 μg/L 或供试物对鱼、溞急性 LC_{50} (EC_{50})的 1% 或供试物对藻 EC_{50} 的 10%(取数值较低者)。

i. 在土壤中的分析方法及验证：提供有效成分和主要代谢物在土壤中的分析方法及方法验证报告。分析方法的最低定量限(LOQ)应不高于 5 μg/Kg 或供试物对土壤生物和底栖生物的 EC_{10}、NOEC 或 LC_{50}(取数值较低者)。

②生态毒理试验

a. 鸟类急性经口毒性试验资料：对某种鸟类高毒或剧毒的($LD_{50} \leqslant 50$ mg a. i. /kg 体重)，还需再以另一种鸟类进行试验。

b. 鸟类短期饲喂毒性试验资料：对某种鸟类高毒或剧毒的($LC_{50} \leqslant 500$ mg a. i. /kg 饲料或 $LD_{50} \leqslant 50$ mg a. i. /kg 体重)，还需再以另一种鸟类进行试验。试验应提供鸟类每日摄食量，试验结果应同时以 LC_{50} 和 LD_{50} 表示。

c. 鸟类繁殖试验资料：试验中使用的鸟类应是急性经口毒性试验或短期饲喂毒性试验中较敏感的物种。

d. 鱼类急性毒性试验资料：原药及主要代谢物的鱼类急性毒性试验资料。原药试验应使用至少一种冷水鱼(如虹鳟鱼)和至少一种温水鱼(如斑马鱼、青鳉等)；主要代谢物试验应使用原药试验中较敏感的 1 个物种。

e. 鱼类早期阶段毒性试验资料。

f. 鱼类生命周期试验资料：满足下列两项条件时，应提供鱼类生命周期试验资料，预测环境浓度(PECtwa)>0.1×鱼早期阶段试验的无作用浓度(NOEC)；生物富集因子(BCF)>1000，或物质在水中或沉积物中稳定 (水—沉积物系统中 $DegT_{90}$>100 d)。

g. 大型溞急性活动抑制试验资料：原药及主要代谢物的大型溞急性活动抑制试验资料。

h. 大型溞繁殖试验资料。

i. 绿藻生长抑制试验资料。

j. 水生植物毒性试验资料：仅适用于除草剂，对双子叶植物有效的除草剂应进行穗状狐尾藻毒性试验，对单子叶植物有效的除草剂应进行浮萍生长抑制试验。

k. 鱼类生物富集试验资料：当满足以下条件之一时需要提供，农药及其主要代谢物的正辛醇/水的分配系数>1000(或 log Pow>3);25 ℃在 pH 4、7、9 的缓冲溶液中水解 DT_{50} 均>5 d。

l. 水生生态模拟系统(中宇宙)试验资料:当风险评估表明农药对水生生态系统的风险不可接受时,应提供代表性制剂的水生生态模拟系统(中宇宙)试验资料。

m. 蜜蜂急性经口、接触毒性试验资料。

n. 蜜蜂幼虫发育毒性试验资料:仅昆虫生长调节剂类农用抗生素需要。

o. 蜜蜂半田间试验资料:当初级风险评估结果表明该农药对蜜蜂的风险不可接受时,应提供代表性制剂的蜜蜂半田间试验资料。

p. 家蚕急性毒性试验资料。

q. 家蚕慢性毒性试验资料:仅昆虫生长调节剂类农用抗生素需要。

r. 寄生性、捕食性天敌急性毒性试验资料:各一种生物。

s. 蚯蚓繁殖毒性试验资料:满足下列条件之一的,应提供原药或代表性制剂的蚯蚓繁殖毒性试验资料,预测环境浓度(PEC)>0.1×蚯蚓急性 LC_{50};其他资料表明对蚯蚓存在潜在慢性毒性风险。

t. 至少一种土壤的土壤微生物影响(氮转化法)试验资料。

u. 食肉性动物二次中毒资料:对于可能导致食肉动物二次中毒的杀鼠剂类农用抗生素,提供原药或代表性制剂的二次中毒资料。

v. 内分泌干扰作用资料:慢性毒性试验等表明产品对环境生物内分泌系统有影响时,需提交对相关环境生物内分泌干扰作用资料。

w. 环境风险评估需要的其他高级阶段试验资料:经初级环境风险评估表明农药对某一保护目标的风险不可接受时,应提供相应的高级阶段试验资料。

8.1.1.2 微生物农药母药

(1)产品化学及生物学特性

①有效成分识别、生物学特性及安全剂、稳定剂、增效剂等其他限制性组分的识别

a. 有效成分的通用名称,国际通用名称(通常为拉丁学名),分类地位(如科、属、种、亚种、株系、血清型、致病变种或其他与微生物相关的命名等)。

b. 国家权威微生物研究单位出具的菌种鉴定报告。

c. 菌株代号(菌种保藏中心的菌株编号)。

d. 安全剂、稳定剂、增效剂等其他限制性组分的通用名称、国际标准化组织(ISO)批准的名称和其他国际组织及国家通用名称、化学名称、美国化学文摘登录号(CAS 号)、国际农药分析协作委员会(CIPAC)数字代码、开发号、分子式、结构式、异构体组成、相对分子质量或分子质量范围(注明计算所用国际相对原子质量表的发布时间)。

②菌种描述 菌种来源(地理分布情况及在自然界的生命周期);寄主范围(说明寄主种类和范围);传播扩散能力(与植物或动物的已知病原菌的关系;在不同环境条件下的耐受能力及在自然界中的传播扩散能力);历史及应用情况;菌种保藏情况(在国内或国际权威菌种保藏中心的菌种保藏情况)。

③生产工艺 原材料描述;生产工艺说明(按照实际生产作业单元依次描述);生产工艺流程图;生产装置工艺流程图及描述;生产过程中质量控制措施描述。

④理化性质

a. 理化性质包括：外观（颜色、物态、气味）、密度、稳定性和对包装材料的腐蚀性等，其中稳定性包括：对温度变化的敏感性（提供有效成分在不同温度条件下储存一定时间后的存活率，以评估产品的储运条件）；对光的敏感性（提供有效成分在光照条件下储存一定时间后的存活率，以评估产品的包装、使用等条件）；对酸碱度的敏感性（提供有效成分在不同 pH 值条件下储存一定时间后的存活率，以评估产品的技术指标）。

b. 根据产品特点，按照《农药理化性质测定试验导则》规定，提供相关理化性质测定报告。

⑤组分分析试验报告　应包括但不限于以下内容：1 批次产品的有效成分、微生物污染物（杂菌）、有害杂质（对人、畜或环境生物有毒理学意义的代谢物和化学物质）及其他化学成分的定性分析，5 批次产品的有效成分、微生物污染物（杂菌）、有害杂质（对人、畜或环境生物有毒理学意义的代谢物和化学物质）及其他化学成分的定量分析。

⑥质量规格

a. 外观：应明确描述产品的颜色、物态、气味等。

b. 有效成分含量：i. 通常以单位质量或体积产品中的微生物数量表示，根据测定方法的不同而规定不同的微生物含量单位，如芽孢数、孢子数、国际毒力单位（ITU）、国际单位（IU）、菌落形成单位（CFU）、包含体（IB 或 OB）等表示；ii. 应规定有效成分最低含量。

c. 微生物污染物及有害杂质含量：含安全剂、稳定剂、增效剂等其他限制性组分的产品，其含量应由标明含量和允许波动范围组成，允许波动范围参照化学农药制剂要求。

d. 其他限制性组分含量。

e. 酸度、碱度或 pH 值范围：酸度或碱度以硫酸或氢氧化钠质量分数表示，不考虑其实际存在形式。

f. 不溶物：规定最大允许量，以质量分数（%）表示。

g. 水分或加热减量：规定最大允许量，以质量分数（%）表示。

⑦与产品质量控制项目相对应的检测方法和方法确认

a. 产品中有效成分的鉴别试验方法：从形态学特征、生理生化反应特征、血清学反应、分子生物学（蛋白质和 DNA）等方面描述并提供必要的图谱、照片或序列等。

b. 有效成分、微生物污染物及有害杂质、安全剂、稳定剂、增效剂等其他限制性组分的检测方法和方法确认。

检测方法：应提供完整的检测方法，检测方法通常包括方法提要、原理、样品信息、标样信息、仪器、试剂、溶液配制、操作条件、测定步骤、结果计算、统计方法和允许差等内容。

方法确认：按照《农药产品质量分析方法确认指南》规定执行。

c. 其他技术指标检测方法：按照《农药产品质量分析方法确认指南》规定执行。

⑧产品质量规格确定说明　对技术指标的制定依据和合理性做出必要的解释。

⑨产品质量检测报告与检测方法验证报告

a. 产品质量检测报告应包括产品质量规格中规定的所有项目。

b. 有效成分、微生物污染物、有害杂质和安全剂、稳定剂、增效剂等其他限制性组分含量的检测方法，应由出具产品质量检测报告的登记试验单位进行验证，并出具检测方法验证报告，其他控制项目的检测方法可不进行方法验证。

c. 检测方法验证报告包括：委托方提供的试验条件、登记试验单位采用的试验条件（如色谱条件、培养条件、样品制备等）及改变情况的说明，平行测定的所有结果及标准偏差、典型图谱（包括标样和样品），并对方法可行性进行评价。

⑩包装（材料、形状、尺寸、净含量）、储运（运输和储存）、安全警示等

a. 包装和储运：申请人应结合产品的危险性分类，选择正确的包装材料、包装物尺寸和运输工具。应根据国家有关安全生产、储运等相关法律法规、标准等编写运输和储存注意事项。

b. 安全警示：根据产品理化性质和生物学特性数据，按照生物制品危险性分类标准，对产品的危险性程度进行评价、分类，并以标签、安全数据单（MSDS）等形式公开。

（2）毒理学

①有效成分不是人或其他哺乳动物的已知病原体的证明资料。

②基本毒理学试验资料 急性经口毒性试验资料、急性经皮毒性试验资料、急性吸入毒性试验资料、眼睛刺激性试验/感染性试验资料、致敏性试验以及有关接触人员的致敏性病例情况调查资料和境内外相关致敏性病例报道、急性经口致病性试验资料、急性经呼吸道致病性试验资料、急性注射致病性试验资料（细菌和病毒进行静脉注射试验；真菌或原生动物进行腹腔注射试验）、细胞培养试验资料（病毒、类病毒、某些细菌和原生动物要求此项试验）。

③补充毒理学试验资料 如果发现微生物农药产生毒素、出现明显的感染症状或者持久存在等迹象，可以视情况补充急性神经毒性、亚慢性毒性、致突变性、生殖毒性、慢性毒性、致癌性、内分泌干扰作用、免疫缺陷、灵长类动物致病性等试验资料。

④人群接触情况调查资料。

⑤中毒症状、急救及治疗措施资料。

（3）环境影响

①鸟类毒性试验资料。

②蜜蜂毒性试验资料。

③家蚕毒性试验资料。

④鱼类毒性试验资料。

⑤大型溞毒性试验资料。

⑥微生物增殖试验资料。

总体来说，农用抗生素和化学农药主要是生产工艺的差别，农用抗生素主要通过微生物发酵、提取工艺，而化学农药主要是通过化学反应合成得到，最终有效成分都是含量和纯度相对较高的化学物质，因此农用抗生素除因技术原因无法完成的部分试验外，基本等同于化学农药的登记资料要求，开展的登记试验项目较多、登记费用成本较高；微生物农药由于有效成分为活体生物，因此在检测指标、试验方法、评价方法等方面均有别于农用抗生素和化学农药，登记试验项目较少、登记费用相对较低。

8.1.2　制剂登记资料要求

微生物源农药制剂是指由农用抗生素或者微生物农药的原药(母药)和适宜的助剂加工成的状态稳定的产品，可以在农业生产中直接使用。

8.1.2.1　农用抗生素制剂

(1) 产品化学

① 有效成分和安全剂、稳定剂、增效剂等其他限制性组分的识别

a. 有效成分和安全剂、稳定剂、增效剂等其他限制性组分的通用名称、国际标准化组织(ISO)批准的名称和其他国际组织及国家通用名称、化学名称、美国化学文摘登录号(CAS 号)、国际农药分析协作委员会(CIPAC)数字代码、开发号、分子式、结构式、异构体组成、相对分子质量或分子质量范围(注明计算所用国际相对原子质量表的发布时间)。

b. 若有效成分以某种盐的形式存在时，还应给出相应衍生物的识别资料。

② 原药(母药)基本信息　所用原药(母药)的生产厂家、登记情况、质量控制项目及其指标等基本信息。

③ 产品组成

a. 制剂加工所用组分的化学名称、美国化学文摘登录号(CAS 号)、分子式、结构式、含量、作用等。对于以代号表示的混合溶剂和混合助剂还应提供其组成、来源和安全性[如安全数据单(MSDS)]等资料；对于一些特殊功能的助剂，如安全剂、稳定剂、增效剂等，还应提供其质量规格、基本理化性质、来源、安全性[如安全数据单(MSDS)]、境内外使用情况等资料。

b. 对现场配置药液时加入的单独包装的助剂(指定助剂)，应单独提供其组成及上述内容。

④ 加工方法描述　工艺流程图、各组分加入的量和顺序、主要设备和操作条件、生产过程中质量控制措施描述。

⑤ 理化性质

a. 理化性质包括：外观(颜色、物态、气味)、密度、黏度、氧化/还原性、对包装材料的腐蚀性、与非极性有机溶剂混溶性(适用于用有机溶剂稀释使用的剂型)、爆炸性、燃烧性等；使用时需要添加指定助剂的产品，须提交产品和指定助剂相混性的资料。

b. 按照《农药理化性质测定试验导则》规定提供理化性质的检测报告，如特定参数不适用具体产品时，应提供说明。

⑥ 产品质量规格

a. 外观：应明确描述产品的颜色、物态、气味等。

b. 有效成分含量：有效成分含量由标明含量和允许波动范围组成，其他特殊产品参照有效成分含量，制定有效成分含量范围；有效成分含量一般以质量分数(%)表示，液体制剂的有效成分含量可以质量浓度(g/L)或质量分数(%)表示，以质量浓度表示时，应同时明确质量分数；有效成分存在异构体时，制剂中异构体名称、比例应与所用的原药一致，有效成分存在异构体时，若通用名称对其进行了定义，则不需要在控制项目中重复规定异构体比例，若通用名称未对申请登记的混合物进行定义，则需规定异构体比例；若有

效成分以某种盐的形式存在时，产品名称、质量分数以实际存在形式表示，同时标注有效部分和配对反离子含量。

c. 相关杂质含量：含相关杂质的产品应规定其最高含量，以质量分数表示。

d. 其他限制性组分含量：安全剂、稳定剂、增效剂等其他限制性组分的产品，其含量应由标明含量和允许波动范围组成。

⑦其他与剂型相关的控制项目及指标　不同剂型需要设置与其特点相符合的技术指标；本要求未规定的其他剂型，可参照联合国粮食及农业组织（FAO）、世界卫生组织（WHO）制定的规格要求。创新剂型的控制项目可根据有效成分的特点、施用方法、安全性等多方面综合考虑制定，应同时提交剂型鉴定试验资料。

与产品质量控制项目相对应的检测方法和方法确认：

a. 产品中有效成分的鉴别试验方法：至少应用一种试验方法对有效成分进行鉴别。采用化学法鉴别时，至少应提供2种鉴别试验方法。当有效成分以某种盐的形式存在，鉴别试验方法应能鉴别盐的种类。

b. 有效成分、相关杂质和安全剂、稳定剂、增效剂等其他限制性组分的检测方法和方法确认：检测方法：应提供完整的检测方法，检测方法通常包括方法提要、原理、样品信息、标样信息、仪器、试剂、溶液配制、操作条件、测定步骤、结果计算、统计方法、允许差等内容；方法确认：按照《农药产品质量分析方法确认指南》规定执行。

c. 其他技术指标检测方法。

⑧产品质量规格确定说明　对技术指标的制定依据和合理性做出必要的解释。

⑨常温储存稳定性试验资料

a. 应提供至少1批次样品的常温储存稳定性试验资料。

b. 不同材质包装的同一产品应分别进行常温储存稳定性试验。

c. 常温储存稳定性试验一般要求样品在选定的条件下储存2年。

⑩产品质量检测报告与检测方法验证报告

a. 产品质量检测报告应包括产品质量规格中规定的所有项目。

b. 有效成分、相关杂质和安全剂、稳定剂、增效剂等其他限制性组分含量的检测方法，应由出具产品质量检测报告的登记试验单位进行验证，并出具检测方法验证报告，其他控制项目的检测方法可不进行方法验证。

c. 检测方法验证报告包括：委托方提供的试验条件、登记试验单位采用的试验条件（如色谱条件、样品制备等）及改变情况的说明，平行测定的所有结果及标准偏差、典型图谱（包括标样和样品），并对方法可行性进行评价。

⑪包装（材料、形状、尺寸、净含量）、储运（运输和储存）、安全警示、质量保证期等

a. 包装和储运：申请人应结合产品的危险性分类，选择正确包装材料、包装物尺寸和运输工具，应根据国家有关安全生产、储运等相关法律法规、标准等编写运输和储存注意事项。

b. 安全警示：根据产品理化性质数据，按照化学品危险性分类标准，对产品的危险性程度进行评价、分类，并以标签、安全数据单等形式公开。

c. 质量保证期：根据常温储存稳定性试验数据规定合理的产品质量保证期。

（2）*毒理学*

急性经口毒性试验资料、急性经皮毒性试验资料、急性吸入毒性试验资料、眼睛刺激性试验资料、皮肤刺激性试验资料、皮肤致敏性试验资料、健康风险评估需要的高级阶段试验资料（经初级健康风险评估表明农药对人体的健康风险不可接受时，可提供相应的高级阶段试验资料）、健康风险评估报告。

（3）*药效*

①效应分析

a. 申请登记作物及靶标生物概况：申请作物的种植面积、经济价值及其在全国范围内的分布情况等；靶标生物的分布情况、发生规律、危害方式、造成的经济损失等。

b. 可替代性分析及效益分析报告：申请登记产品的用途、使用方法，以及与当前农业生产实际的适应性；申请登记产品的使用成本、预期可挽回的经济损失及对种植者收益的影响；与现有登记产品或生产中常用药剂的比较分析；对现有登记产品抗性治理的作用；能否替代较高风险的农药等。

②药效试验资料

a. 室内生物活性试验资料：作用方式、作用谱、作用机理或作用机理预测分析（仅对新农药制剂）；室内活性测定报告（对涉及新防治对象的单剂产品）；混配目的说明和室内配方筛选报告（对混配制剂）。

b. 室内作物安全性试验资料：室内作物安全性试验报告（仅对涉及新作物的产品）。

c. 田间小区药效试验资料：杀虫剂、杀菌剂提供在我国境内 4 个省级行政地区、2 年田间小区药效试验报告；除草剂、植物生长调节剂提供在我国境内 5 个省级行政地区、2 年田间小区药效试验报告，对长残效性除草剂，还应当提供对主要后茬作物的安全性试验报告；局部地区种植的作物或仅限于局部地区发生的病、虫、草害，可以提供 3 个省级行政地区、2 年田间药效试验报告；灭生除草用药、林业用药提供在我国境内 3 个省级行政地区、2 年田间药效试验报告；对在环境条件相对稳定的场所使用的农药，如储存用、防腐用、保鲜用的农药等，可以提供在我国境内 2 个省级行政地区、2 个试验周期，或 4 个省级行政地区、1 个试验周期药效试验报告。

d. 大区药效试验资料：i. 提供我国境内 2 个省级行政地区、1 年大区药效试验报告；ii. 对在环境条件相对稳定的场所使用的农药，如储存用、防腐用、保鲜用的农药等可不提供。

③抗性风险评估资料

a. 室内抗性风险试验资料：对靶标生物敏感性测定方法、敏感基线、交互抗性情况、抗性风险评估结果及风险管理措施等。

b. 田间抗性风险监测方法：田间采样方法、样本数量、样本保存与运输条件及抗性测定方法等。

④其他资料　视需要提供田间小区试验选点说明（对《农药登记田间药效试验区域指南》中未包含的需说明）；对田间主要捕食性和寄生性天敌的影响；对邻近作物的影响；境外在该作物或防治对象的登记使用情况（对新使用范围的产品）；产品特点和使用注意事

项；其他与该农药品种和使用范围有关的资料等。

⑤综合评估报告 对全部药效资料的摘要性总结。

（4）残留

①植物中代谢试验资料

a. 从根茎类、叶类、果实类、油料类、谷类 5 类作物中各选至少 1 种作物进行代谢试验，如数据表明，该农药在 3 类作物中代谢途径一致，则不需进行其他代谢试验，否则应提交所有 5 类作物上代谢试验资料。

b. 如农药仅能在某类作物上使用，则需说明原因并提交该类作物上代谢试验资料（具体要求见《农作物中农药代谢试验准则》）。

②动物中代谢试验资料 放射性标记农药在畜禽类动物中代谢试验资料。

③环境中代谢试验资料 农药在环境中代谢试验资料。

④农药残留储藏稳定性试验资料

a. 提交有效成分母体及有毒理学意义的代谢产物在相应基质中储藏稳定性试验资料（具体要求见《农药残留储藏稳定性试验准则》）。

b. 数据应涵盖从采样至样品检测时期。

⑤残留分析方法 有效成分母体及有毒理学意义的代谢产物在相应基质中残留量检测方法（具体要求见《农药残留试验准则》）。

⑥农作物中农药残留试验资料 有效成分母体及有毒理学意义的代谢产物在申请登记作物上残留试验资料（具体要求见《农药残留试验准则》和《农药登记残留试验点数要求》）。

⑦加工农产品中农药残留试验资料

a. 有效成分母体及有毒理学意义的代谢产物在农产品加工过程中变化数据。

b. 仅限于经加工后可能导致农药残留量增加的农产品，如代表作物：油料（大豆、花生、油菜籽等），水果（柑橘、苹果等）（具体要求见《加工农产品中农药残留试验准则》）。

c. 如有查询资料，应注明出处，并提交与我国农产品加工工艺的比较资料。

⑧其他国家登记作物及残留限量资料 在其他国家登记作物以及农药最大残留限量制定情况。

⑨膳食风险评估报告 该有效成分在登记作物及申请登记作物上膳食风险评估报告。

（5）环境影响

①原药（母药）环境资料摘要。

②鸟类急性经口毒性试验资料 试验中使用的鸟类应当是原药鸟类急性经口毒性试验中较敏感的物种。

③鱼类急性毒性试验资料 试验中使用的鱼类应是原药鱼类急性毒性试验中较敏感的物种。

④大型溞急性活动抑制试验资料。

⑤绿藻生长抑制试验资料。

⑥蜜蜂急性经口毒性试验资料。

⑦蜜蜂急性接触毒性试验资料。

⑧家蚕急性毒性试验资料。

⑨家蚕慢性毒性试验资料　仅适用于直接用于桑树的制剂，但不包括用于冬季清园的农药，应提供原药或制剂的家蚕慢性毒性试验。

⑩桑叶最终残留试验资料　仅适用于直接用于桑树的制剂，但不包括用于冬季清园的农药，提供至少 3 个试验点在桑叶上的最终残留试验。

⑪寄生性天敌急性毒性试验资料。

⑫捕食性天敌急性毒性试验资料。

⑬蚯蚓急性毒性试验资料。

⑭环境风险评估需要的其他高级阶段试验资料。

⑮环境风险评估报告。

8.1.2.2　微生物农药制剂

（1）产品化学及生物学特性

①有效成分识别、生物学特性及安全剂、稳定剂、增效剂等其他限制性组分的识别

a. 有效成分的通用名称，国际通用名称（通常为拉丁学名），分类地位（如科、属、种、亚种、株系、血清型、致病变种或其他与微生物相关的命名等）。

b. 安全剂、稳定剂、增效剂等其他限制性组分的通用名称、国际标准化组织（ISO）批准的名称和其他国际组织及国家通用名称、化学名称、美国化学文摘登录号（CAS 号）、国际农药分析协作委员会（CIPAC）数字代码、开发号、分子式、结构式、异构体组成、相对分子质量或分子质量范围（注明计算所用国际相对原子质量表的发布时间）。

②母药基本信息　提供所用母药的生产厂家、登记情况、质量控制项目及其指标等基本信息。

③产品组成

a. 制剂加工所用组分的化学名称、美国化学文摘登录号（CAS 号）、分子式、结构式、含量、作用等。对于以代号表示的混合溶剂和混合助剂还应提供其组成、来源和安全性［如安全数据单（MSDS）］等资料；对于一些特殊功能的助剂，如安全剂、稳定剂、增效剂等，还应提供其质量规格、基本理化性质、来源、安全性［如安全数据单（MSDS）］、境内外使用情况等资料。

b. 对现场配置药液时加入的单独包装的助剂（指定助剂），应单独提供其组成及上述内容。

④加工方法描述　工艺流程图、各组分加入的量和顺序、主要设备和操作条件、生产过程中质量控制措施描述。

⑤理化性质

a. 制剂的理化性质包括：外观（颜色、物态、气味）、密度、对包装材料的腐蚀性。使用时需要添加指定助剂的产品，须提交产品和指定助剂相混性的资料。

b. 根据产品特点，按照《农药理化性质测定试验导则》规定，提供相关理化性质测定报告。

⑥产品质量规格

a. 外观：应明确描述产品的颜色、物态、气味等。

b. 有效成分含量：i. 通常以单位质量或体积产品中的微生物数量表示，根据测定方

法的不同而规定不同的微生物含量单位，如芽孢数、孢子数、国际毒力单位(ITU)、国际单位(IU)、菌落形成单位(CFU)、包含体(IB 或 OB)等表示；ii. 应规定有效成分最低含量。

c. 微生物污染物及有害杂质含量：含微生物污染物及有害杂质的产品，应规定其最高含量。

d. 其他限制性组分含量：含安全剂、稳定剂、增效剂等其他限制性组分的产品，其含量应由标明含量和允许波动范围组成，允许波动范围参照化学农药制剂要求。

e. 其他与剂型相关的控制项目及指标：不同剂型需要设置与其特点相符的技术指标本要求未规定的其他剂型，可参照联合国粮食及农业组织(FAO)、世界卫生组织(WHO)制定的规格要求。创新剂型的控制项目可根据有效成分的特点、施用方法、安全性等多方面综合考虑制定，应同时提交剂型鉴定试验资料。

⑦与产品质量控制项目相对应的检测方法和方法确认

a. 产品中有效成分的鉴别试验方法：从形态学特征、生理生化反应特征、血清学反应、分子生物学(蛋白质和 DNA)等方面描述并提供必要的图谱、照片或序列等。

b. 有效成分、微生物污染物及有害杂质、安全剂、稳定剂、增效剂等其他限制性组分的检测方法和方法确认：i. 检测方法。应提供完整的检测方法，检测方法通常包括方法提要、原理、样品信息、标样信息、仪器、试剂、溶液配制、操作条件、测定步骤、结果计算、统计方法和允许差等内容；ii. 方法确认。按照《农药产品质量分析方法确认指南》规定执行。

c. 其他技术指标检测方法：按照《农药产品质量分析方法确认指南》规定执行。

⑧产品质量规格确定说明　对技术指标的制定依据和合理性做出必要的解释。

⑨储存稳定性

a. 应提供至少 1 批次样品在指定温度下的储存稳定性试验资料，如 20~25 ℃储存一年或 0~5 ℃储存两年。

b. 不同材质包装的同一产品应分别进行储存稳定性试验。

c. 一般不需提交热储稳定试验数据。

⑩产品质量检测报告与检测方法验证报告

a. 产品质量检测报告应包括产品质量规格中规定的所有项目。

b. 有效成分、微生物污染物、有害杂质和安全剂、稳定剂、增效剂等其他限制性组分含量的检测方法，应由出具产品质量检测报告的登记试验单位进行验证，并出具检测方法验证报告，其他控制项目的检测方法可不进行方法验证。

c. 检测方法验证报告包括：委托方提供的试验条件、登记试验单位采用的试验条件(如色谱条件、培养条件、样品制备等)及改变情况的说明，平行测定的所有结果及标准偏差、典型图谱(包括标样和样品)，并对方法可行性进行评价。

⑪包装(材料、形状、尺寸、净含量)、储运(运输和储存)、安全警示、质量保证期等

a. 包装和储运：申请人应结合产品的危险性分类，选择正确包装材料、包装物尺寸和运输工具，应根据国家有关安全生产、储运等相关法律法规、标准等编写运输和储存注意

事项。

b. 安全警示：根据产品理化性质数据，按照化学品危险性分类标准，对产品的危险性程度进行评价、分类，并以标签、安全数据单(MSDS)等形式公开。

c. 质量保证期：根据常温储存稳定性试验数据规定合理的产品质量保证期。

(2)毒理学

急性经口毒性试验资料、急性经皮毒性试验资料、急性吸入毒性试验资料、眼睛刺激性试验资料、皮肤刺激性试验资料、皮肤致敏性试验资料、健康风险评估需要的高级阶段试验资料(经初级健康风险评估表明农药对人体的健康风险不可接受时，可提供相应的高级阶段试验资料)、健康风险评估报告。

(3)药效

①效应分析

a. 申请登记作物及靶标生物概况：申请作物的种植面积、经济价值及其在全国范围内的分布情况等；靶标生物的分布情况、发生规律、危害方式、造成的经济损失等。

b. 可替代性分析及效益分析报告：申请登记产品的用途、使用方法，以及与当前农业生产实际的适应性；申请登记产品的使用成本、预期可挽回的经济损失及对种植者收益的影响；与现有登记产品或生产中常用药剂的比较分析；对现有登记产品抗性治理的作用；能否替代较高风险的农药等。

②药效试验资料

a. 室内生物活性试验资料：作用方式、作用谱、作用机理或作用机理预测分析(仅对新农药制剂)；室内活性测定报告(对涉及新防治对象的单剂产品)；混配目的说明和室内配方筛选报告(对混配制剂)。

b. 室内作物安全性试验资料：视需要提供室内作物安全性试验报告。

c. 田间小区药效试验资料：杀虫剂、杀菌剂提供在我国境内 4 个省级行政地区 2 年或 8 个省级行政地区 1 年田间小区药效试验报告；除草剂、植物生长调节剂提供在我国境内 5 个省级行政地区 2 年或 10 个省级行政地区 1 年田间小区药效试验报告，对长残效性除草剂，还应当提供对主要后茬作物的安全性试验报告；局部地区种植的作物或仅限于局部地区发生的病、虫、草害，可以提供 3 个省级行政地区 2 年或 6 个省级行政地区 1 年田间药效试验报告；林业用药提供在我国境内 3 个省级行政地区 2 年或 6 个省级行政地区 1 年田间药效试验报告；对在环境条件相对稳定的场所使用的农药，如储存用、防腐用、保鲜用的农药等，可以提供在我国境内 2 个省级行政地区 2 个试验周期或 4 个省级行政地区 1 个试验周期药效试验报告。

d. 大区药效试验资料：提供我国境内 2 个省级行政地区 1 年大区药效试验报告；对在环境条件相对稳定的场所使用的农药，如储存用、防腐用、保鲜用的农药等可不提供。

③其他资料　视需要提供田间小区试验选点说明(对《农药登记田间药效试验区域指南》中未包含的需说明)；对田间主要捕食性和寄生性天敌的影响；对邻近作物的影响；境外在该作物或防治对象的登记使用情况(对新使用范围的产品)；产品特点和使用注意事项；其他与该农药品种和使用范围有关的资料等。

④综合评估报告　对全部药效资料的摘要性总结。

（4）残留

残留试验资料：经毒理学测定表明存在毒理学意义的，应按照农药登记评审委员会要求，提交农产品中该类物质的残留资料。

（5）环境影响

①鸟类毒性试验资料。

②蜜蜂毒性试验资料。

③家蚕毒性试验资料。

④鱼类毒性试验资料。

⑤大型溞毒性试验资料。

在微生物源农药制剂方面，微生物农药的登记资料要求显著低于农用抗生素，农用抗生素基本等同于化学农药的要求。尤其是由于微生物农药的活体生物特性，质量检测方法和含量表示方法均有别与化学农药，如微生物农药的有效量通常用芽孢数、孢子数、国际毒力单位（ITU）、国际单位（IU）、菌落形成单位（CFU）、包含体（IB 或 OB）等表示；在药效方面，对其防效要求通常也低于化学农药；如果微生物农药制剂经毒理学测试没有发现有毒理学意义的，通常都可减免农药残留试验；毒理学和环境影响方面，主要是急性毒性试验项目，急性毒性试验中未发现明显的影响，通常无需开展更多的高级阶段试验。

8.2　我国微生物源农药相关评价标准

农药登记管理的主要任务和目标是对农药的安全性和有效性进行评价与管理。微生物源农药也不例外，其中有效性主要是涉及药效和质量方面的评价；安全性主要涉及微生物源农药对施药人员、膳食和环境方面的风险评价。我国过去制定的农药登记试验及评价方面的标准主要针对的是化学农药，但这些标准大都不适用于微生物农药。随着农药登记管理水平的提高和试验技术的发展，近 10 年来，微生物源农药相关的试验和评价标准的制定不断受到重视，已陆续制定了有关微生物源农药的产品质量、药效评价和使用技术规程、毒理学试验准则、环境安全试验、残留及相关标准近 100 余项，这些标准有利于微生物源农药产品在生产、使用和销售方面的规范和登记管理，对促进产业发展具有重要意义。

8.2.1　微生物源农药产品质量相关标准

我国已发布的微生物源农药产品质量相关标准有 48 项，其中细菌农药 13 个、真菌农药 15 个、病毒农药 11 个、农用抗生素 9 个（见表 8-1，截至 2019 年年底）。在这些标准中规定了相关微生物源农药的质量控制指标（如含量、水分、pH 值、贮存稳定性等）、有效成分定性定量及理化指标检测方法等相关内容。既可为这些微生物源农药产品生产过程中的质量控制提供参考，同时也为市场质量监管和贸易仲裁等提供依据。

表 8-1　我国已发布的微生物源农药产品质量相关标准

序号	微生物源农药类别	标准编号	标准名称
1	细菌类	GB/T 19567.1—2004	苏云金芽孢杆菌原粉(母药)
2		GB/T 19567.2—2004	苏云金芽孢杆菌悬浮剂
3		GB/T 19567.3—2004	苏云金芽孢杆菌可湿性粉剂
4		HG/T 3616—1999	苏云金杆菌原粉
5		HG/T 3617—1999	苏云金杆菌可湿性粉剂
6		HG/T 3618—1999	苏云金杆菌悬浮剂
7		NY/T 2293.1—2012	细菌微生物农药枯草芽孢杆菌 第1部分：枯草芽孢杆菌母药
8		NY/T 2293.2—2012	细菌微生物农药枯草芽孢杆菌 第2部分：枯草芽孢杆菌可湿性粉剂
9		SN/T 2728—2010	枯草芽孢杆菌检测鉴定方法
10		NY/T 2294.1—2012	细菌微生物农药 蜡质芽孢杆菌 第1部分：蜡质芽孢杆菌母药
11		NY/T 2294.2—2012	细菌微生物农药 蜡质芽孢杆菌 第2部分：蜡质芽孢杆菌可湿性粉剂
12		NY/T 2296.1—2012	细菌微生物农药 荧光假单胞杆菌 第1部分：荧光假单胞杆菌母药
13		NY/T 2296.2—2012	细菌微生物农药 荧光假单胞杆菌 第2部分：荧光假单胞杆菌可湿性粉剂
14	真菌类	GB/T 21459.1—2008	真菌农药母药产品标准编写规范
15		GB/T 21459.2—2008	真菌农药粉剂产品标准编写规范
16		GB/T 21459.3—2008	真菌农药可湿性粉剂产品标准编写规范
17		GB/T 21459.4—2008	真菌农药油悬浮剂产品标准编写规范
18		GB/T 21459.5—2008	真菌农药饵剂产品标准编写规范
19		GB/T 25864—2010	球孢白僵菌粉剂
20		NY/T 2295.1—2012	真菌微生物农药 球孢白僵菌 第1部分：球孢白僵菌母药
21		NY/T 2295.2—2012	真菌微生物农药 球孢白僵菌 第2部分：球孢白僵菌可湿性粉剂
22		NY/T 2888.1—2016	真菌微生物农药 木霉菌 第1部分：木霉菌母药
23		NY/T 2888.2—2016	真菌微生物农药 木霉菌 第2部分：木霉菌可湿性粉剂
24		NY/T 3282.1—2018	真菌微生物农药 金龟子绿僵菌 第1部分：金龟子绿僵菌母药
25		NY/T 3282.2—2018	真菌微生物农药 金龟子绿僵菌 第2部分：金龟子绿僵菌油悬浮剂
26		NY/T 3282.3—2018	真菌微生物农药 金龟子绿僵菌 第3部分：金龟子绿僵菌可湿性粉剂
27		DB 44/T 513—2008	绿僵菌微生物杀虫剂
28		SN/T 2374—2009	绿僵菌、白僵菌生物农药检验操作规程

（续）

序号	微生物源农药类别	标准编号	标准名称
29		NY/T 3279.1—2018	病毒微生物农药 苜蓿银纹夜蛾核型多角体病毒 第1部分：苜蓿银纹夜蛾核型多角体病毒母药
30		NY/T 3279.2—2018	病毒微生物农药 苜蓿银纹夜蛾核型多角体病毒 第2部分：苜蓿银纹夜蛾核型多角体病毒悬浮剂
31		NY/T 3280.1—2018	病毒微生物农药 棉铃虫核型多角体病毒 第1部分：棉铃虫核型多角体病毒母药
32		NY/T 3280.2—2018	病毒微生物农药 棉铃虫核型多角体病毒 第2部分：棉铃虫核型多角体病毒水分散粒剂
33	病毒类	NY/T 3280.3—2018	病毒微生物农药 棉铃虫核型多角体病毒 第3部分：棉铃虫核型多角体病毒悬浮剂
34		NY/T 3421—2019 DB42/T 1038—2015	家蚕核型多角体病毒检测荧光定量 PCR 法 棉铃虫核型多角体病毒悬浮剂
35		NY/T 3281.1—2018	病毒微生物农药 小菜蛾颗粒体病毒 第1部分：小菜蛾颗粒体病毒悬浮剂
36		LY/T 2906—2017	美国白蛾核型多角体病毒杀虫剂
37		DB42/T 1299—2017	甘蓝夜蛾核型多角体病毒悬浮剂
38		DB42/T 1300—2017	甜菜夜蛾核型多角体病毒悬浮剂
39		NY/T 3279.1—2018	病毒微生物农药 苜蓿银纹夜蛾核型多角体病毒 第1部分：苜蓿银纹夜蛾核型多角体病毒母药
40		GB/T 9553—2017	井冈霉素水剂
41		GB 19336—2017	阿维菌素原药
42		GB 19337—2017	阿维菌素乳油
43		GB/T 34154—2017	井冈霉素可溶粉剂
44	农用抗生素类	GB/T 34155—2017	井冈霉素原药
45		GB/T 34758—2017	春雷霉素原药
46		GB/T 34761—2017	春雷霉素可湿性粉剂
47		GB/T 34774—2017	春雷霉素水剂
48		HG/T 3887—2006	阿维菌素·高效氯氰菊酯乳油

8.2.2 微生物源农药生物活性评价标准

我国已发布微生物源农药生物活性评价标准 3 项（表 8-2，截至 2019 年年底）。微生物源农药大多作用机制比较特殊，因此在室内生物活性评价方面有时不同于化学农药的试验方法，但在田间药效评价试验方面，目前与化学农药一样，主要参考《农药田间药效试验准则》。另外，微生物源农药尤其是活的微生物农药，不耐高温、不耐紫外线，主要是预防作用，而且药效发挥通常较缓慢，因此对施药技术和调查时间方面有特别的要求。

表 8-2　微生物源农药室内生物活性测定标准

序号	微生物源农药类别	标准名编号	标准名称
1	农用抗生素	GB/T 38096—2019	微生物源抗生素类次生代谢产物杀线虫活性测定 浸虫法
2		NY/T 1156.18—2013	农药室内生物测定试验准则 杀菌剂 第 18 部分：井冈霉素抑制水稻纹枯病菌试验 E 培养基法
3		DB51/T 1679—2013	水稻纹枯病菌对井冈霉素抗药性室内测定技术规程

8.2.3　微生物源农药毒理学试验标准

由于微生物农药在暴露途径、毒性症状及染毒时间和观察指标与化学农药的差异，为此专门制定了微生物农药的毒理学试验准则 6 项（表 8-3），标志着我国微生物农药安全性评价和管理水平的提高。而农用抗生素类的生物农药的毒理学试验方法通常与一般化学农药相同。

表 8-3　微生物源农药毒理学试验方法类标准

序号	标准编号	标准名称
1	NY/T 2186.1—2012	微生物农药毒理学试验准则 第 1 部分：急性经口毒性/致病性试验
2	NY/T 2186.2—2012	微生物农药毒理学试验准则 第 2 部分：急性经呼吸道毒性/致病性试验
3	NY/T 2186.3—2012	微生物农药毒理学试验准则 第 3 部分：急性注射毒性/致病性试验
4	NY/T 2186.4—2012	微生物农药毒理学试验准则 第 4 部分：细胞培养试验
5	NY/T 2186.5—2012	微生物农药毒理学试验准则 第 5 部分：亚慢性毒性/致病性试验
6	NY/T 2186.6—2012	微生物农药毒理学试验准则 第 6 部分：繁殖/生育影响试验

8.2.4　微生物源农药残留相关标准

农药残留标准主要指农药在某产品、食品、饲料中的最高法定允许残留量（maximum residue limit，MRL）。对于农用抗生素，除个别确实无法检测和缺少毒理学数据的品种外，大多应参照化学农药的要求，制定农药残留限量标准值（MRL）。我国在食品安全国家标准《食品中农药最大残留限量》（GB 2763—2019）中已制定阿维菌素、春雷霉素、多抗霉素、多杀霉素、井冈霉素、宁南霉素、申嗪霉素、依维菌素农用抗生素的每日最大允许摄入量（ADI）和最大允许残留限量。另外，农用抗生素农药残留检测方法的相关标准有 4 个（表 8-4）。

表 8-4　农用抗生素的农药残留相关标准

序号	标准编号	标准名称
1	GB 23200.19—2016	食品安全国家标准 水果和蔬菜中阿维菌素残留量的测定液相色谱法
2	GB 23200.20—2016	食品安全国家标准 食品中阿维菌素残留量的测定液相色谱——质谱/质谱法
3	GB 23200.74—2016	食品安全国家标准 食品中井冈霉素残留量的测定液相色谱——质谱/质谱法
4	DB53/T 509—2013	烟草及烟草制品 阿维菌素残留量的测定 高效液相色谱法

对于活体微生物农药，如毒理学测定表明存在毒理学意义的化学物质，则应提交农产品中该类物质残留资料，实际过程中，大多数微生物农药可豁免制定食品中最大残留限量（占豁免制定食品中最大残留限量农药的 66%），一般不需制定残留限量标准。

8.2.5 微生物源农药环境安全评价试验类标准

由于化学农药的环境试验准则大多是急性毒性试验方法，染毒和观察时间较短，不适用于微生物农药。现已发布微生物农药对鱼类、鸟类、蜜蜂、家蚕、藻类、溞类6项环境毒性风险评价试验准则和对水、土壤、叶面等3项环境增殖试验准则（表8-5），共计有9项微生物农药环境安全评价试验标准，其中微生物农药在水、土壤、叶面的增殖试验是仅在急性毒性试验的最大危害剂量出现死亡或不可逆病征的时候才需要开展，通常不需要，微生物农药的环境风险评估指南目前尚未正式发布。农用抗生素类的微生物源农药的环境影响试验和风险评估方法通常与一般化学农药相同。

表 8-5 微生物农药环境安全评价试验方法类标准

序号	标准编号	标准名称
1	NY/T 152.1—2017	微生物农药 环境风险评价试验准则 第1部分：鸟类毒性试验
2	NY/T 152.2—2017	微生物农药 环境风险评价试验准则 第2部分：蜜蜂毒性试验
3	NY/T 152.3—2017	微生物农药 环境风险评价试验准则 第3部分：家蚕毒性试验
4	NY/T 152.4—2017	微生物农药 环境风险评价试验准则 第4部分：鱼类毒性试验
5	NY/T 152.5—2017	微生物农药 环境风险评价试验准则 第5部分：溞类毒性试验
6	NY/T 152.6—2017	微生物农药 环境风险评价试验准则 第6部分：藻类生长影响试验
7	NY/T 3278.1—2018	微生物农药 第1部分：土壤
8	NY/T 3278.2—2018	微生物农药 第2部分：水
9	NY/T 3278.3—2018	微生物农药 第3部分：植物叶面

8.3 微生物源农药登记程序及典型案例

根据《条例》《农药登记管理办法》和《农业农村部行政许可事项服务指南》等配套规章制度要求，我国实行农药登记管理制度，农药登记属于行政许可。

8.3.1 登记程序

8.3.1.1 登记试验许可

为了农药登记试验及环境释放的安全性监管，农药登记试验应当报试验所在地省、自治区、直辖市人民政府农业主管部门备案。新农药的登记试验还应当向国务院农业主管部门提出申请，按照《新农药登记试验审批服务指南》办理登记试验许可（项目编号：17003-2）。

8.3.1.2 农药登记

申请人应当向所在地省、自治区、直辖市人民政府农业主管部门提出农药登记申请，并提交登记试验报告、标签样张和农药产品质量标准及其检验方法等申请资料；申请新农药登记的，还应当提供农药标准品。按照《农药登记审批服务指南》办理农药登记（项目编号：17003-1），可登陆中国农药数字监督管理平台（https：//www.icama.cn）输入本企业用户名和密码进行查询。

8.3.1.3　变更与延续

农药登记证持有人应当向农业部申请变更。提交申请表和相关资料。按照《农药登记变更审批服务指南》和《农药登记延续服务指南》办理变更与延续(项目编号：17003-1)，可登陆中国农药数字监督管理平台(https：//www.icama.cn)输入本企业用户名和密码进行查询。

8.3.2　审批流程

农业农村部政务服务大厅公布的农药登记审批流程图和农药登记变更审批流程图(图8-1、图8-2)。

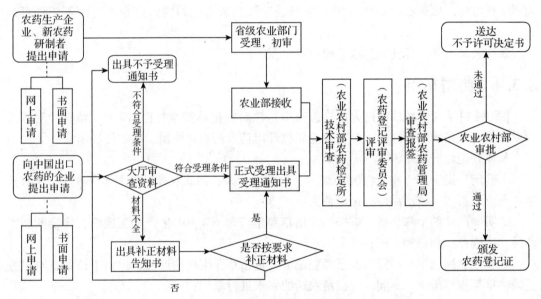

图 8-1　农药登记审批流程图

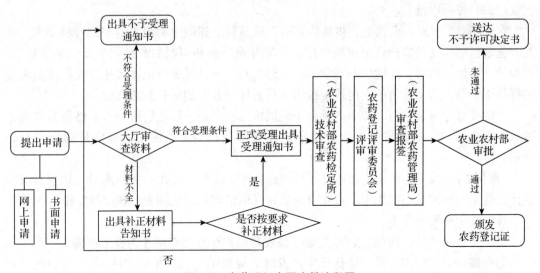

图 8-2　农药登记变更审批流程图

8.3.3　注意事项

①登记资料应提供 2 份，且内容应当完全一致，至少有一份应是原件。复印件资料的产品化学、毒理学、药效、残留、环境影响、包装和标签等资料应分别与申请表、产品摘要资料分册装订。对产品扩大使用范围、改变使用方法或变更使用剂量，不改变产品的登记有效期。已取得正式登记的产品申请扩大使用范围、改变使用方法或变更使用剂量，应按正式登记资料规定申请。电子资料要求：申请表、产品摘要资料和产品安全数据单（MSDS）应提供电子文本。

②所有登记审批资料需按时间顺序上每月农药登记评审委员会执行委员会议（新农药登记评审委员会是每年 2 次）讨论，审批通过的将公示、上报，最后由农业农村部农药管理司审批报签，部长签字后才能颁发农药登记证；未通过的同时给企业送达不予许可通知书。

③在公示期间，任何人可以提出意见。

8.3.4　典型案例

【案例 1】某大学教授通过大量筛选获得一株新的枯草芽孢杆菌 NW-01 菌株，对黄瓜白粉病具有较好的防治效果，拟在农业农村部申请农药登记注册，现如何操作？

具体登记注册程序为：

①确定登记主体　按照《条例》规定，冯教授个人、西北农林科技大学或者选一家农药生产企业均可作为该产品的登记申请人；

②明确产品剂型和含量　应采用该枯草芽孢杆菌 NW-01 生产加工成熟、稳定的制剂产品，明确产品剂型和含量；

③登记类别确定　尽管目前已经登记了大量枯草芽孢杆菌产品，但由于该菌株与已登记的枯草芽孢杆菌菌株不同，应按新农药的要求进行登记；

④申请登记试验许可　在开展正式登记试验之前，按照现有要求，应向农业农村部提出登记试验许可申请；

⑤开展登记试验　获得登记试验许可后，应按照上述微生物源农药登记资料要求，委托农业农村部认定的农药登记试验单位，逐项开展母药和制剂的产品化学及生物学特性、毒理学、药效、残留、环境影响等相关的登记试验，而且开展登记试验前还应将成熟定型的样品送申请人所在省份的农药检定机构进行封样后开展的试验方能有效；

⑥提交登记申请材料　待完成所有登记试验后，应将一般性资料和专业性资料整理汇编成册提交申请人所在省份的农药检定机构初审通过后，再提交农业农村部申请登记注册。

【案例 2】某农药生产企业通过与科研机构合作，成功研发出一种对水稻二化螟具有较高防治效果的新的农用抗生素，拟在农业农村部申请农药登记注册，现如何操作？

具体登记注册程序为：

①确定登记主体　按照《条例》规定，该农药生产企业可直接作为登记申请人；

②明确产品剂型和含量　应优化生产发酵、提取工艺，获得稳定的原/母药和制剂产

品，明确产品剂型和含量；

　　③登记类别确定　应按新农药的要求进行登记，并需要同时登记至少一个原/母药和一个制剂产品；

　　④申请登记试验许可　在开展正式登记试验之前，按照现有要求，应向农业农村部提出登记试验许可申请；

　　⑤开展登记试验　获得登记试验许可后，应按照上述抗生素类农药的登记资料要求，委托农业农村部认定的农药登记试验单位，逐项开展原/母药和制剂的产品化学及生物学特性、毒理学、药效、残留、环境影响等相关的登记试验，而且开展登记试验前还应将成熟定型的样品送申请人所在省份的农药检定机构进行封样后开展的试验方能有效；

　　⑥提交登记申请材料　待完成所有登记试验后，应将一般性资料和专业性资料整理汇编成册提交申请人所在省份的农药检定机构初审通过后，再提交农业农村部申请登记注册。

复习思考题

1. 什么叫农药的原药和母药？二者有何区别？
2. 农用抗生素和微生物农药在登记资料要求方面的主要差异有哪些？
3. 细菌、病毒、真菌等不同微生物农药的含量表示方法分别有哪些？
4. 微生物农药在登记时，在什么情况下需要开展其在水、土壤和叶片等环境中的增殖试验？

参考文献

中华人民共和国国务院令第 677 号．农药管理条例［EB/OL］．［2017-06-01］．http://www.chinapesticide.org.cn/fgzcwj/7422.html

农业部公告第 2569 号，农药登记资料要求［EB/OL］．2017-09-13．http://www.chinapesticide.org.cn/fgzcwj/8743.html

国家卫生健康委员会 农业农村部 国家市场监督管理总局，2021．食品安全国家标准 食品中农药最大残留限量：GB 2763—2019［S］．北京：中国标准出版社．

2017 年农业部令第 3 号．农药登记管理办法［EB/OL］．［2017-06-21］．http://www.chinapesticide.org.cn/fgzcwj/8062.html.

中华人民共和国农业农村部公告第 222 号．农业农村部行政许可事项服务指南［EB/OL］．［2019-10-30］．http://www.moa.gov.cn/gk/tzgg_1/gg/201910/t20191030_6330824.html.